DAS GEBIET AN DER UNTEREN UNSTRUT

Akademie der Wissenschaften der DDR
Institut für Geographie und Geoökologie
Arbeitsgruppe Heimatforschung

Werte unserer Heimat

Heimatkundliche Bestandsaufnahme
in der Deutschen Demokratischen Republik

Band 46

DAS GEBIET AN DER UNTEREN UNSTRUT

Ergebnisse der heimatkundlichen Bestandsaufnahme in den Gebieten Wiehe, Nebra und Freyburg

Von einem Autorenkollektiv
unter Leitung von Hans Kugler und Werner Schmidt

Mit 41 Abbildungen, 16 Kunstdrucktafeln, 1 Übersichtskarte

1988

AKADEMIE-VERLAG BERLIN

Mitglieder des wissenschaftlichen Beirats für Heimatforschung des Instituts für Geographie und Geoökologie der Akademie der Wissenschaften der DDR

Prof. Dr. habil. Dr. eh. Edgar Lehmann, Leipzig (Geographie, Vorsitzender),
Prof. Dr. sc. Heinz Lüdemann, Leipzig (Geographie, Direktor des Instituts),
Prof. Dr. habil. Ludwig Bauer, Halle (Geographie, Naturschutz), Dr. habil. Karlheinz Blaschke, Dresden (Geschichte), Prof. Dr. sc. Werner Coblenz, Dresden (Ur- und Frühgeschichte), Prof. Dr. habil. Karl Czok, Leipzig (Geschichte), Prof. Dr. Ernst Ehwald †, Eberswalde (Bodenkunde), Prof. Dr. Edgar Lehmann, Berlin (Kunstgeschichte), Prof. Dr. habil. Hermann Meusel, Halle (Botanik), Prof. Dr. sc. Günter Möbus, Greifswald (Geologie), Prof. Dr. Hans Nadler, Dresden (Denkmalpflege), Prof. Dr. Werner Radig †, Berlin (Hausforschung), Dr. sc. Rudolf Weinhold, Dresden (Volkskunde).

Leitung der wissenschaftlichen Bearbeitung und Redaktion:
Dr. sc. Dietrich Zühlke † und Dr. Werner Schmidt,
Akademie der Wissenschaften der DDR, Institut für Geographie und Geoökologie,
Arbeitsgruppe Heimatforschung,
Augustusstr. 2, 8010 Dresden

ISBN 3-05-000376-6
ISSN 0138-3213

Erschienen im Akademie-Verlag Berlin, Leipziger Str. 3–4, DDR-1086 Berlin

Lizenznummer: 202 · 100/81/88
P 17/2/87
Printed in the German Democratic Republic
Gesamtherstellung: VEB Druckhaus „Maxim Gorki", DDR-7400 Altenburg
LSV 5235
Bestellnummer: 754 686 0 (2084/46)

01250

INHALTSVERZEICHNIS

VORWORT

Der vorliegende Band erfaßt das im nördlichen Thüringen gelegene Gebiet an der unteren Unstrut. Damit setzt er die Inventarisation des Raumes zwischen Harz und Saale fort, die mit den Bänden 29 — Der Kyffhäuser und seine Umgebung — und 38 — Mansfelder Land — begonnen wurde. Die textliche Darstellung bezieht die natürlichen Verhältnisse und Werte der Landschaften in stärkerem Maße als bisher ein. Diese Tatsache spiegelt sich auch in der Gliederung der Suchpunkte wider, indem am Beginn einer Gruppe von Suchpunkten die jeweilige Landschaft zusammenfassend erläutert wird.

Bei vielen Einzeldarstellungen war es notwendig, die Unterstützung von Räten der Gemeinden und Städte sowie von sozialistischen Industrie- und Landwirtschaftsbetrieben zu erbitten. Besonders zu erwähnen ist in diesem Zusammenhang die Mithilfe von Herrn W. Krolak, dem stellvertretenden Vorsitzenden der Kreisplankommission beim Rat des Kreises Nebra. Für die Überlassung von Material und Mitteilungen in gleicher Weise zu danken ist Frau Ingeborg Falke, Nebra, und den Herren Rudolf Wendling, Bad Bibra (Biologie), Oberstudienrat Ernst Bösemüller, Roßleben (EOS Roßleben), sowie Heinz Kubatz, Wiehe (Beiträge zum Siedlungsbild Blatt Wiehe), und Dr. Arthur Spengler, Memleben (VEG Memleben).

Dank für ihre Unterstützung gilt auch den Herren Dr. Paul Arnold vom Münzkabinett der Staatlichen Kunstsammlungen Dresden und Dr. Karlheinz Blaschke. Eine ausführliche Durchsicht des Manuskriptes nahmen die Herren Prof. Dr. Ernst Ehwald, emeritierter ordentlicher Professor der Humboldt-Universität Berlin, und Dr. Hans Eberhardt, emeritierter Direktor des Staatsarchivs Weimar, vor. Ihnen verdanken wir zahlreiche Hinweise, die der endgültigen Fassung sehr zugute kamen.

Prof. Dr. sc. H. Lüdemann *Prof. Dr. habil. Dr. eh. E. Lehmann*

AUTORENVERZEICHNIS

Dr. Ernst Grüner, Bezirksleitung Halle der Sozialistischen Einheitspartei Deutschlands (Geschichte der Arbeiterbewegung)

Prof. Dr. sc. Hans Kugler, Sektion Geographie der Martin-Luther-Universität (MLU) Halle—Wittenberg (Physische Geographie, Landschaftsentwicklung, Quartärgeologie; heutiges Siedlungsbild Blatt Wiehe; Ergänzungen Geschichte)

Prof. Dr. habil. Erich Neuß †, Wissenschaftsbereich Deutsche Geschichte der der MLU (Geschichte)

Dr. Lutz Reichhoff, Institut für Landschaftsforschung und Naturschutz Halle, Arbeitsgruppe Dessau (Biologie)

Dr. Berthold Schmidt und Dipl.-Phil. Erika Schmidt, Landesmuseum für Vorgeschichte Halle (Ur- und Frühgeschichte)

Dr. Werner Schmidt, Arbeitsgruppe Heimatforschung des Instituts für Geographie und Geoökologie der Akademie der Wissenschaften der DDR (heutiges Siedlungsbild Blatt Freyburg, zum Teil Blatt Wiehe; Ergänzungen Geschichte)

Prof. Dr. sc. Dieter Scholz, Sektion Geographie der MLU (Ökonomische Geographie; heutiges Siedlungsbild Blatt Nebra)

Prof. Dr. habil. Max Schwab, Sektion Geographie der MLU (Geologie, Bergbau)

Dr. Ralf-Torsten Speler, Kustodie der MLU (Kunstgeschichte)

Dr. Rüdiger Spengler, Wasserwirtschaftsdirektion Saale-Werra Halle (Hydrogeographie)

Prof. Dr. habil. Hans Walther, Sektion Theoretische und angewandte Sprachwissenschaft, Wissenschaftsbereich Namenforschung, Karl-Marx-Universität Leipzig (Ortsnamen- und Wüstungsnamenerklärungen)

Dipl.-Biologe Hermann Zoerner, Museum für Naturkunde und Vorgeschichte Dessau (Blattminen)

Manuskript zu diesem Band abgeschlossen am 31. 12. 1984

VERZEICHNIS DER SUCHPUNKTE

Die Nummern entsprechen denen am Rande des Textes sowie denen auf der Übersichtskarte

Überschau

Das untere Unstruttal mit seinen benachbarten Höhen liegt im südwestlichen Randbereich des Ballungsgebietes Halle—Leipzig. Es ist in erster Linie ein Raum mit einer vielseitigen und hochleistungsfähigen Landwirtschaft, in dem sich aber auch bedeutende Industriebetriebe, wie das Kaliwerk Roßleben (s. A 8), das Zementwerk Karsdorf (s. B 22), das Plastmaschinenwerk Wiehe (s. A 4) und die Sektkellerei Freyburg (s. C 20), entwickelt haben. Dieses Gebiet an der unteren Unstrut gehört administrativ größtenteils zum Bezirk Halle, wobei der Kreis Nebra mit 307 km^2 Fläche rund 70% des gesamten Raumes einnimmt. Außerdem haben die Kreise Artern, Querfurt, Merseburg und Naumburg kleine Anteile. Lediglich im SW, im Bereich der Finne westlich Lossas, zählen einige Quadratkilometer zum Kreis Sömmerda im Bezirk Erfurt.

Charakteristische natürliche Strukturmerkmale sowie spezifische Merkmale der territorialen Produktions- und Siedlungsstruktur heben das untere Unstruttal und seine Umgebung von den benachbarten Räumen ab. Die landschaftliche Vielfalt und die Waldflächen bestimmen seinen Wert als Erholungsgebiet besonders für die Werktätigen der nahe gelegenen Industriezentren.

Die natürliche Ausstattung der Landschaft

Die Erhebungen beiderseits der unteren Unstrut scheiden als von NW nach SO gerichtete Schwelle das Innerthüringische Becken- und Hügelland von den südwestlichen Randbereichen des zentralen Tieflandes der DDR (Abb. 1). Ihre Höhe nimmt von den Muschelkalkplateaus des Freyburger Raumes im O mit etwa 190—230 m ü. NN über die Buntsandsteinplateaus der Finne und des Ziegelrodaer Forstes zum Buntsandsteinbergland der Hohen Schrecke mit 320—370 m ü. NN im W zu.

Zwischen Roßleben und Memleben durchzieht die Unstrut eine breite Niederung mit einer Talbodenhöhe von 115 m ü. NN, dem südöstlichen Ausläufer der Helme-Unstrut-Niederung (s. A 2), um dann von Memleben bis Nebra das reizvolle Engtal mit den rund 100 m hoch aufragenden Buntsandsteinhängen der Steinklöbe (s. B 14) zu passieren. Den anschließend sich weitenden Nebra-Lauchaer Talabschnitt (114—108 m Talbodenhöhe ü. NN) verläßt sie bei Weischütz und folgt dann dem engen Freyburger Unstruttal (Abb. 2) mit seinen steil ansteigenden Muschelkalkhängen (s. C 16).

Die Vielfalt und kontrastreiche räumliche Differenzierung der natürlichen Merkmale und der Landnutzung zeichnen die landschaftliche Gliederung des Gebietes an der unteren Unstrut vor, die zugleich durch die Einbindung des Raumes in

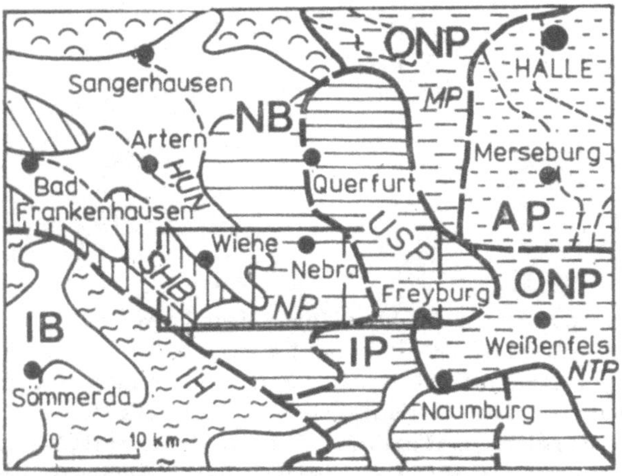

ONP Ostsubherzynisch - Nordostthüringisches Plateauland (*MP* Mansfeldisches Plateauland, *NTP* Nordostthüringisches Plateauland)
AP Anhaltinisch - Nordwestsächsisches Plattenland
} Gebiete der Region Zentrales Tiefland

NB Nordthüringisches Becken-, Plateau- und Hügelland (*HUN* Helme-Unstrut-Niederung, *SHB* - Schrecke-Hainleite-Berg- u. Rückenland, *NP* Nordthüringisches Plateauland)
IB Innerthüringisches Becken- und Hügelland (*IH* Innerthüringisches Hügelland)
IP Innerthüringisches Plateauland (*USP* Unstrut - Saale - Plateauland)
} Gebiete (und Teilgebiete) der Region Mittelgebirgsvorland

Abb. 1. Landschaftliche Einordnung des Raumes zwischen Wiehe und Freyburg (Entwurf H. KUGLER)

seine Umgebung bestimmt wird (Abb. 1). Mit der Pödelister Talung greift das Nordostthüringische Buntsandsteinplateauland als südwestlicher Randbereich des Zentralen Tieflands in unseren Raum herein. Im SW hat das Gebiet einen kleinen Anteil am Innerthüringischen Becken- und Hügelland. Wesentliche Unterschiede der Relief-, Gesteins- und Bodenausbildung wie solche des Klimas, der natürlichen Vegetation und der Grundwasserverhältnisse begründen die weitere Untergliederung. Die weitgehend lößbedeckten Muschelkalkplateaus im O gehören dem Ostinnerthüringischen und somit dem Innerthüringischen Plateauland an. Zum Nordthüringischen Becken-, Plateau- und Hügelland zählen die Buntsandsteinplateaus der Finne und des Ziegelrodaer Forstes, das Buntsandsteinbergland der Hohen Schrecke sowie die Unstrutniederung.

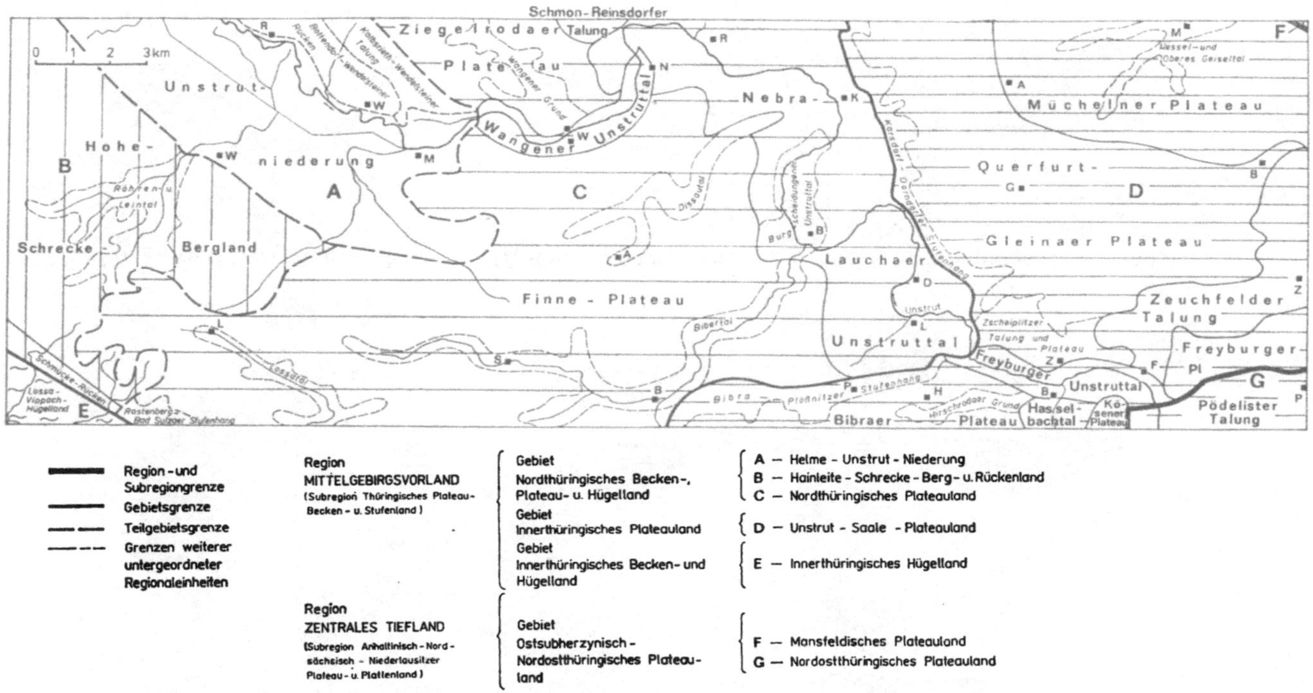

Abb. 2. Landschaftsgliederung. Teilgebiete und untergeordnete Gebietsteile an der unteren Unstrut (Entwurf H. KUGLER, Ortsnamen vergleiche Suchpunktkarte 1:50000)

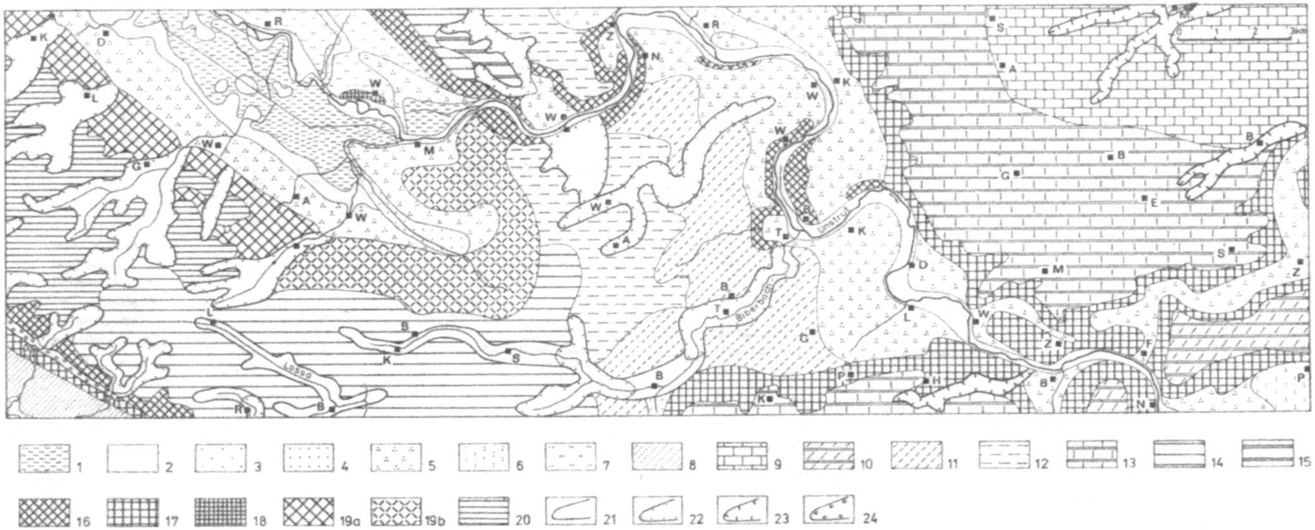

Abb. 3. **Naturraumtypen** (Entwurf H. KUGLER, Ortsnamen **vergleiche** Suchpunktkarte 1:50000)

Legende zu Abb. 3

Trocken

I Grundwasserbeeinflußte ebene Auenflächen auf jungen Auensedimenten

Auen des Haupttales mit Auenlehmvega und -gley:

1 grundwassernah, mit Auenlehmanmoorgley und -humusgley

2 grundwasserferne Auen, Auenrandsäume und -terrassen, mit Auenlehmschwarzgley

Ehemalige Talauen, grundwasserfern:

3 mit Kolluviallößschwarzerde und -schwarzgley

Auen breiter flacher Nebentälchen:

4 mit Auenlehmvega und -schwarzgley, Kolluviallößschwarzerde und -schwarzgley

II Löß- und lößderivatbestimmte Flächen mit Lößschwarzerden und -pararendzinen und mit Kolluviallößschwarzerden

Flachhängige Talbodenränder und ehemalige pleistozäne Talböden:

5 mit Lößbraunschwarzerde und -griserde

6 wie 5; mit Salm- und Decksalmschwarzerde und -griserde

7 wie 5; mit Berglöß- und Berglehmschwarzerde, -braunschwarzerde, -pararendzina

Flachhänge, Flachrücken und Platten des Keuperhügellandes:

8 mit Lößgriserde, Tonschwarzerde und -pararendzina

Ebenen und Flachhänge der Platten, der stärker gegliederten höheren Plateaus und flachen Abhänge:

9 ebene Platten über Muschelkalk

Mäßig trocken

10 Plateaus über Muschelkalk mit Lößgriserde

11 Flachhänge über Buntsandstein mit Lößgriserde sowie Decklößgriserde und -parabraunerde

13 Plateaus über Muschelkalk mit Lößfahlerde und -parabraunerde, Lößschwarzerde und -griserde, Bergton- und Berglehmpararendzina und Lößbraunstaugley

Mäßig feucht

12 Plateaus über Buntsandstein mit Löß- und Decklößfahlerde, -parabraunerde und -griserde, örtlich mit Lößbraunstaugley

III Lößbeeinflußte Plateauflächen

Plateaus über Buntsandstein:

14 mit Löß- und Decklößfahlerde, -parabraunerde und -staugley; örtlich mit Bergsalmbraunerde und Berglehmpararendzina

15 stärker reliefierte Plateaus mit Bergsalmbraunerde, örtlich mit Decklößgriserde und -schwarzerde

Feucht

20 ebene bis stärker reliefierte Plateaus mit Bergsalmbraunerde, -braunpodsol, Löß- und Decklößfahlerde und -staugley

Mit expositionsgebundenen geländeklimatischen Varianten – Trocken bis mäßig feucht

IV Lößbeeinflußte Abhänge

Abhänge über Buntsandstein:

16 mittelgeneigte bis steile Abhänge mit Berglehm- und Bergsalmpararendzina und mit Berglehm- und Berglößranker und mit Berglöß- und Bergsalmbraunerde

19 mittelgeneigte (und flache bis steile) Abhänge, örtlich mit Löß- und Decklößfahlerde und -parabraunerde,

a — mit Bergsalmbraunerde

b — mit Berglehmbraunerde und -pararendzina

Mit expositionsgebundenen geländeklimatischen Varianten

Trocken bis mäßig feucht

Abhänge über kalkigem Gestein:

17 mittelgeneigte und steile Abhänge über Muschelkalk mit Kalkfels-, Kalkschutt- und Kalktonlehmrendzina; örtlich mit Berglehmbraunerde, Löß- und Decklößfahlerde und -pararendzina

Trocken

18 mittelgeneigte bis steile Abhänge über Zechsteinanhydrit mit Gipsfels- und Gipsschluffrendzina, örtlich mit Berglehmpararendzina u. a.

Mäßig feucht bis feucht

V Nebentäler mit jungen Auensedimenten und Auenböden

Nebentäler des Buntsandsteinbereiches:

Mäßig feucht

21 lößbestimmte flachhängige, wenig tiefe Täler mit Böden wie 11, 12, 14

→ 22 lößbeeinflußte mittel- bis steilhängige, tiefe Täler mit Böden wie 16 und 19

Trocken bis mäßig feucht

Nebentäler des Muschelkalkbereiches:

23 lößbeeinflußte mittel- bis steilhängige Täler mit Böden wie 17

VI Ausraumtalungen über Oberem Buntsandstein

24 mit lehmigen Kolluvialsedimenten über Röt im Talgrundbereich, im Unterhangbereich mit lößbedeckten oder -beeinflußten Hängen über Muschelkalk bzw. Buntsandstein

Klar erkennbar ist die Beziehung zwischen der unterschiedlichen natürlichen Ausstattung der Landschaftseinheiten (Abb. 3) und der Bodennutzung. Im Hohe-Schrecke-Bergland (s. A 9) und auf dem Ziegelrodaer Plateau (s. B 17) dehnen sich große geschlossene Waldflächen aus. Kleine Wälder bedecken — östlich auf die Hochflächen übergreifend — steilere Hänge der Täler, wie im Wangener Unstruttal und Bibertal, und die stufenartigen Plateauränder, so den Bibra-Plößnitzer Stufenhang. Grünlandflächen befinden sich überwiegend in den Auenbereichen der Unstrutniederung und des Nebra-Lauchaer Unstruttales, Weinberge und Obstanlagen auf den südexponierten Randhängen der Muschelkalkplateaus.

Das untere Unstruttal und seine Randbereiche weisen durch ihre Lage im Lee der Mittelgebirge ein relativ niederschlagsarmes, sommerwarmes und wintermildes Klima mit hochsommerlichem Niederschlagsmaximum auf (Atlas DDR, Blatt 9, 1976). Im Sommerhalbjahr überwiegen Winde aus südwestlichen sowie westlichen bis nordwestlichen Richtungen und im Winterhalbjahr solche aus südwestlichen und westlichen Richtungen, untergeordnet wehen Winde auch aus NO bis O.

Für die Höhen sind Jahresmitteltemperaturen zwischen 8,0 und 8,5 °C und Julimittel zwischen 17,5 und 18,0 °C, für die Talungen zwischen 8,5 und 9,0 °C bzw. um 18 °C kennzeichnend. Die Januarmittel differieren zwischen 0,0 und —0,5 °C in den Talungen und —0,5 und —1 °C auf den Hochflächen. Die phänologischen Termine liegen auf den Höhen rund eine Woche später als in den Tälern und dem Tiefland (Schneeglöckchenblüte 6.—11. März bzw. 1.—6. März), und die Vegetationsperiode der Täler dauert mit 220—225 Tagen etwa eine Woche länger als auf den Höhen.

Die räumliche Differenzierung der Jahressummen der Niederschläge ordnet sich in die Landschaftsgliederung ein und spiegelt besonders die lokalen Höhenunterschiede und speziell die bei Südwestwetterlage wirksamen Stau- und Föhneffekte wider (Abb. 4). Die Niederschlagshöhe nimmt von der Hohen Schrecke mit mehr als 600 mm über das Finneplateau und das Ziegelrodaer Plateau mit 550—600 mm zu den Muschelkalkplateaus mit 500—550 mm entsprechend den Höhenlagen von W nach O ab. In den Niederungen an der Unstrut und im NO des Gebietes liegen die Werte unterhalb 500 mm.

Die hohen Verdunstungswerte im gesamten Gebiet bedingen, daß von der durchschnittlichen jährlichen Niederschlagsspende von rund 500 l/m² aus dem Raum selbst nur etwa 37 l/m² bzw. 1,2 l/s/km² zum Abfluß kommen. Demzufolge wird die Wasserführung der Unstrut (s. Seite 14; A 1.1) entscheidend von den Niederschlags-Abfluß-Verhältnissen in den Ursprungsgebieten von Unstrut, Gera und Helme bestimmt.

Charakteristisch für die Tallagen sind vor allem in Bodennähe erhöhte sommerliche Schwülewerte und größere Nebelhäufigkeit, die dem als Schonklima zu bezeichnenden Klima des Gesamtgebietes je nach der Wetterlage Belastungseffekte hinzufügen. Geländeklimatisch typisch sind die Strahlungsgunst der in südliche Richtungen exponierten Tal- und Plateauabhänge und ihre in Erdbodennähe sehr hohen Temperaturwerte sowie der kühle und luftfeuchte Charakter der nordseitigen tiefen Täler der Hohen Schrecke. Beide Effekte spiegeln sich deutlich in der Verbreitung bestimmter Florenelemente wider

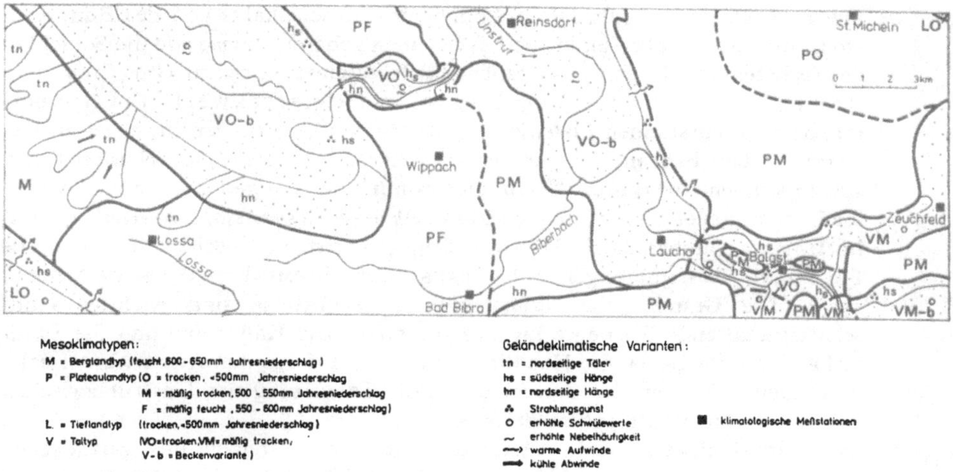

Abb. 4. Reliefgebundene Differenzierung des Klimatyps „Binnenbeckenland und -hügelland im Lee der Mittelgebirge" (Entwurf H. KUGLER)

(s. Seite 23). Erhöhte Verdunstungswerte und Abkühlungsgrößen liegen an den Abhängen von Hoher Schrecke, Schmücke und Finne im Vergleich zum südwestlichen Beckenvorland vor. Thermisch bedingte zeitweilige lokale Luftströmungen zwischen Höhen und Niederungen, wie sommerliche Berg-Tal-Winde und Kaltluftabfluß, treten in den größeren Schrecke- und Finnetälern während der Frostperiode auf.

H. Kugler

Die erdgeschichtliche Entwicklung des Raumes an der unteren Unstrut läßt den Wechsel von Land und Meer, Abtragung und Aufschüttung, aridem bis humidem Klima, tektonischer Bewegung und Ruhe der Erdkruste erkennen. Sie spiegelt sich eindrucksvoll in der vertikalen Abfolge der Gesteine und ihrer Verbreitung wider (Abb. 5). Das oberste, jüngste geologisch-tektonische Stockwerk umfaßt als oberes Deckgebirgsstockwerk die holozänen und pleistozänen Flußsedimente der Unstrut und ihrer Nebenflüsse, die weichselkaltzeitlichen Hangsedimente und Lösse sowie die Moränen, Bändertone und Schmelzwassersande und -kiese älterer Kaltzeiten (s. Seite 20). Das folgende ältere Deckgebirge setzt sich aus Kiesen, Sanden, Tonen und Braunkohlen des Tertiärs zusammen. Die hier durchgehend kontinentalen tertiären Ablagerungen sind auf das Geiseltalbecken (Eozän) und auf die Helme-Unstrut-Niederung östlich des Kyffhäusers (Oligozän) konzentriert. In der Helme-Unstrut-Niederung liegen die tertiären Sedimente etwa 70 m unter der heutigen Unstrutaue. Diese Stillwassersedimente und organischen Bildungen entstanden in kleinen Auslaugungsbecken (JANKOWSKI 1964). Jüngere tertiäre Ablagerungen — vor allem pliozäne quarzreiche Kiese und Quarzsande — wurden in der Unstrutniederung erbohrt. Sie erreichen dort bis zu 45 m Mächtigkeit (JANKOWSKI 1961). Als Erosionsrelikte blieben tertiäre Bildungen auch auf den Hochplateaus erhalten.

Die Triasschichten (Anhang A; Abb. 6) des Muschelkalks und des Buntsandsteins mit ihren Kalk-, Sand- und Tonsteinen gehören ebenso wie die Schichten des Zechsteins mit ihren wasserlöslichen Salzgesteinen Anhydrit, Gips, Stein- und Kalisalz zum unteren Deckgebirgs- oder Tafelstockwerk. Die Gesteinsformationen entstanden überwiegend als Meeresablagerungen im meist flachen Germanischen Becken, das wir uns als weit nach S reichende „Nordsee" vorstellen können. Im Buntsandstein gibt es nur sehr wenige Fossilien. So wurden im Unstrutgebiet bisher lediglich Muschelkrebse (*Asmussia, Estherien, Isaura*) im Unteren Buntsandstein bekannt. Dagegen tritt im Muschelkalk eine große Fülle von Versteinerungen auf (Claus 1927, Schmidt 1938, Spangenberg 1965). Die Gesteine der Trias und des Zechsteins sind wichtige landschaftsgestaltende Elemente im Unstrutgebiet. Die Kalksteine und die Sandsteine der Trias bauen die Hochflächen (s. C 6) auf. An den Ausstrich der salzführenden Schichten des Zechsteins ist die Talweitung der Unstrut zwischen Artern und Memleben gebunden (s. A 2).

Das Tafelstockwerk wird unterlagert von den Gesteinen des variskischen Faltengebirges und seinem Abtragungsschutt. Unter dem Zechsteinsalinar, an dessen Basis sich der Kupferschiefer befindet, liegt zunächst das Rotliegende,

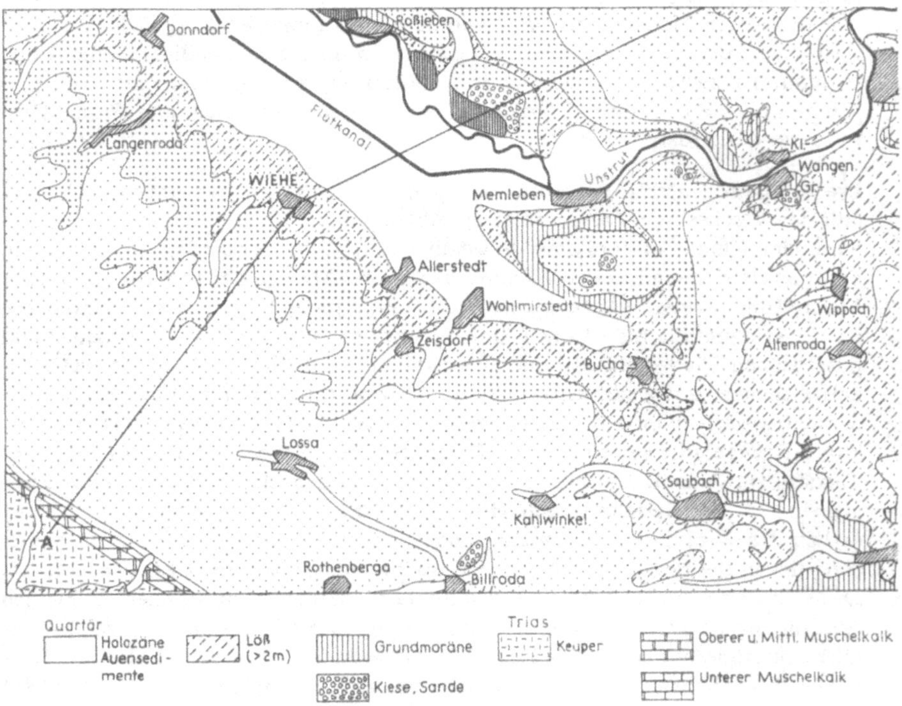

Abb. 5. Geologische Übersicht (Entwurf M. Schwab, nach den geologischen

das sich aus rotgefärbten, unter kontinentalen Bedingungen gebildeten Sedimentgesteinen zusammensetzt. Der einst bei Bottendorf zusammen mit dem oberen Teil des Zechsteinkonglomerates zur Silber- und Kupfergewinnung abgebaute Kupferschiefer des Zechsteins, der bei Nebra in rund 800 m Tiefe lagert, und das Rotliegende treten in der Bottendorfer Höhe zutage. Gemeinsam mit ähnlichen Konglomeraten und Sandsteinen des Oberkarbons sind die Rotliegendsedimente verfestigter Abtragungsschutt des variskischen Gebirges. Ihre Ähnlichkeit mit den als Molasse bezeichneten Gesteinsbildungen im Randbereich der Alpen führte dazu, diese permosilesische Schichtfolge als Molassestockwerk zu bezeichnen. Unter dem Molassestockwerk liegen die Gneise, Glimmerschiefer und Granite des Grundgebirgsstockwerkes. Dieses erhielt seine endgültige Prägung während der variskischen Gebirgsbildung.

Die regionalgeologische Gliederung des Unstrutgebietes geht von den tektonischen Einheiten des Tafelstockwerkes Hermundurische Scholle und Querfurter Mulde aus. Die Hermundurische Scholle (Abb. 7) begrenzt das Thüringer Becken im N. Als 10–15 km breite, langgestreckte Krustenscholle wird sie durch SO–NW, also herzynisch, streichende Bruchstörungen begrenzt und zieht sich vom Kyffhäuser im NW bis zum Geraer Vorsprung im SO hin.

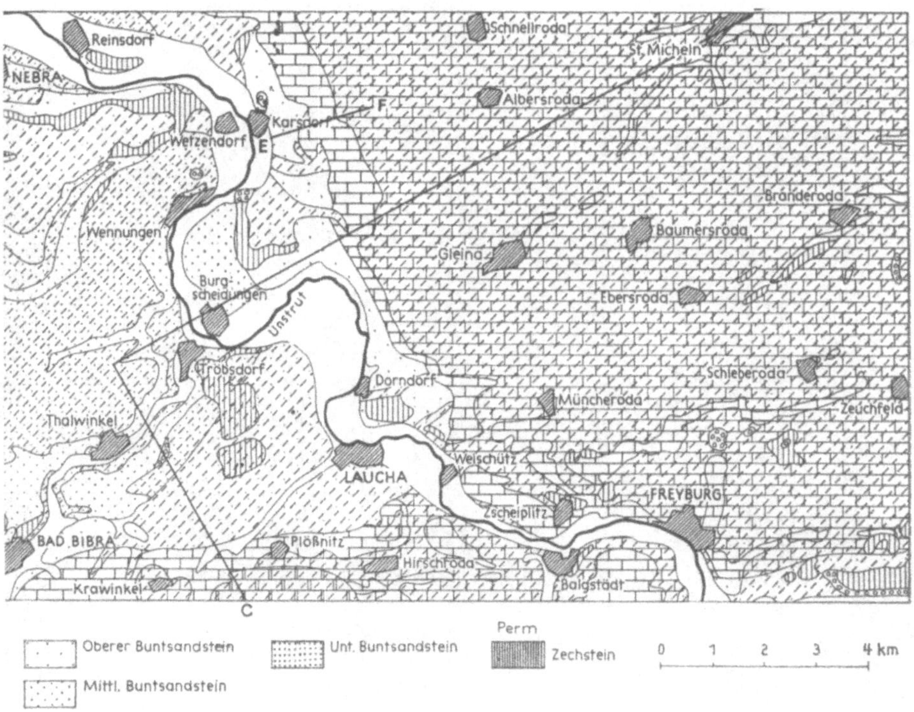

Spezialkarten 1:25000)

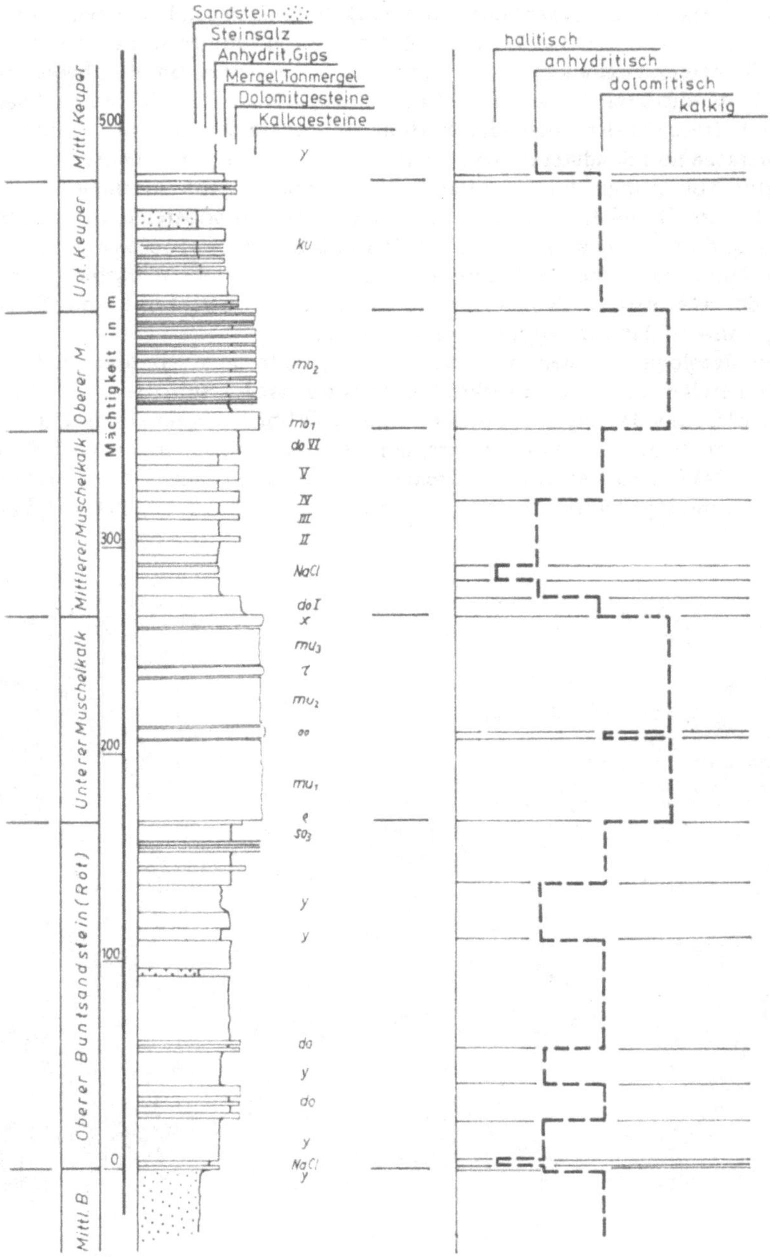

Abb. 6. Schichtenfolge, lithologische und geochemische Ausbildung der Trias im Unstrutgebiet (nach JUBITZ, KAMMERER, POMPER, VOIGT 1959)

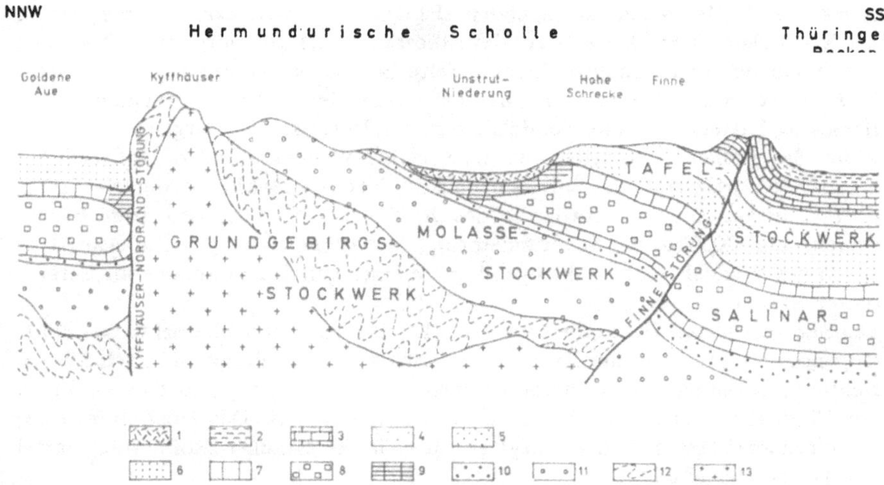

Abb. 7. Schematischer Schnitt durch die Hermundurische Scholle unter Berücksichtigung der geologisch-tektonischen Stockwerke (Entwurf M. SCHWAB)

1 Quartär
2–9 Tafelstockwerk:
2 Keuper
3 Muschelkalk
4 Oberer Buntsandstein, Röt
5 Mittlerer Buntsandstein
6 Unterer Buntsandstein
7 nichtsalinarer Zechstein
8 salinarer Zechstein
9 Auslaugungsrückstände des Zechsteins
10–11 Molassestockwerk:
10 Rotliegendes
11 Oberkarbon
12–13 Grundgebirgsstockwerk:
12 kristallines Grundgebirge
13 Granit

Markant ausgebildet ist die Bruchstörung im westlichen Teil des Nordrandes der Scholle. Sie ist für die Bruchstufe am Nordrand des Kyffhäusers und den nördlichen Abbruch der Bottendorfer Berge verantwortlich. Im S markiert die Finnestörung den morphologisch auffälligen Abbruch von Schmücke und Finne gegen das Thüringer Becken. Beide Störungen entstanden während der saxonischen Bewegungen zwischen dem Unteren Jura und dem Tertiär. Die Hermundurische Scholle wurde um eine SO–NW gerichtete Achse pultförmig gekippt. Gleichzeitig wurde ihr Nordwestabschnitt mit dem Kyffhäuser insgesamt stärker gehoben als der Teil zwischen Freyburg–Eckartsberga–Naumburg. Quer zur Längsachse der Hermundurischen Scholle verläuft ein älteres Störungssystem. Zu ihm gehört als bedeutendste Verwerfung die Hornburger Störung, die bei Artern die Kyffhäuser-Nordrandstörung quert. Im Bereich der Hermundurischen Scholle rechnen Fachleute mit weiteren von SW nach NO gerichteten Bruchstörungen, vor allem bei Bad Bibra, Thalwinkel, Burgscheidungen und Karsdorf.

Die auffälligste Struktur im Bereich der Hermundurischen Scholle ist der Roßlebener Sattel (Abb. 23 u. 35). Die aus der weiten Unstrutniederung zwischen

Artern und Memleben aufragenden Höhen der Bottendorfer Berge und des Wendelsteins markieren den Kern dieses Sattels, die nördlich und südlich benachbarten Auslaugungssenken (s. Seite 22) die Sattelflanken. Die Unstrut fließt heute zwischen Artern und Memleben nahe dem Sattelscheitel an der Südflanke des Sattels. Die vom Wendelstein zu den Bottendorfer Bergen verlaufende Achse des Roßlebener Sattels hebt sich nach NW heraus und taucht nach SO zu ab. Die Fortsetzung des Sattels nach SO folgt etwa der Linie Wangen—Tröbsdorf—Laucha. Die Nordostflanke des Roßlebener Sattels wird vom Bruchsystem der Kyffhäuser-Nordrandstörung betroffen (Abb. 7). Die Anhydritfelsen des Wendelsteins (s. A 7) gehören zu einer gehobenen Scholle im Bereich dieser Brüche.

Die Südwestflanke des Roßlebener Sattels wird von der Hohe-Schrecke-Mulde eingenommen. Ihre geringe Einmuldung wird von der Hebung und nach SW gerichteten Kippung der Hermundurischen Scholle überprägt, so daß im Profil der Eindruck einer nach SW fallenden Scholle entsteht. Das Hochplateau des Ziegelrodaer Forstes (s. B 17) liegt auf der Flanke zwischen Roßlebener Sattel und Querfurter Mulde.

Die Herausbildung der weiten Unstrutniederung im Bereich des Roßlebener Sattels ist das Ergebnis der als Subrosion bezeichneten Ab- und Auslaugung oberflächennaher unterirdischer Salzschichten des Zechsteins. Von der unterirdischen Subrosion der Salz- und Anhydritschichten des Zechsteins und des Oberen Buntsandsteins durch eindringende Oberflächenwässer wurden weite Teile des Unstrutgebietes betroffen. Subrosion vollzieht sich in der Tiefe unterhalb nichtlöslicher Gesteinsschichten. Das Zechsteinsalinar (s. A 8) unterliegt nur dann der Subrosion, wenn das Salz durch aufwärts gerichtete tektonische Bewegungen wie im Roßlebener Sattel und Abtragung von Teilen der überlagernden Deckschichten in eine Position von 200 m unter Flur oder höher gerät. Das Wasser des Untergrundes führt die Lösungsprodukte ab, die teilweise in den Solquellen, so in Artern, zutage kommen.

Der Massenverlust durch weitflächige Salzablaugungen im Untergrund gab Anlaß zu den auch als Salzspiegeltäler bezeichneten Subrosionssenken der Helme-Unstrut-Niederung, die mit 20—110 m mächtigen quartären Ablagerungen ausgefüllt sind (s. A 2). Die hierfür verantwortliche Ablaugung der Zechsteinsalzschichten nimmt südöstlich von Memleben ab, da dort Unterer und Mittlerer Buntsandstein die Zechsteinbildungen schützend überdecken. Auslaugung betraf in unserem Gebiet vor allem die bis zu 100 m mächtigen Rötgipse. Sie förderte die Herausbildung der Talweitung der Unstrut zwischen Nebra und Laucha, die markant von der Röt-Muschelkalk-Schichtstufe nach NO begrenzt wird. Kleinräumige Senkungen und Einbrüche in Form von Erdfällen sind für die Gipsauslaugung typisch, vor allem im Oberen Buntsandstein.

Die flache Querfurter Muschelkalkmulde nordöstlich der Unstrut zwischen Freyburg und Karsdorf reicht von der Hornburger Störung im NW bis zur Saale im SO. Die jüngsten Schichten im Muldentiefsten gehören dem Oberen und Mittleren Muschelkalk an, die größte Verbreitung im Bereich des Querfurter Plateaus besitzt jedoch der Untere Muschelkalk. Die Mulde besteht aus zwei Abschnitten. Ihren südöstlichen Teil bildet die Naumburger Mulde, die sich in der Freyburger Mulde fortsetzt. Ihr nordwestlicher Teil ist die eigentliche Querfurter Mulde. Beide Abschnitte werden durch die sich von Burgscheidungen nach NO fortsetzende verdeckte Störung begrenzt.

M. Schwab

Die naturräumliche Gliederung (Abb. 2) spiegelt sich auch in den hydrologischen Verhältnissen wider. Das unmittelbare Einzugsgebiet der unteren Unstrut (s. A 1.1) umfaßt über sieben Zehntel der Gesamtfläche des hier beschriebenen Raumes. Die Unstrut prägt maßgeblich die ökologischen Verhältnisse und Nutzungsbedingungen ihrer Niederung und des flußabwärts anschließenden Tales.

Unter den Zuflüssen der unteren Unstrut mit mehr als 1 km ständig wasserführendem Lauf sind der Biberbach mit Saubach und Steinbach sowie der Hasselbach mit dem Mordbach die wasserreichsten. Das Orlisloch und das Borntal im Quellbereich des Donndorfer Mühlgrabens sowie das Mühltal zwischen Ziegelroda und Roßleben führen nur im Oberlauf ständig Wasser. Der Wangener Grund (s. B 17) und das Dissautal (s. B 3) wie auch die Zeuchfelder Talung sind typische Trockentäler (s. C 22).

Das wasserlaufarme Muschelkalkplateau zwischen Querfurt und Freyburg bildet im wesentlichen das Einzugsgebiet der in Merseburg in die Saale mündenden Geisel. Ihre Quelle entspringt (s. C 15) im Müchelner Stadtteil St. Micheln. Der etwa 35 km^2 große zentrale Bereich und die Südwestabdachung der Finne sowie der kleine Gebietsanteil am Thüringer Becken werden von der Lossa, die im Thüringer Becken in die mittlere Unstrut mündet, und ihren Zuflüssen Litter- und Hirschbach entwässert.

Die Unstrutniederung und die ständig durchflossenen Talauen weisen unterschiedlich hohe Grundwasserstände auf. In der Niederung treten mindestens 3 durch Geschiebemergel und Tone gegliederte mächtige Schotterserien als Grundwasserleiter auf. Diese nutzt man ebenso zur Trinkwassergewinnung wie die schmalen Schotterterrassen der Nebentäler, die durch Grundwasserübertritte gespeist werden.

Der Grundwasserspiegel des Querfurt-Gleinaer Plateaus liegt wie der der anderen Kalksteinplateaus fast überall mehrere Dekameter unter Flur. Seine zeitlichen Schwankungen zeigen, daß der Grundwasservorrat nur in manchen Jahren durch die Versickerung der Niederschläge ergänzt wird. Ihr größter Teil wird in den tiefgründigen Lößdecken gespeichert und von den Pflanzen verdunstet. Die Wasserführung der Muschelkalkformation konzentriert sich außerhalb der porösen Schaumkalkbänke in den vorherrschenden mergeligen Kalksteinen auf Schichtfugen, Klüfte und deren karstbedingte Erweiterungen (s. C 6).

Demgegenüber weisen der Untere und Mittlere Buntsandstein von Finne und Ziegelrodaer Plateau rund 20 Grundwasserleiter auf, die als gute Wasserspeicher für einen hohen, ausgeglichenen Grundwasserabfluß sorgen. Im Unteren Buntsandstein ist die Hauptrogensteinzone (s. B 13) am besten für die Trinkwassergewinnung geeignet, obwohl deren Kalk- und Kalksandstein ein

Wasser mit Gesamthärten um 25 °dH (hart) liefern. Der Mittlere Buntsandstein gilt ebenfalls als bedeutender Grundwasserleiter mit mittelhartem Wasser. Die Lagerungsverhältnisse bestimmen maßgeblich die Wasserführung. Die Grundwasserhöffigkeit nimmt vom Muldenrand zum -kern stark zu. Zwischen der Finnestörung im SW und dem Roßlebener Sattel im NO streichen dazu annähernd parallel Spezialsättel und -mulden (s. Seite 12), die die geohydraulischen Verhältnisse und die generell nach NO weisende Grundwasserfließrichtung modifizieren. Bei entsprechend großem Einzugsgebiet führt der Buntsandstein gespanntes Wasser wie im Ziegelrodaer Forst. Auch in der Finne wurden mehrere artesische Brunnen erbohrt. Dabei übertrifft die Kluftwasserführung die Porenwasserführung bei weitem.

Die Grundwässer werden von den Wasserläufen in den unterschiedlich tief eingeschnittenen Tälern durch Quellen oder Grundwasserzutritte aufgenommen oder lassen sich auf Zerrüttungszonen besonders gut fassen. Die Wasserversorgung beruht auf Quellfassungen und auf seit langem betriebenen, bis 100 m tiefen Brunnenanlagen in Laucha, Nebra, Wiehe, Lossa und Bad Bibra; sie wurde im Bibertal (s. B 7) durch das Wasserwerk Thalwinkel ergänzt. Der Trinkwasserbedarf von etwa 11000 m^3 pro Tag im Mittel und rund 15000 m^3 bei Spitzenentnahmen wird fast ausnahmslos von der zentralen Wasserversorgung aus dem Grundwasser gedeckt.

Im Jahre 1853 wurden an allen Unstrutschleusen Ober- und Unterpegel sowie verschiedene Brückenpegel angebracht (Hauptzahlen 1854—95 im Elbstromwerk 1898), so daß langjährige Durchflußermittlungen vorliegen. Die Gegenüberstellung der Durchflüsse der Pegel Laucha/Unstrut und Thalwinkel/Biber (Anhang D) für die längste gemeinsame Beobachtungsperiode, d. h. für 1961—80 (Abb. 14) läßt die gebietseigenen Einflüsse und die Fernwirkungen aus dem großen Unstruteinzugsgebiet auf das Durchflußverhalten sichtbar werden. Diese Situation wird auch bei der Betrachtung der Hochwasser deutlich. Sowohl das Einzugsgebiet der unteren Unstrut als auch das Gesamteinzugsgebiet sind stark hochwassergefährdet. Während aber die höchsten Abflüsse der Unstrut vorzugsweise auf Frühjahrshochwasser zurückgehen, die im gesamten Einzugsgebiet etwa gleichzeitig entstehen, bewirkt die Binnenlage unseres Raumes nur geringe Winterniederschläge. Häufig ist dagegen bei Gewittern die Starkregenbildung durch sommerliche Konvektion, das heißt vertikale Luftbewegung über den aufgeheizten Ackerflächen und starke Thermikgegensätze zu den Wäldern und feuchten Tälern, so daß die höchsten Abflüsse sowohl an der Geisel als auch am Pegel Thalwinkel/Biber im Sommer zu beobachten waren (Anhang D).

Ausdauernde stehende Gewässer fehlen bis auf den Kiesgrubensee an der Straße Wiehe—Roßleben. Die ehemals zahlreichen Lachen und Unstrutaltwässer sind durch die Melioration der Niederung verschwunden, und die kleinen Wehrteiche der Mühlen an den Unstrutzuflüssen wurden aufgelassen.

Die Wassernutzungen konzentrieren sich auf das Unstruttal (s. B 18) und das Bibertal (s. B 7). Neben den großen Mühlen an der Unstrut gab es auch kleine an den Nebenbächen in Donndorf (2), in Wiehe und in Wohlmirstedt (s. A 5), ebenso am Hirschbach und an der Geisel (s. C 15). Allein an dem wasser- und gefällereichen Saubach—Biberbach mit dem zufließenden Steinbach arbeitete ein

Dutzend Mühlen (s. B 5, B 8), von denen einige später zu Ferienheimen umgewandelt wurden. Um 1960 bestand kaum noch die Hälfte der Mühlen; 1982 betrieb man an der Unstrut nur noch die Mühle Zeddenbach (s. C 18).

R. Spengler

Für die landschaftliche Gliederung des unteren Unstrutgebietes und seine Landnutzung in Vergangenheit und Gegenwart sind die Reliefformung und die mit ihr verbundene Ausbildung der oberflächennahen quartären Gesteinssubstrate wichtig. Sie stellen das Ergebnis des Zusammenwirkens sehr verschiedener Vorgänge im Tertiär und Quartär dar, die sich in unserem Raum vielfältig verzahnen.

Während des Tertiärs ist eine Entwässerung der Vorläufer von Saale und Unstrut mit entsprechender Richtung der Landabtragung nach NO in die Tieflandsbucht nordnordöstlich von Leipzig anzunehmen. Innerhalb eines alttertiären küstennahen Flachreliefs mit genereller Abdachung in nordöstliche Richtung bildete sich unter feuchttropischem bis feuchtsubtropischem Klima nordöstlich unseres Gebietes das Geiseltalbecken als flache Subrosionssenke heraus (Grundriß der Geologie 1968; Eissmann 1975; Kugler u. Mücke 1979), die bis in das Quartär hinein für die Abflußorientierung der unteren Unstrut mitbestimmend war. Für das zeitlich folgende Jungtertiär sind ein Zurückweichen des Meeres und eine zunehmende Hebung ebenso faßbar wie die subrosiv bedingte Einsenkung der Helme-Unstrut-Niederung in das jungtertiäre Flachrelief unter feuchtsubtropischem bis gemäßigtwarmem Klima. Diese tertiäre Situation und der durch Schotter im Zeuchfelder Tal (s. C 22) belegte altpleistozäne Abfluß der Unstrut in das Geiseltalbecken weisen auf einen gleichgerichteten Abfluß der Unstrut im Jungtertiär hin. Das flache Relief des Querfurt-Gleinaer und des Ziegelrodaer Plateaus, des Finneplateaus sowie des Bibraer, Kösener und Freyburger Plateaus deutet auf die Nähe dieser Hochflächen zur jungtertiären Landoberfläche während des Miozäns/Pliozäns hin. Es bezeugt relativ geringere quartäre Abtragung dort als in der dichter und tiefer zertalten Hohen Schrecke. Örtlich erhaltene Bleichung und Vertonung von Buntsandsteingesteinen und die Bildung von Kaolin und Knollensteinen (Tertiärquarziten) sowie alttertiäre Verwitterungsprodukte enthaltende, bis 20 m tiefe Karstschlotten auf den Muschelkalkplateaus (s. C 6) und Reste tertiärer Sedimente auf den Plateaus (s. C 26) unterstützen diese Aussage.

Die kräftige tektonische Hebung im Bereich der Hermundurischen Scholle (s. Seite 11) im jüngeren Pliozän und möglicherweise weitere schwächere Schollenbewegungen im Pleistozän (Ruske 1973; Schulz 1962) führten zur intensiven Taleintiefung der Unstrut und ihrer Nebenflüsse, der Saale und der die Finne nach S verlassenden Fließgewässer. Bis zur Weichselkaltzeit erfolgte die Anlage des heutigen Talnetzes in seinen Grundzügen (Abb. 8). Zusammen mit den Bruchstufen zeichnet dieses die Hauptrichtungen der Bruchstörungen des Untergrundes nach, die infolge tektonischer und salztektonischer Bewegungen in einem dichten Netz das mesozoische Tafelstockwerk (s. Seite 8) durchsetzen und zum Teil auch in das Grundgebirge hineinreichen. Als Schwächezonen sind sie bevorzugte Ansatzstellen für die fluviale Zerschneidung und Ausformung durch Abtragung wie für die Wirkung der Subrosion. Auch der Verlauf der

Schichtstufen lehnt sich im Unstrutgebiet teilweise an solche Störungen an (s. C 3).

Rund 150 m beträgt die jungpliozän-pleistozäne Taleintiefung im unteren Unstrutbereich unterhalb der Flußniederung (s. B 13), davon entfallen etwa 100 m auf das Pleistozän. Der Verlauf der quartären Entwicklung des Unstruttales (Abb. 9) spiegelt sich sichtbar in den Talterrassen wider, die als Reste ehemaliger Talsohlen zu verstehen sind und meistens Flußschotter (Kiese,

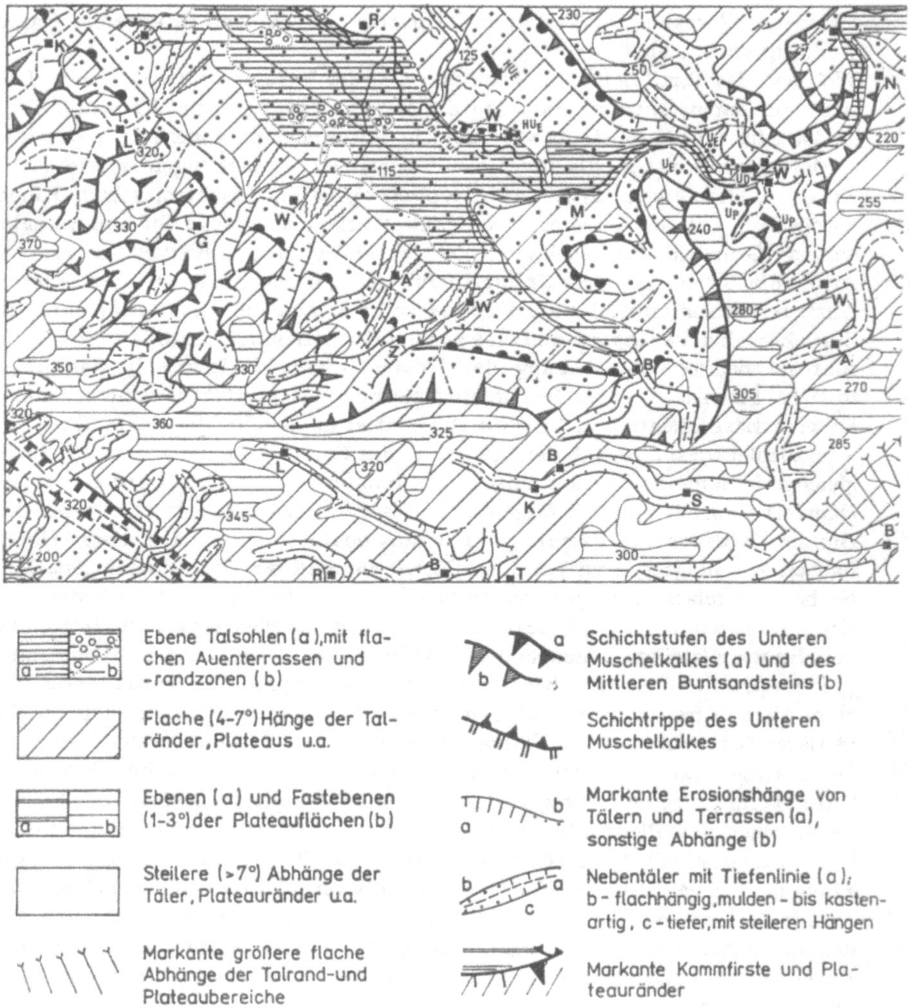

Abb. 8. Geomorphologische Übersicht (Entwurf H. Kugler nach Mania, Ortsnamen vergleiche Suchpunktkarte 1:50000)

Sande) tragen. Diese bezeugen mit dem Ausgang der Warmzeiten einsetzende Phasen kräftiger Sedimentation in den Talauen während der Kaltzeiten, begünstigt durch starke Zufuhr von Frostverwitterungsschutt und auf wenige Monate im Jahr reduzierten Abfluß der kaltzeitlichen Flüsse. Mit Hilfe dieser Schotter kann der wechselhafte quartäre Verlauf der Unstrut und ihrer Zuflüsse Helme und Ilm rekonstruiert werden, der sich durch erhebliche Lageunterschiede zum heutigen Flußnetz und wiederholte Laufverlegungen aus-

Ruske u. Steinmüller 1972, Schneyer 1961, Schulz 1962;

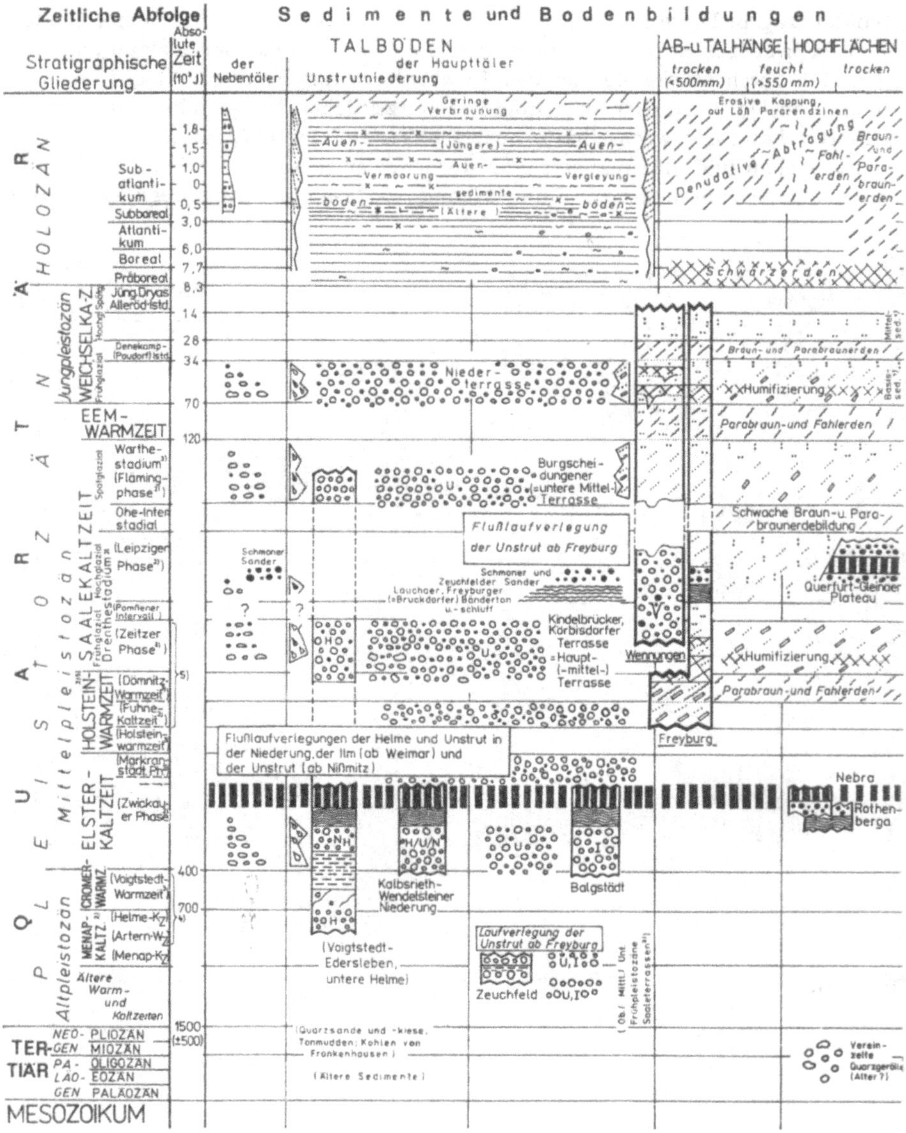

Abb. 9. Ausgewählte Ereignisse und Zeugen der quartären Landschaftsentwicklung

Allgemein wesentliche Vorgänge im Gesamtgebiet

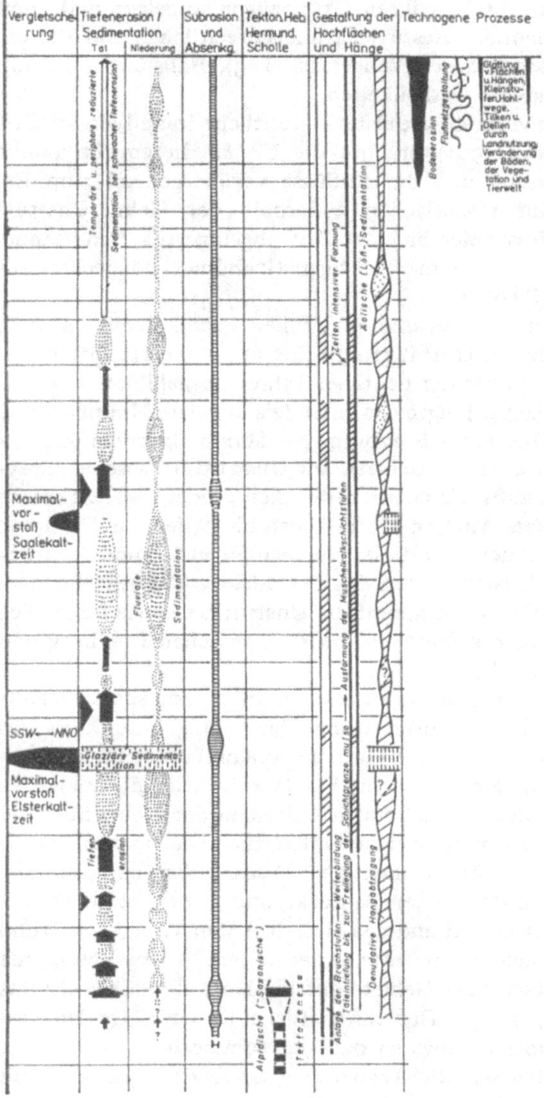

Erläuterung:

Sedimente

- Auensedimente (lehmig-tonig-mergelig, lehmig-sandig-kiesig)
- Schwemmfächer, Hangkolluvien
- Schutt- u. Schwemmkegel, Fließerde- u. Solifluktionsschuttdecken
- Fluß- u. Bachsedimente (Sande, Kiese, Gerölle; a = ohne, b = mit nordischem Material)
- Lehmig-tonige Flußsedimente
- Löß (a), Schwemmlöß (b); Löß u. Lößderivate, ungegliedert (c)
- Fließerde; Solifluktionsschutt
- Eiskeil, Frosttasche
- Grundmoräne
- Tonig-schluffige Eisstausedimente
- Schmelzwasserkiese und -sande

Bodenbildungsprozesse

- Verbraunung
- Lessivierung
- Podsolierung
- Humifizierung
- Vergleyung, Vermoorung
- Wiesenkalk, Raseneisenerz
- Wichtige Aufschlußprofile

Istd. = Interstadial
U = Unstrut
H = Helme
S = Saale
I = Ilm
$N_{U,H,S}$ = Nebenflüsse von Unstrut, Helme, Saale
mu = Unterer Muschelkalk
so = Oberer Buntsandstein
? = Unsicher

1) Gliederung der periglaziären Decksedimente nach ALTERMANN, HAASE u.a. 1978
2) Gliederung und Bezeichnung nach EISSMANN, 1975
3) Gliederung und Bezeichnung nach RUSKE 1973
4) Zusammen als "Cromer-Warmzeit" nach CEPEK, 1968 u. STEINMÜLLER, 1972
5) Zusammen als "Frühes Saaleglazial" nach STEINMÜLLER, 1972

zeichnet (Abb. 8). Bis zur frühen Elsterkaltzeit waren das Unstruttal, das Zeuchfelder und das Hasselbachtal in ihren Grundzügen angelegt und rund 80—100 m in die Plateaus eingetieft. Reste der frühelsterzeitlichen und älteren, präglazialen Talböden befinden sich bei Wangen (s. B 13), Balgstädt (s. C 26), Zeuchfeld (s. C 22) und an anderen Örtlichkeiten.
Die weit ins Thüringer Becken vorstoßende elsterkaltzeitliche Inlandvergletscherung (Unger u. Ziegenhardt 1961) brachte die bis zu diesem Zeitpunkt erfolgte „präglaziale" Eintiefung und die Abflüsse vorübergehend zum Erliegen. Auf den Hängen und Hochflächen außerhalb der Helme-Unstrut-Niederung sind nur wenige Reste der in jener Zeit abgelagerten Bändertone, Schmelzwasserkiese und einst 10—20 m mächtigen Grundmoränendecken aus Geschiebemergel erhalten (s. C 16).
In der ausklingenden Holsteinwarmzeit und der frühen Saalekaltzeit (Abb. 9) wurde die im Nebra-Lauchaer Unstruttal großflächig erhaltene Hauptterrasse der Unstrut in 15—25 m Höhe über der heutigen Talaue ausgebildet (s. B 18). Im Hochglazial der Saalekaltzeit gelangte das Inlandeis mit dem Hauptvorstoß bis zur Linie Unterharz—Querfurt—Freyburg (= Maximalausdehnung der saalekaltzeitlichen Vergletscherung im Gebiet). Im Unstruttal zwischen Freyburg und Laucha und saaletalaufwärts entwickelten sich wiederum Eisstauseen mit Bändertonen und -schluffen. Auf den Hochflächen hinterließ das Eis heute in Resten erhaltene Grundmoränen. Mit dieser Vereisung wurde auch der frühsaalekaltzeitliche Abfluß der Unstrut durch das Zeuchfelder Tal unterbunden. Seit dem Abschmelzen dieser Gletscher nimmt die Unstrut bis heute ihren Weg über Großjena nach Naumburg zur Saale und benutzt zwischen Freyburg und Großjena ihr elsterkaltzeitliches Tal.
In der Folgezeit tiefte sich die Unstrut, unterbrochen durch eine spätsaalekaltzeitliche (warthestadiale) Talbodenaufschüttung, bis wenig unterhalb des heutigen Talbodenniveaus ein. Danach setzte die weichselkaltzeitliche Sedimentation durch die Flüsse ein, deren Kiese und Sande weitflächig die holozänen Auensedimente unterlagern. Auch die schmalen Talsohlen der Nebentäler der Unstrut weisen über weite Strecken hin weichselkaltzeitliche bis holozäne grobe Schotterfüllungen auf (s. B 7). Für die heutigen Trockentäler ohne ständig wasserführende Fließgerinne in der Hohen Schrecke und in den Muschelkalkplateaus, wie den Hirschrodaer Grund und das Hesseltal, den Wangener Grund und das Dissautal (s. B 3), ist eine periglaziäre (unter kaltem Frostwechselklima in der Umgebung der vergletscherten Gebiete entstandene) fluviale Aktivität anzunehmen (Kugler 1958, 1964). Der kaltzeitliche Dauerfrostboden verhinderte dabei die starke Einsickerung, so daß der sommerliche Abfluß die Täler formte. Damit verbunden war die Ausbildung periglaziärer Schutt- und Schwemmfächer am Ausgang der Nebentäler (Steinmüller 1978), wie sie am Südrand der Unstrutniederung auftreten (Abb. 16). Die tektonisch stärker gehobene und morphologisch höher aufragende sowie mit steileren Randabfällen ausgestattete Hohe Schrecke ist erheblich tiefer und dichter zertalt als die übrigen Plateaubereiche beiderseits der Unstrut.
Im Holozän wurden in den Talauen feine Hochwassersedimente als Abspülprodukte der Hänge abgelagert und ältere, vor allem weichselkaltzeitliche Kiese umgelagert. Der spülerosive Bodenabtrag von den Hängen setzte mit den ersten

Rodungen in der Jungsteinzeit ein und erreichte in der jüngeren Bronzezeit einen ersten Höhepunkt. Er verstärkte sich im Hochmittelalter (10.—13. Jh.) und durch Waldverwüstungen vom 15. bis 19. Jh. Das Material lagerte sich als Auenlehm, -ton, -sand und -mergel im Hochwasserüberflutungsbereich der Talauen ab. In den grundwassernahen Abschnitten der Unstrutniederung und bei Laucha entwickelten sich örtlich Niedermoortorfe. Seit dem Wirksamwerden der jüngsten Maßnahmen gegen Überschwemmungen im Unstruttal (s. A 1.1) ist dieser Prozeß der Sedimentation in der Flußaue im wesentlichen abgeschlossen.

Außerhalb der unmittelbar durch Flußarbeit geprägten Talböden und Talränder wirkte seit dem Tertiär auf den Hochflächen eine schwache und an den Abhängen eine starke Abtragung, vorrangig durch flächige Abspülung und linear wirksame Hanggerinne sowie durch kaltzeitliches Bodenfließen und -gleiten (Solifluktion). Eine wichtige Funktion auf den Hochflächen übten dabei die flachen, meist auf Nebentäler hin orientierten Tälchen aus. Diese bildeten in den Kaltzeiten Sammelbahnen der solifluidalen und Spülabtragung sowie teil- und zeitweise auch der fluvialen Abtragung. In den Warmzeiten waren sie sicher Leitlinien der Abspülung und Erosion durch zeitweilige Fließgerinne bei Starkregen, wie sie es in der Gegenwart noch sind. Dieser Abtragungsprozeß wurde durch die elster- und saalekaltzeitlichen Vergletscherungen und Ablagerungen unterbrochen. Ebenfalls in den Kaltzeiten wurde Löß aufgeweht. Dieser Flugstaub entstammt den vegetationslosen Moränen- und Schotterflächen sowie den periglazialen Schuttdecken. Er wurde auf den Hochflächen und Talrandflächen sowie mit besonders großer Mächtigkeit an den westseitigen Leehängen der Täler abgelagert. Der erhaltene Löß stammt überwiegend aus der Weichselkaltzeit. Die auf dem Buntsandstein und in Talnähe meist sandigen oder sandstreifigen, im Kalksteinbereich kalk- und tonreichen Lösse und ihre Umlagerungsprodukte, wie Schwemmlöß und lößreiche Fließerden (s. B 17), sowie Solifluktionsschutt und Fließerden der Weichselkaltzeit treten heute großflächig an der Geländeoberfläche auf. Diese Sedimentdecken sind weitgehend die Ausgangssubstrate der Bodenbildung (s. Seite 22).

Eng mit der pleistozänen Talentwicklung und Hangabtragung verbunden ist die Entwicklung der Schichtstufen (Schmitthenner 1939; Kugler 1958, 1964) an den Ausstrichen des Unteren Muschelkalkes (s. C 3) und des Mittleren Buntsandsteins (s. B 13). Nach der Durchschneidung der Schichtgrenzen zwischen Unterem Muschelkalk und Oberem Buntsandstein durch die Tiefenerosion der Flüsse entwickelten sich die charakteristischen zweigliedrigen Schichtstufenhänge. Steilere Abhänge wurden im Bereich der gegen Abtragung widerstandsfähigeren Gesteine des Unteren Muschelkalkes und des Mittleren Buntsandsteins ausgebildet, während die flacher geneigten unteren Hangpartien der Schichtstufen an die intensiver abtragbaren Gesteine des Oberen und Unteren Buntsandsteins gebunden sind. Die Grenze zwischen Unterem Muschelkalk und Oberem Buntsandstein unterhalb von Weischütz und die Grenze zwischen Mittlerem und Unterem Buntsandstein bei Nebra (Abb. 5) sind heute noch nicht von der Unstrut durchschnitten, und die Schichtstufenentwicklung findet deshalb dort noch nicht statt. Die Grenze zwischen Mittlerem und Unterem Buntsandstein oberhalb von Memleben und die zwischen Unterem Muschelkalk und

Oberem Buntsandstein bei Karsdorf wurde dagegen bereits in der Cromerwarmzeit vom Fluß durchschnitten, so daß seit dieser Zeit dort die Schichtstufen entstanden (s. C 3).
Weitgehend unabhängig von den beschriebenen Vorgängen der Landformung, diese jedoch örtlich beeinflussend, prägte die Subrosion unser Gebiet kräftig mit. Die Ablaugung der Zechsteinsalze an den Flanken des Roßlebener Sattels führte zur Absenkung der Unstrutniederung (s. A 2). Im Laucha—Dorndorfer Raum treten schwächere Absenkungen durch Subrosion der Anhydrite und Salze des Röts auf. Die Überlagerung abgesunkener älterer Flußsedimente durch jüngere in der Unstrutniederung — im Gegensatz zur normalen Lage älterer Terrassenschotter am Talrand oberhalb der jüngeren — ist eine Folge der Subrosionssenkungen.
An der Ausgestaltung des Feinreliefs der Hochflächen und Abhänge wie auch der Talböden hat auch der wirtschaftende Mensch durch technogene Eingriffe einen zunehmenden Anteil. Im Auenbereich wurden Begradigungen, Verlegungen und Neuanlagen von Fließgerinnebetten vorgenommen (s. A 1.2). An den Muschelkalkstufenhängen im Raum Karsdorf—Freyburg entstanden Weinbauterrassen, auf den steilen Buntsandsteinhängen Ackerrandstufen und -terrassen sowie Obstbauterrassen. Mehrere Meter tief eingeschnittene talartige Hohlwegsysteme im Buntsandsteinbereich bezeugen jahrhundertelange Benutzung als Verkehrswege und ihr Ausfurchen durch Oberflächenwasser. Bodenerosion und reliefausgleichendes Überpflügen führten vor allem seit dem Einsetzen der Großschlagbewirtschaftung zu den flachwelligen Lößhochflächen und Hängen. Ehemals markant abgesetzte Tälchen wurden zu Mulden umgestaltet. Die morphologischen Wirkungen und Veränderungen der Bodendecke durch Bodenerosion, vor allem auf Lößhängen, Rinnen- oder Grabenbildung und Füllung von Mulden mit Abspülungsmaterial werden durch die Beackerung weitgehend ausgeglichen, so daß nur die unterschiedliche Färbung des Bodens und die Vitalität der Pflanzen diese Vorgänge bezeugen.
Die Entwicklung der Böden vollzog sich auf den oberflächennahen, mehr oder weniger verwitterten Locker- und Festgesteinen seit dem Ausgang der Weichselkaltzeit. Sie ist an die regionale Differenzierung der Ausgangssubstrate gebunden und wird durch die Reliefgestalt gesteuert. Gleichzeitig ist sie von den Niederschlagshöhen und den Grund- und Bodenwasserverhältnissen abhängig. Die im Neolithikum einsetzende (Abb. 11) und im Früh- und Hochmittelalter ausgebaute ackerbauliche Landnutzung sowie die hydromeliorativen Eingriffe in der Unstrutaue seit dem 18. Jh. (s. A 2) beeinflußten die natürliche Bodenbildung in wachsendem Maße.
Die regelhafte Differenzierung und Verbreitung der Böden und speziell der Leitbodenformen zeigen Abbildung 3 und Tabelle Anhang B. Im Bereich der Lößdecken der landwirtschaftlich genutzten Hochflächen und Flachhangbereiche sind auf den niederschlagsärmeren, tiefer gelegenen Flächen des Mühelner Plateaus, des Lossa-Vippach-Hügellandes und der Ränder der Unstrutniederung Schwarzerden (s. C 6) und Griserden (s. B 18) ausgebildet. Mit zunehmender Niederschlagshöhe auf dem Querfurt-Gleinaer Plateau und der Finne setzen Parabraunerden und Fahlerden ein (s. A 16, B 18). Bodenwasserstau auf abflußbehinderten ebenen bis fastebenen Flächen führt zu lokal

auftretenden Staugleyen (s. A 16), bodenerosive Substratumlagerung zu Pararendzinen und kolluvialen schwarzerdeartigen Böden und örtlich zur Ausbildung von Lößparabraunerden als in ihrem Bodenprofil erkennbaren reduzierten Lößfahlerden (s. A 16). Auf den forstwirtschaftlich genutzten, mehr oder weniger skelettreichen oder lößhaltigen, sandigen bis lehmigen oberflächennahen Substraten der Hohen Schrecke und des Ziegelrodaer Forstes dominieren Braunerden, die in den niederschlagsreichsten Kammbereichen der Hohen Schrecke örtlich schwach podsoliert sind (s. A 9). Rendzinen sind für die steilen Abhänge auf Kalkstein und Gips typisch (s. A 16). In den landwirtschaftlich genutzten Auen prägen Vegaböden (s. A 2) und — unter stärkerem Einfluß oberflächennahen Grundwassers — Gleyböden, lokal auch Anmoorböden die Landschaft (s. A 2).

Die Böden mit ihren verschiedenen Kapazitäten für die Wasser- und Nährstoffversorgung der Pflanzen erfordern angemessene Bearbeitungs-, Pflege- und Meliorationsmaßnahmen, um stetig hohe Erträge der Pflanzenproduktion zu gewährleisten. Die künstliche Grundwasserspiegelabsenkung bis unterhalb des Wurzelraumes (s. A 2) und die Beregnung zum Ausgleich der Niederschlagsarmut erweitern die Möglichkeit des Anbaus von Nutzpflanzen — speziell auch von Getreide — in der Niederung. Stauvergleyte Standorte der Finne und des Querfurt-Gleinaer Plateaus werden durch Dränung verbessert. Für die niederschlagsarmen Lößschwarzerdebereiche ist Beregnung wichtig. Die Lößböden, vor allem die Lößpararendzinen auf geringmächtigen Decklössen, erfordern Maßnahmen des Erosionsschutzes.

H. Kugler

Vegetation und Flora des Unstrutgebietes spiegeln deutlich die Unterschiede von Boden, Klima, Gestein und Relief wider (Abb. 3). Sie sind aber auch das Ergebnis der Einwirkungen durch den Menschen seit der jungsteinzeitlichen Besiedlung. Besonders die extensive mittelalterliche Landnutzung veränderte die Verteilung der Landschaftselemente. Die Wälder wurden zurückgedrängt zugunsten des Ackerbaus; der Weinbau nahm die xerothermen (trockenwarmen) Hänge ein (s. C 19). Die Weidewirtschaft dehnte sich auf die Tallagen und Hänge aus, wo als deren Folge insbesondere an den entwaldeten Partien eine starke Bodenerosion einsetzte.

Pflanzengeographisch haben wir zu unterscheiden zwischen Helme-Unterunstrut-Land, Querfurter Ackerland und dem Plateauland südwestlich der Unstrut, das als Bördegebiet bezeichnet wird (Meusel 1954/55). Im Helme-Unterunstrut-Land tritt eine reiche Mischung von submediterranen und südlich kontinentalen Arten auf. Das Querfurter Ackerland ist dagegen floristisch wesentlich ärmer; dennoch kann eine Kennzeichnung und Differenzierung durch das Auftreten von kontinentalen Florenelementen vorgenommen werden.

Im Plateauland werden nach neuerer Auffassung die niederschlagsreicheren Buntsandsteingebiete der Finne und Hohen Schrecke, die tiefer gelegenen Buntsandstein- und Lößgebiete in ihrer Umgebung, die Räume mit hohem Anteil kalkliebender Flora, die gipsreichen Zechstein-, Röt- und Keupergebiete, die Ackerböden auf den Muschelkalkplateaus und die Auenbereiche unterschieden (Buhl 1971). Auf den Buntsandsteinplateaus der Finne und des Ziegelrodaer

Forstes und auf der Hohen Schrecke fehlen zahlreiche wärmeliebende Arten, dagegen treten montane Arten auf (s. A 9). Auf den Abhängen und tieferen östlichen Teilen der Buntsandsteinplateaus gehen die montanen Elemente zurück, und es erscheinen auf den stark durch kalkhaltiges Lößmaterial beeinflußten Standorten vereinzelt einige kalkliebende Arten. Die Muschelkalkgebiete der Randhänge des Querfurter Ackerlandes mit flachgründigen Standorten weisen ebenfalls zahlreiche kalkliebende Arten auf (s. C 3). In den Müchelner Gründen stellen wir eine deutliche Verarmung an südlich verbreiteten Pflanzenarten fest.

Die gipsreichen Zechstein-, Röt- und Keupergebiete sind durch das Gipskraut (*Gypsophila fastigiata*) charakterisiert. Neben der Zottigen Fahnenwicke (*Oxytropis pilosa*) findet der Interessierte eine große Anzahl von Steppenpflanzen, wie Adonisröschen (*Adonis vernalis*) und Federgras (*Stipa capillata*). Das Vitzenburg—Grockstätter und das Gleinaer Gebiet zeichnen sich durch das Vorkommen der Thüringer Strauchpappel (*Lavatera thuringiaca*) aus.

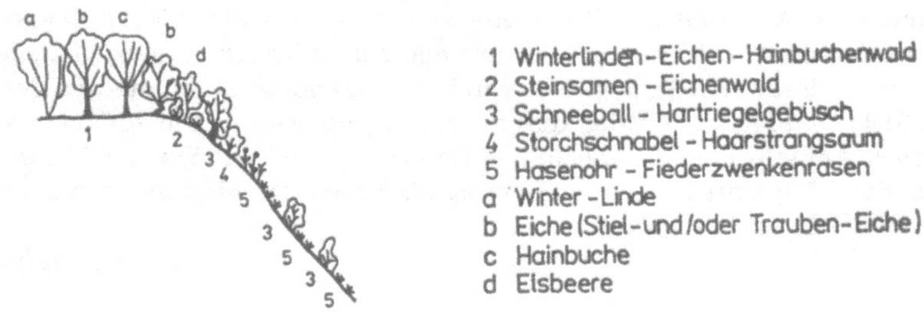

Abb. 10. Schematisches Profil des subkontinental-collinen Vegetationskomplexes an Waldgrenzstandorten auf Muschelkalk (anthropogene Waldgrenze) (nach Knapp 1979)

Die Auen haben eine floristische Sonderstellung durch das Vorkommen salzliebender Pflanzen. In der Helme-Unstrut-Aue können Salzschwaden (*Puccinellia distans*), Salzbunge (*Samolus valerandi*), Gelbe Spargelerbse (*Tetragonolobus maritimus*), Erdbeerklee (*Trifolium fragiferum*), Echter Eibisch (*Althaea officinalis*) und Strandmilchkraut (*Glaux maritima*) angetroffen werden.

Die natürliche Vegetation kann auf der Grundlage von waldsoziologischen Arbeiten (Fukarek 1951) und der Karte der natürlichen Vegetation im Atlas der DDR (1976) wie folgt gegliedert werden. Auf den Buntsandsteinplateaus der Finne und des Ziegelrodaer Forstes sowie auf der Hohen Schrecke stocken Hainsimsen-Eichen-Buchen-Wälder, die in den zentralen, hochgelegenen Teilen der Platten in Hainsimsen-Buchen-Wälder übergehen. Die mit Löß bedeckten Muschelkalkstandorte werden vom Traubeneichen-Hainbuchen-Wald mit hohem Anteil an Winterlinde eingenommen. In den grundwassernahen westlichen Auenbereichen stocken von Natur aus Erlen- und Erlen-Eschen-Wälder, die in den östlichen Bereichen mit starken Auenlehmdecken in Eschen-Ulmen-Wälder übergehen. An den Steilstufen des Muschelkalks und Buntsandsteins siedeln die floristisch reichen xerothermen Trockenwälder und Trockenrasen (Krause 1940/41; s. C 4, C 5). Diese Vegetationskomplexe sind seit dem Mittelalter infolge von Holzgewinnung, Beweidung und Weinbau stark beeinflußt (s. C 19).

Die reliefgebundenen Voraussetzungen für die Herausbildung natürlicher Waldgrenzen sind an der Unstrut im Vergleich zum Ilm-Saale-Gebiet weniger günstig, denn die Muschelkalksteilstufe und die steileren Hänge im Buntsandstein weisen nur geringe Höhen auf. Die erhaltenen Waldgrenzen (Abb. 10) an der Unstrut zeigen eine scharfe Differenzierung in Buschwald (s. C 4), Strauchmantel (s. C 13), Saumgesellschaften (s. C 24) und Trockenrasen, was für ihre anthropogene Ausprägung spricht. Nur an wenigen Standorten scheint eine naturnahe Gliederung der Waldgrenzen ohne Mantel und mit breit ausgebildetem Saum vorzuliegen (Reichhoff, Böhnert, Knapp 1978).

An den Steilhängen des Unstruttales und des Bibra-Plößnitzer Stufenhanges blieben artenreiche Pflanzengesellschaften und die dazugehörende Tierwelt erhalten, die unter Schutz gestellt wurden. Außer in 2 Flächennaturdenkmalen (s. B 16, B 20) sucht man in den NSG Forst Bibra (s. B 10) und Steinklöbe (s. B 14), diese Verhältnisse der Nachwelt zu bewahren.

Die Tierwelt des unteren Unstruttales und seiner Umgebung ist entsprechend der vielgestaltigen Vegetationsdecke reich entfaltet. Der Jagd unterliegen Rot- und Damwild, Schwarzwild, Fuchs, Marder, Hase, Wildkaninchen und Fasan. Von den geschützten Säugetierarten sind Haselmaus, Gartenschläfer und Siebenschläfer sowie die Fledermausarten Großer Abendsegler, Kleine Hufeisennase und Braunes Langohr hervorzuheben (Landschaftspflegeplan 1980).

Die Vogelwelt im unteren Unstrutgebiet weist eine große Anzahl von Arten auf. Zur Familie der Finkenvögel zählen die Gartenammer und die Gebirgsstelze, die im Herbst nach Südeuropa bzw. Nordafrika ziehen, ferner der Kernbeißer, der Gimpel, der Wald- und der Gartenbaumläufer, die Tannen- und die Schwanzmeise sowie das Winter- und das Sommergoldhähnchen, beide mit etwa 55 mm Körperlänge unsere kleinsten Vögel. Ebenfalls zahlreich vertreten ist die Familie der Fliegenschnäpper mit den Zugvogelarten Grau- und Trauerschnäpper sowie Sperber-, Dorn-, Zaun-, Mönchs- und Gartengrasmücke. Dazu rechnen wir auch Steinschmätzer, Braunkehlchen und Nachtigall. Von den Spechten sind der Klein- (89 mm groß), Bunt- (135 mm), Grün- (164 mm) und Schwarzspecht (235 mm) zu nennen. Günstige Lebensbedingungen finden weiterhin der Pirol, der Wendehals, der Wiedehopf, der Ziegenmelker und der Raubwürger sowie der etwa 80 mm große Eisvogel und die Turteltaube. Neben dem Gebiet an der Mittelelbe ist das an der Unstrut ein zweites Schwerpunktvorkommen des Weißen Storches im Bezirk Halle.

Besondere Bedeutung haben die als Schädlingsvertilger nützlichen und zum Teil in ihrem Bestand stark gefährdeten Eulen und Greifvögel. Es kommen Waldohreule, Waldkauz und Schleiereule vor, weiterhin Baumfalke und Turmfalke, Roter und Schwarzer Milan, Wespen-, Mäuse- und Rauhfußbussard sowie Habicht und Sperber. Von den Kriechtieren und Lurchen sollen Schlingnatter (*Coronella austriaca*), Bergmolch (*Triturus alpestris*) und Laubfrosch (*Hyla arborea*) erwähnt werden.

Die Insektenfauna der trockenwarmen Lagen des Unstrutgebietes zeichnet sich wie die Pflanzenwelt durch eine zahlenmäßig starke Gruppe submediterraner

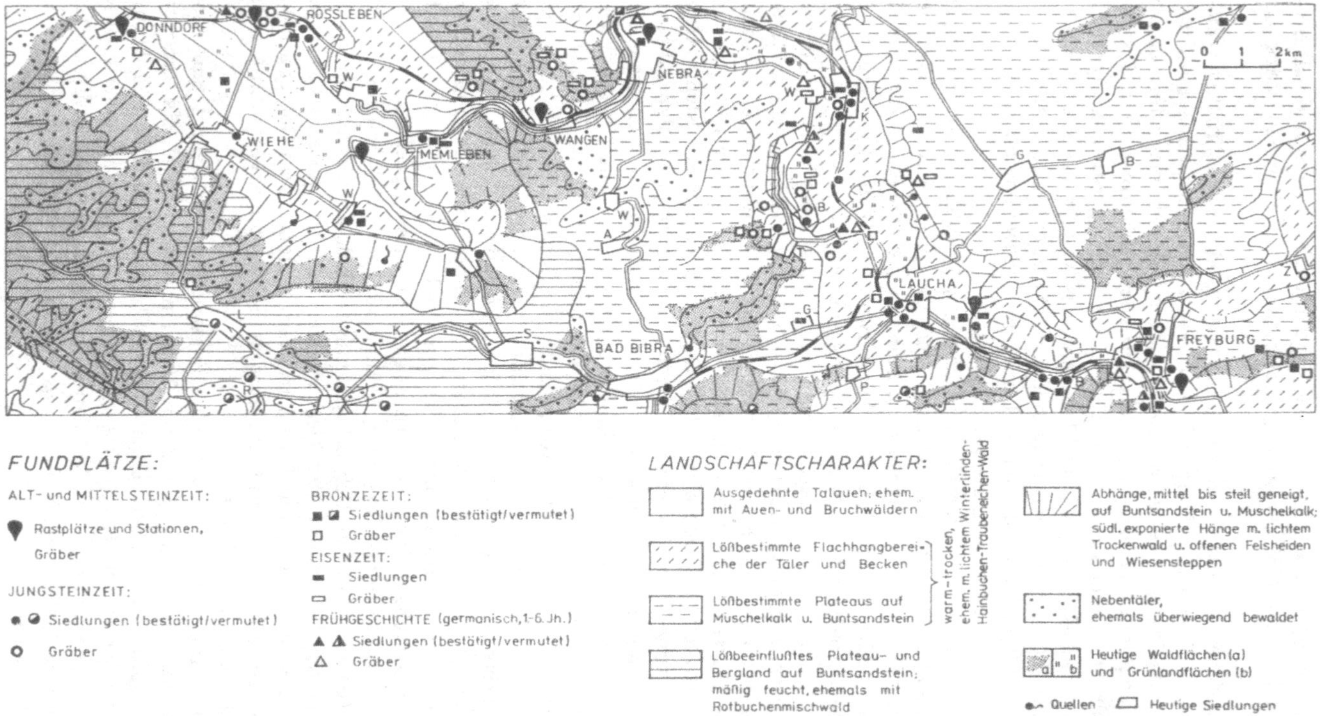

Abb. 11. Ur- und frühgeschichtliche Fundplätze und Landschaftscharakter (Entwurf B. und E. Schmidt, H. Kugler, Ortsnamen vergleiche Suchpunktkarte 1:50000)

bzw. südlich kontinentaler Elemente aus (s. B 14). Allerdings liegen bisher nur wenige Untersuchungsergebnisse vor. Eine Übersicht über die vorkommenden Schmetterlinge gibt BERGMANN (1951). Als interessante Insektenarten sind der Segelfalter (*Iphiclides podalirius*), der Spießbock oder Große Eichenbock (*Cerambyx cerdo*) und der Hirschkäfer (*Lucanus cervus*, s. B 16) sowie der Puppenräuber (*Calosoma sycophanta*) und die verschiedenen Arten der Roten Waldameisen (Gattung *Formica*) hervorzuheben.

L. Reichhoff

Geschichtliche Entwicklung

Das Gebiet an der unteren Unstrut gehört zu den ur- und frühgeschichtlich interessantesten Räumen der DDR. Entsprechend seiner landschaftlichen Gliederung war die Besiedlung in den einzelnen Abschnitten recht unterschiedlich (Abb. 11). Alle Überreste aus ur- und frühgeschichtlicher Zeit stehen unter staatlichem Schutz.

Die Fundplätze altsteinzeitlicher Geräte bei Kleinwangen (s. B 15) und Memleben (s. A 6) gehören neben den außerhalb unseres Gebietes gelegenen von Bilzingsleben und Wallendorf zu den ältesten Belegen der Anwesenheit von Menschen auf dem Territorium der DDR. Die menschliche Geschichte begann hier, entsprechend der geologischen Altersbestimmung dieser Fundplätze, im mittleren Pleistozän vor etwa 350000 Jahren. Viele Jahrtausende durchzogen immer wieder einzelne Gruppen von nicht seßhaften Jägern und Sammlern das Land. Am Ende der Altsteinzeit, im weichselkaltzeitlichen Magdalénien, errichteten Jäger, die in der tundraartigen periglaziären Umwelt mit Pfeil und Bogen ihrem Nahrungserwerb nachgingen, auf dem Gelände der in das Unstruttal spornartig vorspringenden Altenburg (s. B 19) in Nebra ein Zeltlager. Die dort gefundenen 3 kleinen Frauenfiguren stellen die ältesten Plastiken auf dem Gebiet der DDR dar und befanden sich fast 15000 Jahre im Boden, bevor die Archäologen des Landesmuseums für Vorgeschichte Halle sie freilegten. Der Fundplatz wurde namengebend für die älterdryaszeitliche (Dryas = spätweichseleiszeitliche Klimaperiode) Nebraer Gruppe.

Das Seßhaftwerden der Menschen vor rund 9000—7000 Jahren deutet sich mit einigen mittelsteinzeitlichen Siedlungsplätzen im Unstruttal an (s. A 8). Auf einem Siedlungsplatz aus dieser Zeit südlich von Bottendorf wurden Hockergräber aufgedeckt, bei denen die Toten mit Rötel eingerieben und in einer runden Grube sitzend bestattet worden waren. Sie stellen die ältesten menschlichen Bestattungen auf dem Territorium der DDR dar.

Am Beginn der Jungsteinzeit, etwa 4500—4000 v. u. Z., kamen Einwanderer aus dem SO Europas in unseren Raum. Eine relativ dichte Besiedlung der hochwasserfreien, lößbedeckten Flachhänge und Terrassen der randlichen Bereiche des Unstruttales setzte ein (Abb. 11). Einige der etwa 20 Siedlungen wurden von den Nebentälern auf die Hochflächen vorgetrieben. Viehhaltung und Feldbestellung kamen durch die Menschen der jungsteinzeitlichen bandkeramischen Kultur in Blüte (s. A 3, A 5, B 6). Das bezeugen Reste von Großhäusern aus Holz und Lehmbewurf sowie viele Vorrats- und Abfallgruben, die Tierknochen und Reste von Getreide, aber auch Scherben bandartig verzierter

Gefäße enthielten. Das untere Unstruttal hat eine Reihe sehr früher Fundplätze der linienbandkeramischen Kultur aufzuweisen und war demnach besonders von der Einwanderung betroffen. Die Besiedlung verdichtete sich während der folgenden, der stichbandkeramischen Kultur (etwa 3900–3500 v. u. Z.). Die Zahl der bisher entdeckten Fundplätze – meist Siedlungen – beträgt rund 30. Das untere Unstrutgebiet bildete zusammen mit dem mittleren Saaletal einen Schwerpunkt dieser Kultur. Mit der Rössener Kultur (s. C 1, C 17), die hier 8 Fundplätze aufzuweisen hat, endete das Frühneolithikum.

Das mittlere Neolithikum (rund 3300–2300 v. u. Z.) ist mit 6 Fundplätzen auffallend schwach vertreten. Von dem ersten Lehrstuhlinhaber für Vorgeschichte in Deutschland, Professor Dr. Friedrich Klopfleisch aus Jena, wurden im Bereich des Unstruttales am Ende des 19. Jh. zwar sehr viele Grabhügel geöffnet, doch scheinen sie nach dem heutigen Kenntnisstand überwiegend dem jüngeren Neolithikum und der Bronzezeit anzugehören. Nur aus einem der Hügel barg er Funde des mittleren Neolithikums.

Während des Spätneolithikums (etwa 2300–1800 v. u. Z.) zählte das untere Unstrutgebiet mit zum Zentrum der schnurkeramischen Kultur, von der bis 1981 über 50 Fundplätze entdeckt wurden. Darunter befand sich keine Siedlung, sondern es handelte sich fast ausschließlich um Flach- oder Hügelgräberfelder auf den Rändern der Unstrutberge. In die gleiche Zeit gehören die Menschen der Glockenbecherkultur, die von Spanien über Frankreich in das Saale-Unstrut-Gebiet kamen und am Unterlauf der Unstrut mit 8 Fundplätzen, meist Gräberfeldern, vertreten sind (s. A 8).

Während der Bronzezeit (1800–700 v. u. Z.) ging man auch im Mittelelbe-Saale-Gebiet zum Abbau von Kupfererz und zur Benutzung von Bronze über. 10 Fundplätze gehören in die frühe Bronzezeit (1800–1400 v. u. Z.). Die Gräberfelder, so in Kirchscheidungen (s. B 26), zeigen noch die traditionelle neolithische Bestattungsart als liegender Hocker. Die über das gesamte Mittelelbe-Saale-Gebiet, über Böhmen und Südpolen verbreitete Aunjetitzer Kultur war aus den hier ansässigen spätneolithischen Kulturen entstanden.

Als die Aunjetitzer Kultur infolge wirtschaftlicher und politischer Ereignisse zerfiel und Einflüsse der süddeutschen Hügelgräberkultur Geltung erlangten, bildete sich in Thüringen bis in den Merseburger Raum hinein die Unstrutgruppe heraus. Ihre Hügelgräberfelder mit hunderten von Grabhügeln liegen oder lagen auf den Hängen und Randhöhen des Unstruttales. Manchmal wurden auch neolithische Hügel erneut benutzt und überhöht, so nördlich von Kleinwangen (s. B 15). Die Unstrutgruppe gehört in die mittlere bis späte Bronzezeit (1400–700 v. u. Z.). Aus diesem Abschnitt wurden bis jetzt die frühesten Befestigungen des unteren Unstruttales bekannt, und zwar auf den spornartigen Höhen wie der Altenburg (s. B 19) in Nebra. Auch der Burgberg von Burgscheidungen (s. B 24) trug damals eine wahrscheinlich ebenfalls befestigte Siedlung. In den Vorratsgruben der Wohnplätze weisen verkohlte Feldfrüchte auf den neben der Viehhaltung betriebenen Ackerbau hin. Speise- und wohl auch Menschenopfer wurden dargebracht. Am Ausklang dieses Zeitabschnitts und im Verlauf der frühen Eisenzeit fanden die Befestigungen und auch ein Teil der Siedlungen zwischen 600 und 700 v. u. Z. durch kriegerische Ereignisse ihr Ende. Mit den Neuankömmlingen aus dem S scheint die alt-

eingesessene Bevölkerung nun zur Thüringischen Kultur der frühen Eisenzeit verschmolzen zu sein. Siedlungen und Gräberfelder mit Brandbestattungen wurden talabwärts angelegt (s. B 4, B 21).
Im Verlauf des 3. und 4. Jh. v. u. Z. erfolgte von N ein Vorstoß von Germanen aus dem Elbegebiet saaleaufwärts bis zur unteren Unstrut. Unsere Landschaft gehörte mindestens seit dem letzten Jahrhundert v. u. Z. zum Stammesgebiet der Hermunduren. In der Zeit der Kämpfe der germanischen Stämme gegen das römische Imperium durchzogen römische Heere in den Jahren 9 v. u. Z. und 5 u. Z. den Raum an der Unstrut. Die Besiedlung verdichtete sich während des 3. und 4. Jh. (s. B 21).
Die im wesentlichen kontinuierliche germanische Besiedlung kulminierte in der Errichtung eines selbständigen Königreiches der Thüringer nach 454 mit dem Zentrum an der unteren Unstrut. Wann sich der Namenswechsel von Hermunduren zu Thüringern vollzog, ist unklar. Um 170 wurden die Hermunduren letztmals erwähnt, während der Name der Thüringer erstmals um 400 auftauchte.
In diesen Jahrhunderten werden die Ortsnamen des Unstrutgebietes, die auf -ungen enden, entstanden sein (s. B 24). Die Namen auf -a (-aha) können aber noch älter sein (s. B 6); dagegen gehen die auf -stedt (s. C 17) auf die Zeit nach dem späten 5. Jh. zurück. Wahrscheinlich gehören die auf -leben (s. A 6) in die frühe Völkerwanderungszeit (375—450) und die Thüringer Königszeit (450—531). Thüringische Gräberfelder wurden bislang bei Balgstädt (s. C 17), Kirchscheidungen (s. B 26), Laucha (s. C 1) und Reinsdorf entdeckt. Archäologisch ist nachgewiesen, daß die Thüringer keine Burgen, sondern große, unbefestigte Höfe besessen haben und ein Königssitz wahrscheinlich bei Stößen, 10 km östlich von Naumburg, gelegen hat. Die Interessensphäre der Thüringer reichte etwa von der Spree bei Berlin bis zur Donau und von der Leine/Oker bei Hannover/Braunschweig bis an die Elbe bei Dresden oder sogar nach Böhmen. König Hermenefreds Gattin war die Nichte des mächtigen Ostgotenkönigs Theoderich, nach dessen Tod die Thüringer allein gegen den Expansionsdrang der Franken standen. Der schriftlichen Überlieferung des fränkischen Geschichtsschreibers Gregor von Tours zufolge ging die letzte und entscheidende Feldschlacht der Thüringer gegen die Franken im Jahre 531 an der Unstrut verloren (s. B 24).
Damit fand die wichtige Epoche des Thüringerreiches ihr Ende. Die Franken nahmen das Land in Besitz und scheinen reges strategisches Interesse an der Gegend bis etwa in den Raum von Merseburg entwickelt zu haben. Für die Angaben schriftlicher Quellen des 10. Jh., voran die Berichte von Widukind von Corvey, das Land nördlich der Unstrut sei bereits nach 531 sächsisch geworden, gibt es keine archäologischen Funde. Sicher ist jedoch, daß zwischen dem 6. und dem 10. Jh. sächsische Adelsgeschlechter vor allem linksseits der unteren Unstrut Fuß faßten. Der Gauname Friesenfeld mag damit in Beziehung stehen (s. Seite 31), und auf hauseigenem Besitz gründeten die liudolfingischen Sachsenkönige des 10. Jh. auch hier ebenso ihre Macht wie die sächsischen Pfalzgrafen (s. A 6).
In der ersten Hälfte des 7. Jh. regierte ein von den Franken eingesetzter Thüringer, der Herzog Radulf. Er schlug um 632/634 die Slawen, die zu dieser Zeit

in Thüringen eingedrungen waren. Es handelt sich um die erste schriftliche Erwähnung der Slawen im Mittelelbe-Saale-Gebiet durch FREDEGAR. Diese Ereignisse müssen sich teilweise auch am Unterlauf der Unstrut abgespielt haben. Die Siege stärkten die Unabhängigkeitsbestrebungen RADULFS gegenüber dem fränkischen Staat. Er schloß Freundschaft mit den Slawen. Als der fränkische König im Jahre 641 mit einem Heer gegen ihn vorrückte, zog sich RADULF in seine aus Holz und Erde auf einem Berg über der Unstrut errichtete Befestigung zurück. Einer der Kämpfe dürfte auf den Ronnebergen im Jahre 641 ausgetragen worden sein (s. B 17).

Es gibt eine Reihe von Fundplätzen im unteren Unstruttal mit slawischer oder slawisch anmutender Keramik, so in Altenroda, Balgstädt (s. C 17), Burgscheidungen, Dorndorf, Freyburg, Karsdorf, Laucha (s. C 1), Tröbsdorf, Wendelstein, Wetzendorf und Wennungen. Sie könnten eine slawische Einwanderung an der Unstrut aufwärts belegen, oder die Slawen wurden vielleicht erst im Zuge der Feudalisierung des 10.—11. Jh. hier angesetzt.

B. und E. Schmidt

Die Tatsache, daß die Franken kaum zwei Menschenalter nach der Schlacht von 531 (s. Seite 29) in das um und vorwiegend östlich Bernburgs gelegene Warinerfeld eindrangen und ihr König CHILDEBERT 595 den germanischen Stamm der Wariner besiegte, beweist, daß wir auch für das untere Unstruttal seit der Wende vom 6. zum 7. Jh. mit einer fortdauernden fränkischen Herrschaft zu rechnen haben. Diese verband sich seit dem 8. Jh. mit den Missionsbestrebungen und -aufträgen, die von den Klöstern Fulda und Hersfeld ausgingen. Das Zehntverzeichnis des Klosters Hersfeld (WOLF 1957, GRÖSSLER 1878), das Breviarium Lulli (LANDAU 1865) und die Antiquitates et Traditiones Fuldenses bilden für die Besiedlungsgeschichte ergiebige Quellen. In ihnen sind die Namen der im 7. und 8. Jh. bestehenden Orte verzeichnet, daneben, vornehmlich in den „Traditionen", zahlreiche Namen jener Personen, die ihre Güter zu Schutz und Eigen an das Kloster Fulda gaben. Die „Fuldaer Traditionen" sind eine von einem Abt in der zweiten Hälfte des 8. Jh. zusammengestellte Sammlung von etwa 2000 Privaturkunden. Neben den Missionsbestrebungen verlief die organisatorische Erfassung des Raumes durch die Einführung der fränkischen Grafschaftsverfassung. Als Grafen wurden auch Angehörige des sächsischen Adels eingesetzt.

Von den im Zehntverzeichnis aus dem 9. Jh. — durch das vielleicht auch noch Zustände des späten 8. Jh. erschlossen werden können — genannten Ortschaften des unteren Unstrutgebietes führt keine einen slawischen Namen. Solche erscheinen zuerst an der Unstrutmündung südöstlich von Freyburg. Im späten 8. und 9. Jh. wurden aber in zwei Orten (s. B 19, B 23) Slawen als Mitbewohner genannt. Aus späterer Zeit finden mehrmals Slawenhufen Erwähnung.

Spätestens seit der vernichtenden Niederlage der Slawen durch PIPIN vermutlich bei *Weidahaburc* 766 kann nur noch von ihrer friedlichen Hereinnahme und Ansiedlung die Rede sein. In dieser Zeit erfolgten die ersten Kirchengründungen (s. B 24) im Unstruttal und im Mansfelder Land (s. Bd. 38, Seite 26). Wenn man bedenkt, daß das kurzlebige Bistum Erfurt 741 ins Leben gerufen wurde, so

kann man annehmen, daß diesem Akt und der Erhebung Erfurts zu einem der bedeutendsten Plätze des Handels mit den Slawen die Kämpfe gegen die Slawen östlich der Saale (816, 839, 851) nicht entgegenstanden.
So arm das 9. Jh. für unsere Gegend an weiteren Quellen ist, so sicher ist die Tatsache, daß die Täler von Unstrut und Geisel die natürlichen Eingangspforten in das Land waren. Es gab keinen Saaleabschnitt, der so durch Burgen gesichert gewesen wäre, wie der von Lettin bis Goseck und weiter südlich. Der Landesausbau sowohl auf der Querfurter Platte wie auf dem Nordhang der Finne, die mit zusammenhängenden Wäldern bedeckt waren, setzte spätestens im 10. Jh. ein, in der Folgezeit mitgetragen von den Benediktiner- und Zisterzienserklöstern an der unteren Unstrut, die sich insbesondere der Landwirtschaft widmeten (s. A 6, B 21). Handelte es sich doch um einen Landstrich, der nach dem Untergang des Thüringerreiches zu einem großen Teil Königsgut geworden war, und das gab der christlichen Mission einen starken Rückhalt. Nach dem Sieg HEINRICHS I. aus dem sächsischen Geschlecht der Liudolfinger über die Ungarn im Jahre 933 am südöstlichen Harzvorland — der als *Riade* bezeugte Ort ist möglicherweise mit den heutigen Orten Ritteburg oder Kalbsrieth an der Unstrut nahe Artern gleichzusetzen — war die Kette der Pfalzen von Nordhausen über Tilleda (s. Bd. 29, A 27), Wallhausen, Allstedt, Memleben (s. A 6), Merseburg nicht mehr gerissen. Zu beachten sind dabei ihre Lage am Fluß, inmitten fruchtbarer Gefilde oder am Rand wildreicher Waldungen ebenso wie das System der noch immer funktionsfähigen Grenzburgen des Hersfelder Zehntverzeichnisses als sichere Kennzeichen eines nach außen befriedeten Landstrichs.
Im 10./11. Jh. gehörte unser Gebiet dem Hosgau (Friesenfeld; nördlich der Unstrut) und dem Engilingau (südlich der Hohen Schrecke, Finne und Unstrut) sowie der provincia *Uuigsezi* an, die sich von der Unstrutniederung aus auf die Finnehöhen erstreckte (HESSLER 1957). Als nicht administrative Herrschaftsgebiete spiegelten diese Gaue historisch gewachsene, landschaftlich gebundene Siedlungsräume wider.
Die *Scidinga* marca (= Mark Scheidungen) der Königsurkunde von 952, die auch für die Geschichte des Saalkreises von großer Bedeutung ist, umfaßte (Kirch-)Scheidungen (s. B 26), Golzen, Plößnitz, Krawinkel und andere Orte, also den östlichen Teil des Gaues Engilin, und gelangte im 11. Jh. an das Bistum Bamberg. Da Memleben oberhalb und Balgstädt unterhalb von Scheidungen alter sächsischer, das heißt Reichsbesitz waren, so darf man zu der Scheidunger Mark das ganze rechte Unstrutufer, Nebra und Laucha eingeschlossen, rechnen (BERGNER 1909). Für eine Mark Scheidungen zeugt auch der große Sprengel der zum mainzischen Archidiakonat Beatae Mariae Virginis Erfurt gehörenden Sedes (katholischer Amtssitz) Kirchscheidungen (s. B 26) auf dem rechten Ufer der Unstrut, die von Wangen bis zur Einmündung in die Saale die Diözesengrenze (Grenze des Sprengels eines Bischofs) bildete.
Eine Urkirche, also eine zeitlich sehr frühe klerikale Einrichtung, hat ebenso im Burgbezirk Mücheln bestanden. Sie umfaßte außer Mücheln auch St. Micheln und einige Rodungsdörfer auf dem Querfurt-Gleinaer Plateau. Hier finden wir in früher Zeit eingestreut Bamberger Besitz (s. C 7). Als Kaiser HEINRICH II. 1007 das Bistum Bamberg gründete, wendeten ihm Pfalzgraf FRIEDRICH I.

und seine Gemahlin AGNES Güter zu, die zwischen Mücheln und der Unstrut lagen und zum größten Teil weiterverliehen wurden und so die Existenzgrundlage von Ministerialen unfreien Standes bildeten. Aus diesen ging seit dem 13./14. Jh. durch Heirat und Verdienste bei der Verwaltung und in Kriegen der niedere Adel hervor, wie es weder im benachbarten Mansfeld noch im Saalkreis geschah. Diesem Adel begegnet man hier in einer großen Dichte und Konzentration auf einige wenige Familien.

Abgesehen von der Umwandlung der Pfalz Memleben (s. A 6) zwischen 976 und 979 in eine Benediktinerabtei, sehen wir nur wenige Jahrzehnte später ein halbes Dutzend mächtige Adelsgeschlechter, zum Teil auch kraft kaiserlichen Auftrages Position an der unteren Unstrut gewinnen und auch wieder verlieren, so daß das Gebiet von einem Netz von Adelsherrschaften überzogen war. Die Pfalzgrafen von Sachsen aus dem Hause Goseck haben, obwohl sie auch an der unteren Unstrut Besitz erwarben, die Geschicke des Landes nicht lange mitbestimmt (s. C 18). An ihre Stelle traten die Landgrafen von Thüringen. Der Begründer der Landgrafenherrschaft war LUDWIG DER SPRINGER, der an der Unstrut Fuß faßte. Dieser von Rechtsbedenken wenig geleitete und nach Macht und Besitz strebende Graf von der Schauenburg bei Friedrichroda/Thür. ließ um 1090 auf pfalzgräflich sächsischem Gebiet als Neue Burg die Freyburger Neuenburg erbauen (s. C 20), für Jahrhunderte ein Bollwerk an der Nordostecke Thüringens. Mit einer kurzen Unterbrechung blieb die Landgrafschaft bis 1247 bei seinen Nachkommen, bis HEINRICH DER ERLAUCHTE aus dem Hause Wettin im thüringischen Erbfolgekrieg (1247–64) seinen Anspruch auf die Nachfolge der Ludowinger in der Landgrafschaft erfolgreich durchsetzte. So finden wir in der Mitte des 14. Jh. den Raum Nebra–Freyburg–Mücheln in der Hand der Wettiner; der Raum Wiehe–Roßleben–Wendelstein–Finne hingegen war zu jener Zeit in der Hand der Orlamünder Grafen.

Die Versuche der Edlen Herren von Querfurt, ihren Herrschaftsberereich bis an die Unstrut auszudehnen, führten nicht zu dauerndem Erfolg. Nur zeitweilig waren Nebra (s. B 19) und Burgscheidungen mit Querfurt verbunden. Herzog WILHELM (1425–82) belehnte die Herren von Nißmitz mit der Herrschaft Querfurt, zu der auch die Dörfer Wippach, Wetzendorf, Altenroda, Großwangen und einige Wüstungen gehörten.

Der bis ins 15. Jh. weiter ausgedehnte Herrschaftsbereich der Wettiner unterlag 1485 der Teilung der wettinischen Länder in die Machtbereiche der albertinischen und der ernestinischen Linie des Hauses Wettin. Unser Gebiet gelangte dadurch größtenteils an die albertinischen Herzöge von Sachsen. Mit dem Absplittern der 3 Sekundogeniturfürstentümer Sachsen-Zeitz, Sachsen-Merseburg und Sachsen-Weißenfels von dem Gesamthaus 1656 geriet unser Bereich vornehmlich unter die Herzöge von Sachsen-Weißenfels, denen auch verwaltungsmäßig das 1663 gebildete reichsunmittelbare Fürstentum Querfurt unterstand. Mit dem Aussterben der Nebenlinie Sachsen-Weißenfels und dem Rückfall ihres Territoriums an das Gesamthaus 1746 war unser Gebiet im Kurfürstentum Sachsen wieder vereint, doch blieb das Fürstentum Querfurt unter der Souveränität des Kurfürsten erhalten. Im Jahre 1815 wurde das gesamte Gebiet einschließlich Querfurt preußisch und sodann der neugebildeten preußischen Provinz Sachsen eingegliedert.

Über den vielfältigen Wandel der politisch-administrativen territorialen Gliederung unseres Raumes hinweg weitgehend konstant blieb seit dem 15. Jh. die kirchliche territoriale Organisation. Die Unstrut bildete die Grenze zwischen den Diözesen Mainz und Halberstadt der Kirchenprovinz Mainz, in deren Nachfolge heute die Bistümer Erfurt und Magdeburg in der DDR stehen.
Eine wichtige historische Zeitmarke für das Gebiet an der unteren Unstrut setzte das Jahr 1525 mit dem Höhepunkt des Deutschen Bauernkrieges als Ausdruck der frühbürgerlichen Revolution in Deutschland an der Wende des Mittelalters zur Neuzeit, gleichzeitig und in Verbindung mit der Reformation. Die Bauern der Dörfer beteiligten sich in großer Zahl daran. Ihr gegen Herrenwillkür und Ausbeutung sowie gegen Verfallserscheinungen in den Klöstern gerichteter Zorn fand in den Predigten THOMAS MÜNTZERS zu Allstedt Bestätigung und Richtung. Zu spät kamen die von kirchlicher Seite und dem sächsischen Herzog betriebenen Bemühungen um Erneuerung des Klosterwesens, zumal sie nicht den sozialökonomischen Kern der Ursachen dieser Revolution treffen konnten. Dieser lag in der Unterdrückung der Bauern durch die Feudalherren ebenso wie in dem Aufstreben des städtischen Bürgertums. Die Klöster Donndorf (s. A 3), Roßleben, Memleben (s. A 6) und Reinsdorf (s. B 21) wurden von den Bauern des Unstrutgebietes besetzt. Viele der Feudalherren flohen auf den Wendelstein (s. A 7), um dort das Eintreffen des sächsischen Herzogs vor der großen Frankenhausener Schlacht am 15. Mai 1525 zu erwarten (s. Bd. 29, B 9).
Land- und Forstwirtschaft, daneben ein ausgedehnter Weinbau (s. C 19), die Steinbrecherei im Buntsandstein zwischen Memleben und Nebra (s. B 13) sowie der Abbau des Muschelkalks zwischen Balgstädt und Freyburg (s. C 17) gaben der Landschaft in den vergangenen Jahrhunderten das ökonomische Gepräge. Rebflächen bedecken Talhänge seit dem frühen Mittelalter; viele der Weinberge wurden Opfer der Reblaus am Ende des 19. Jh. und sind bis heute aufgelassen. Von großer Wichtigkeit ist von jeher die Landwirtschaft: an den Rändern des Unstruttales, auf der Finne und auf dem Querfurt-Gleinaer Plateau sowie in den Talauen der Unstrut (s. Seite 38).
Die Unstrut besaß schon frühzeitig eine große Bedeutung als Wasserstraße. Ende des 18. Jh. bestimmte der sächsische Kurfürst FRIEDRICH AUGUST III. 3 Mill. Taler zur „Landverbindung der sächsischen Flüsse unter sich", und 1795 konnte der Schiffsverkehr von Artern bis Weißenfels eröffnet werden (s. A 1.2). Die Geschichte des unteren Unstruttales ist aber auch die Geschichte seiner Überschwemmungen, die früher an den Wasserstandsmarken der Mühlen abzulesen waren. Weder die Wasser- und Mühlenordnung von 1653 (s. A 1.1) noch die Anlage von Poldern in der Flur einzelner Orte oder die Ende des 18. Jh. gegründete Lossagraben-Sozietät vermochten die Grundlagen zu schaffen, um die guten Böden zu entwässern. Die 1857 ins Leben gerufene Unstrutregulierungs-Sozietät brachte erste Hilfe. Nach dem Schadenshochwasser des Sommers 1957 leitete die Regierung der DDR durch ein Sofortprogramm die entscheidenden Schutz- und Meliorationsmaßnahmen ein (s. A 2).
Mehrere Städte befinden sich im unteren Unstrutgebiet. 5 km oberhalb der Unstrutmündung liegt Freyburg (s. C 20) an einem regional wichtigen Verkehrsübergang über den Fluß. Laucha (s. C 1) hat sich durch seine günstige

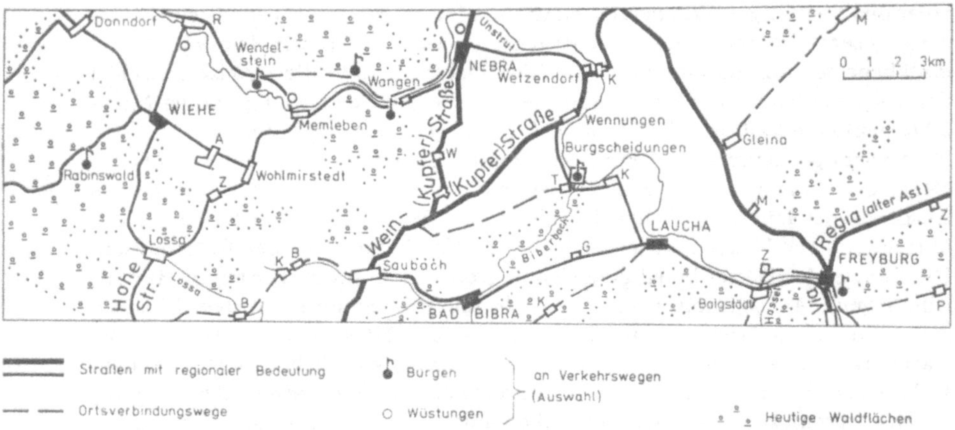

Abb. 12. Mittelalterliche Verkehrswege (Entwurf E. NEUSS, H. KUGLER, Ortsnamen vergleiche Suchpunktkarte 1:50000)

Lage inmitten landwirtschaftlich vorteilhafter Flächen zu einem Zentralort entwickelt. Nebra (s. B 19) wuchs am Übergang der Wein-(Kupfer-)Straße (Abb. 12) über die Unstrut im Schutz seiner Burg. Bad Bibra (s. B 6) erstreckt sich im Bibertal auf der Finne, seine Geschichte steht in Verbindung mit dem dortigen Stift. Wie Bibra ist Wiehe (s. A 4) einer der am frühesten bezeugten Orte des Gebietes.

Unter den ländlichen Siedlungsformen sind Beispiele mehrerer Typen vertreten. Einige Rodungsdörfer auf dem Querfurt-Gleinaer Plateau weisen den Grundriß von Sackgassen auf, so Ebersroda (s. C 8). Bei den Klosterorten ist die scharfe Trennung von klerikalem Bezirk und Laiensiedlung mehr selbstverständlich als augenfällig (s. A 3, A 6), wo an Stelle des Klosters zuvor ein befestigter Hof stand. Die Grundrisse von Lossa und Saubach als doppelte Straßendörfer beiderseits eines Baches stimmen überein. Die verhältnismäßig frühen Gründungen Memleben (s. A 6) und vor allem Roßleben (s. A 8) erscheinen dem Betrachter als Orte, die in der Entwicklung zu stadtähnlichen Siedlungen steckengeblieben sind.

Bei dem Vergleich der Ortsnamen und -grundrisse gewinnt man den Eindruck, daß die Besiedlung des unteren Unstrutgebietes vor 600 u. Z. von W nach O erfolgte und von den Talungen aus auf das Querfurt-Gleinaer Plateau und die Finne hinaufgriff. Eine Analyse der Flurnamen (BÖHME 1910) erweist, daß die weitaus überwiegende Anzahl, selbst im Rodungsgebiet der Querfurter Platte, relativ jungen Ursprungs ist. Sie bezeichnen vorrangig natürliche Eigenschaften des Geländes oder Besitzverhältnisse. Bei der Rekonstruktion der ehemaligen Waldverbreitung kann man sich außer auf SCHLÜTER (1952) auf detaillierte Untersuchungen durch LOUIS NAUMANN (1927) im ehemaligen Kreis Eckartsberga stützen.

E. Neuß

Den Anfang der Geschichte der Arbeiterbewegung können wir gegen Mitte des 19. Jh. ansetzen, als im unteren Unstrutgebiet mit den Kalk- und Sandsteinbrüchen (s. B 13), Kalkbrennereien und Ziegeleien die ersten kleinen kapitalistischen Betriebe entstanden. Auch in der Weinverarbeitung (s. C 20) und der Zuckergewinnung (s. B 21) begann sich um diese Zeit die kapitalistische Produktionsweise durchzusetzen. Die Kaliindustrie bildete sich im Gebiet um Nebra und Roßleben heraus (s. A 8). Diese Entwicklung vollzog sich unter dem hemmenden Einfluß von Junkern und Großgrundbesitzern. Darin liegt eine wesentliche Ursache für das industrielle Zurückbleiben dieses Gebietes.
Im erbitterten Kampf gegen die Reaktion wurden nach der Jahrhundertwende die ersten sozialdemokratischen Parteiorganisationen und Gewerkschaften gegründet. Im Gefolge der Großen Sozialistischen Oktoberrevolution 1917 und der deutschen Novemberrevolution 1918/19 kam es in mehreren Orten des unteren Unstrutgebietes zu revolutionären Aktionen der Arbeiterklasse. In Freyburg, Laucha und anderen Orten wurden Arbeiterräte geschaffen. An der Niederschlagung des Kapp-Putsches 1920 beteiligten sich vor allem Arbeiter in Bad Bibra, Freyburg, Laucha und Nebra. In den Tagen um den 20. März entwaffneten Arbeiterkolonnen aus Nebra, Sangerhausen und anderen Orten die reaktionären Einwohnerwehren des Unstrutgebietes. Dabei fiel den Nebraer Arbeitern am 21. März in Bad Bibra ein geheimgehaltenes Waffendepot der Naumburger Truppen in die Hände. Diese Waffen, beispielsweise mehr als 50 Maschinengewehre, wurden nach Halle transportiert und standen in Ammendorf den kämpfenden Arbeitern bei der Schlacht um Halle zur Verfügung. In Laucha, Freyburg und Nebra waren Arbeiterkolonnen bereit, an den Kämpfen in Halle teilzunehmen. Auch im unteren Unstrutgebiet hielt der Generalstreik vom 14. bis 24. März an. Erstmals beteiligten sich Landarbeiter an den revolutionären Massenaktionen.
Bereits 1919 entstand eine Ortsgruppe der KPD in Nebra, die bald besondere Aktivitäten entwickelte. 1920 kamen weitere Gruppen in Freyburg und Laucha hinzu.
Im März 1921 provozierten Polizei und Reichswehr auf Betreiben rechter sozialdemokratischer Führer die revolutionären Arbeiter im mitteldeutschen Industriegebiet zum bewaffneten Kampf. Der Einfluß der KPD, der in Mitteldeutschland sehr stark war, sollte gebrochen werden. Heldenhaft setzten sich die Arbeiter gegen die zahlenmäßig überlegenen Formationen des imperialistischen Staates zur Wehr. Auch in Nebra bewaffneten sich die Arbeiter, besetzten das Postamt und unterbrachen die Fernsprechverbindungen. Ein bewaffneter Sicherheitsdienst wurde gebildet. Arbeiter aus Nebra und Umgebung zogen in Gruppen auf Fahrrädern und Lastkraftwagen nach Eisleben, um ihre Klassenbrüder des Mansfelder Landes (s. Bd. 38, Seite 37) im Kampf gegen die Schutzpolizei zu unterstützen. Vom 24. März bis 1. April 1921 blieb Nebra in der Hand der Arbeiter. In Altenroda, Saubach, Wangen und anderen Orten holten sich die Arbeiter die Waffen von den Ortsrichtern, Landjägern, Kriegervereinen und von den Rittergütern.
Am 28. März war es einer Gruppe von Arbeitern gelungen, aus dem umzingelten Leuna-Werk bei Merseburg auszubrechen. Über Möckerling und Mücheln erreichte die etwa 150 Mann starke Gruppe mit 9 Lastkraftwagen und 4 Personen-

wagen schließlich Wiehe. Sie besetzte den Ort am 30. März und sicherte durch Posten mit Maschinengewehren die Stadtausgänge. Eine Einheit begab sich nach Roßleben und unterbrach dort die Eisenbahnverbindung, um der Schutzpolizei die Verfolgung zu erschweren. Am Abend des 30. März fuhr die gesamte Gruppe nach Bachra weiter. Dort wurde sie in der Nacht zum 31. März von einem Kommando Schutzpolizei überfallen. In dem mehrstündigen, erbitterten Gefecht fielen 8 Arbeiter, 60 gerieten in Gefangenschaft, darunter 16 Schwerverletzte. Dem Rest der Gruppe gelang der Ausbruch in Richtung Artern. Zu den von der Soldateska Ermordeten gehören Otto Bratfisch aus Nebra (s. B 19) und Franz Jordan aus Wiehe (s. A 4). Als am 1. April starke Kräfte der Schutzpolizei im Gebiet um Nebra zusammengezogen wurden, mußten auch hier die Arbeiter den Kampf einstellen.

Trotz Terror und Verfolgung entstanden in den darauffolgenden Jahren weitere Ortsgruppen der KPD, deren Einfluß zunahm. Auch die Landarbeitergewerkschaft gewann neue Positionen in den Betriebsräten der Rittergüter, vor allem auf den Gütern der Familien von Helldorf in Wohlmirstedt, von der Schulenburg in Burgscheidungen und auf den Domänen in Freyburg und Memleben.

Der Kampf der revolutionären Arbeiterbewegung gestaltete sich jedoch in diesem Gebiet ohne größere Zentren der Arbeiterklasse besonders schwierig. Jede revolutionäre Aktion wurde brutal unterdrückt, wie am 16. April 1931 in Nebra, als eine Arbeitslosenversammlung gewaltsam durch die Polizei aufgelöst und eine Zusammenkunft der Ortsgruppe der KPD am gleichen Abend auseinandergeprügelt wurde.

Vielfältig waren die Aktionen gegen den Faschismus. Arbeiter aus dem unteren Unstrutgebiet beteiligten sich am illegalen Kampf der KPD in Weißenfels und anderen benachbarten Städten. So wurden 1935 auch Kommunisten aus Freyburg als Angehörige einer Weißenfelser Widerstandsgruppe der KPD in einem sogenannten Hochverratsprozeß angeklagt und zu hohen Kerkerstrafen verurteilt.

Nach der Befreiung vom Hitlerfaschismus durch die ruhmreiche Rote Armee erstarkte die Aktionseinheit der KPD und SPD vor allem auch bei der Durchführung der demokratischen Bodenreform 1945/46. Zugleich entwickelte sich in diesem Prozeß das Bündnis der Arbeiterklasse mit den werktätigen Bauern.

E. Grüner

Die Pflege unseres kulturellen Erbes — nicht zuletzt der Baudenkmale und kulturhistorischen Werte — und eine sinnvolle Einbeziehung in unser gesellschaftliches Leben spielen eine immer größere Rolle (Mrusek 1976). Deshalb wurde durch Bauaufnahmen und Studien zur optimalen Nutzung von Burgen und Schlössern, so für Nebra (1969) und Wendelstein (1974), ein wissenschaftlicher Vorlauf für weitere Aktivitäten zum Denkmal- und Landschaftsschutz geschaffen.

Eine stattliche Fülle bedeutsamer Leistungen der Baukunst, aber auch die zahlreichen weniger bekannten Baudenkmäler und Kunstwerke unterstreichen die historische Bedeutung des Raumes an der unteren Unstrut. Fast ein Dutzend frühmittelalterlicher Burgen, die im Laufe ihrer Entwicklung teilweise als

Wohnschlösser aus- und umgebaut wurden, gingen aus der militärischen Grenzsituation des Unterlaufes der Unstrut in frühfeudaler Zeit hervor.
Die Kaiserpfalz Memleben ist in die Reihe der Pfalzen des königlichen Kernlandes der ottonischen Herrscher einzugliedern. Zwar sind von ihr bisher keine Baureste bekannt geworden, wohl aber von dem Memlebener Benediktinerkloster (s. A 6), dessen Kirchenbau architekturgeschichtlich berühmt ist. Ebenfalls an das frühe Mittelalter erinnert uns die Neuenburg bei Freyburg mit ihrer Doppelkapelle (s. C 20). Die spätromanische Stadtkirche von Freyburg (s. C 20) zeugt vom Vorbild des benachbarten Naumburger Domes.
Einen weiteren Akzent setzen die Weinberghäuser (s. C 19) zwischen Zscheiplitz und Freyburg. In den engen Quertälern, besonders im Bibertal, stehen ehemalige Wassermühlen (s. B 5, B 8) und befinden sich kleine Dörfer mit künstlerisch weniger wertvollen Kirchen (s. A 11, A 12). Reste mittelalterlicher Stadtbefestigungen in Laucha, Freyburg, Wiehe und Nebra (s. B 19) erinnern an das aufkommende Bürgertum.
Vielfältige Renaissanceformen, insbesondere schmuckvolle Portale an den Schlössern, an Bürger- und Ackerbürgerhäusern, Rathäusern, Schulen und anderen Gemeindegebäuden, zeugen von dem handwerklichen Reichtum dieser Zeit, die ihre künstlerischen Impulse aus den benachbarten mansfeldischen und halleschen Frührenaissancezentren bekam. Vertreter dieser Stilepoche sind ARNTZ SEMELER, der — ein Schüler des halleschen Plastikers HANS SCHLEGEL — bedeutenden Anteil an der Einführung der Frührenaissanceplastik in Mitteldeutschland hatte, und CHRISTOFFEL WEBER, der hervorragende Künstler auf dem Gebiet der Grabmalskunst im unteren Unstrutgebiet (s. B 24). Werke eines dritten, bisher wenig bekannten Meisters, von dem uns sein Steinmetzzeichen überliefert ist, befinden sich in Freyburg (s. C 20), Wendelstein (s. A 7) und Wohlmirstedt (s. A 5). In der Hochrenaissance schuf FRIEDRICH FUSS das Neue Schloß mit seinem Prachtportal auf dem Wendelstein (s. A 7).
Ein barockes Kleinod am unteren Lauf der Unstrut stellt der Schloßneubau und -umbau von Burgscheidungen (s. B 24) dar. In einem bescheideneren Barock ist das neue Schulgebäude der ehemaligen mittelalterlichen Klosterschule von Roßleben (s. A 8) gehalten.
Nach Beendigung des Dreißigjährigen Krieges und dessen Zerstörungen fand auch im unteren Unstrutgebiet nur ein langsamer Wiederaufbau statt, der sich an den Dorfkirchen durch barocke Turmhelme, Schiffe und Ausstattungen erkennen läßt. In Bad Bibra (s. B 6) wurde seit dem Anfang des 17. Jh. der entdeckte Gesundbrunnen genutzt. Ähnlich wie in Bad Lauchstädt und Bad Kösen entwickelte sich hier seit dem 18. Jh. ein reger Badebetrieb.
Das 19. Jh. hat wenig Architekturleistungen hervorgebracht. Von gründerzeitlichem Aufwand zeugt das an römische Barockpalazzi erinnernde Direktionsgebäude von 1889 des heutigen VEB Rotkäppchen-Sektkellerei Freyburg. Ebenfalls aus dieser Epoche stammt die Stadtkirche in Bad Bibra (s. B 6). In die Reihe der Bauten um die Jahrhundertwende gehören die Friedrich-Ludwig-Jahn-Erinnerungsstätten in Freyburg (s. C 20). Aus dem Anfang des 20. Jh. sei der Bibliotheks- und Kirchenbau der früheren Klosterschule Roßleben genannt (s. A 8). Interessante ingenieurarchitektonische Leistungen sind die beiden wie römische Viadukte anmutenden Bogenbrücken (s. B 6) der ehemali-

gen Finnebahn sowie die Wehr- und Schleusenbauten an der Unstrut (s. A 7, B 24).

Siedlungen, Burgen, Schlösser und Parks, Gehöfte, Anlagen handwerklicher und industrieller Produktion, wie Wind- und Wassermühlen, die einzige in der DDR erhaltene museale Glockengießereiwerkstatt in Laucha (s. C 1) und Anlagen des Verkehrs wie Brücken, Dämme, Wehre lassen das Unstruttal zu einer einheitlichen Kulturlandschaft werden.

Ausflugsgaststätten wie das 1970/71 von Gerhard Plato erbaute Terrassencafé auf der Altenburg in Nebra, das erste mit Sonnenenergie beheizte Freibad der DDR in Freyburg und das neu entstandene Kulturzentrum der sozialistischen Landwirtschaft im Kloster Memleben mit der als Freilichtbühne genutzten Kirchenruine und der Gaststätte im Mönchshaus dienen Einheimischen wie Besuchern zur Erholung und Entspannung.

R.-T. Speler

Gegenwärtige territoriale Struktur

Das Gebiet beiderseits der unteren Unstrut gehört überwiegend zum Kreis Nebra (s. Seite 1), der in typischer Weise die wirtschaftsräumliche Struktur des Gesamtgebietes repräsentiert. Die auf ihn bezogenen Angaben sind ohne Einschränkung auch für die angrenzenden Teile der Kreise Artern, Querfurt, Naumburg und Sömmerda gültig. Die heutige Verwaltungsgliederung besteht seit 1952, als die Kreise Artern, Nebra und Sömmerda neu gebildet wurden. Vorher gehörten die Orte den Kreisen Querfurt und Eckartsberga zu.

Die Landwirtschaft, die von modernen sozialistischen Großbetrieben mit durchschnittlich 3000 bis 4500 ha landwirtschaftlicher Nutzfläche betrieben wird, ist eindeutig vom Ackerbau bestimmt. Von den rund 22500 ha landwirtschaftlicher Nutzfläche des Kreises Nebra entfallen knapp 20000 ha auf Äcker. Das Grünland beschränkt sich mit etwa 2000 ha im wesentlichen auf die Aue der Unstrut. Die mehr als 400 ha Obstland weisen wie der Weinbau (s. C 19) auf klimatisch günstige Verhältnisse hin.

Auf 45% der Anbaufläche wächst Getreide. Die guten Böden in fast allen Bereichen gestatten den Anbau von Weizen, Gerste und Mais, denen gegenüber Roggen und Hafer stark in den Hintergrund treten. Die Erträge liegen nicht selten im Spitzenniveau der jeweiligen Getreideart und können beispielsweise bei Weizen 60 dt pro ha erreichen. Neben dem Getreide werden Zuckerrüben auf etwa 10% der Anbaufläche, ferner Futterpflanzen, Ölfrüchte — vor allem Raps und Sonnenblumen — und Freilandgemüse, Vermehrungskulturen (Saatgut für Getreide) sowie in der LPG (P) Finne in Kahlwinkel Arznei- und Gewürzpflanzen erzeugt.

In vielen Orten halten die Genossenschaften Rinder und Schweine, vereinzelt erfolgt die Tierproduktion in großen modernen Anlagen, wie in der Zwischenbetrieblichen Einrichtung (ZBE) Bullenmastkombinat Reinsdorf (s. B 21). Neben Rindern und Schweinen spielen auch Geflügel (Legehennen) und in zunehmendem Maße Schafe eine Rolle (s. C 2).

Die landwirtschaftlichen Produkte gelangen in erster Linie an die Bevölkerung außerhalb des Gebietes. Entsprechend umfangreich sind die Kooperationsbeziehungen mit Betrieben der Lagerwirtschaft bzw. der Nahrungsgüterindustrie. Zum größeren Teil aber liegen die verarbeitenden Betriebe außerhalb, so in Querfurt (VEB Getreidewirtschaft, Halle-Saale-Obst), Weißenfels (Schlachtviehkombinat, VEB Tierische Rohstoffe) und Halle (VEB Saat- und Pflanzgut, Zuckerkombinat).

Eine Besonderheit in der landwirtschaftlichen Produktion ist der Weinbau an den Hängen des unteren Unstruttales (s. C 19) von Vitzenburg bis zur Mündung des Flusses in die Saale. Die Süd- bzw. Südwestexpositionen der steilen Muschelkalkhänge führen zu einem Klima in der bodennahen Luftschicht, das den Rebbau noch ermöglicht und damit das untere Unstruttal sowie das Saaletal zwischen Kleinheringen und Weißenfels zum nördlichsten Weinanbaugebiet in Europa werden läßt. Von den insgesamt rund 250 ha Rebland liegen etwa 180 ha im unteren Unstruttal. Es werden im wesentlichen die weißen Traubensorten Gutedel, Müller-Thurgau, Riesling, Silvaner, Traminer und Weißburgunder sowie in geringem Umfang in jüngerer Zeit auch der rote Portugieser angebaut.

Die Industrie des unteren Unstrutgebietes ist durch lokale Spezialisierung wie auch durch Bodenständigkeit gekennzeichnet. Die Standorte im Unstruttal mit Verkehrsanschluß an Schiene und Straße, früher auch an die Schiffahrt (s. A 1.2), treten deutlich hervor. In der Regel erreichen die Betriebe nur mittlere Größen. Nach ihrer Produktions- und Standortstruktur läßt sich die Industrie in drei Gruppen gliedern:

1. Gewinnung und Verarbeitung von Bodenschätzen. Dieser Gruppe gehören die beiden größten Betriebe des Gebietes, das Kaliwerk in Roßleben (s. A 8) und das Zementwerk in Karsdorf (s. B 22), sowie die Kiesgrube bei Zeuchfeld an (s. C 22).

2. Verarbeitung landwirtschaftlicher Produkte. Hierzu zählen je eine Zuckerfabrik in Reinsdorf (s. B 21) und Roßleben (s. A 8), der Gemüse- und Obstverarbeitungsbetrieb Ogis in Laucha (s. C 1), die Molkerei in Bad Bibra (s. B 6) und die Sektkellerei Freyburg (s. C 20).

3. Betriebe des Maschinenbaus, die sich aus Reparaturabteilungen oder Handwerksbetrieben entwickelt haben. Dazu zählen Werke des Fahrzeugbaus, so die Instandsetzungsbetriebe von Kraftfahrzeugen in Laucha und Karsdorf, der Karosseriebau in Freyburg und der Kreisbetrieb für Landtechnik in Laucha, ferner die Plastverarbeitung und Herstellung von Plastverarbeitungsmaschinen in Wiehe, der Dampfkesselbau in Kahlwinkel, die Drahtseilerei in Nebra und das Formkastenwerk in Freyburg.

Das untere Unstruttal und die benachbarten Plateaus gehören zu den weniger dicht besiedelten Räumen im S der DDR. Bei einer mittleren Dichte von etwa 100 Einwohnern pro km² kann zwar noch nicht von dünner Besiedlung gesprochen werden, jedoch ist der Unterschied zu den benachbarten Teilen des Ballungsgebietes Halle—Leipzig mit ihren mehr als 300 Einwohnern pro km² sehr deutlich. Die Ursache dieses Sachverhaltes liegt in der Wirtschaftsstruktur des Raumes, dessen Hauptwirtschaftszweig, die Landwirtschaft, relativ wenige Arbeitskräfte benötigt. Ihr Bedarf ging seit den fünfziger Jahren ständig zurück, so daß die nachwachsende Bevölkerung nicht in vollem Umfang seßhaft blieb, zumal das benachbarte Ballungsgebiet Halle—Leipzig nahezu unbegrenzt Arbeitskräfte und damit auch Wohnbevölkerung aufnehmen kann. Daraus resultiert einerseits eine ausgedehnte Pendelwanderung zu den Arbeitsstätten im Geiseltal, in Schkopau, Leuna, Merseburg, Weißenfels und Naumburg und andererseits auch eine vermehrte Binnenwanderung. Allein der Kreis Nebra hat seit 1960 jährlich etwa 5‰ seiner Bevölkerung verloren, und dies bei bis 1975 und seit 1977 erneut positivem natürlichem Bevölkerungssaldo.

Von allen Städten und großen nichtstädtischen Siedlungen, die allein fast die Hälfte der Bevölkerung des Gebietes vereinen, liegt nur Bad Bibra außerhalb des Unstruttales. Andererseits konzentrieren sich die Siedlungen mit teilweise weniger als 100 Einwohnern auf der Hochfläche der Finne, während auf dem Querfurt-Gleinaer Plateau und der Nordostabdachung der Finne die Dörfer mit je etwa 500 Einwohnern dominieren. Betrachtet man längere Zeiträume, so weisen alle Siedlungen Bevölkerungsverluste auf, und keine der Größengruppen zeigt Besonderheiten. Nur dort, wo in großem Umfang Wohnungen errichtet wurden, setzte die Bevölkerungsabnahme zeitweilig aus, oder es kam wie in Nebra (s. B 19) sowie Karsdorf und seinem Ortsteil Wetzendorf zu einem langsamen Anstieg der Bevölkerungszahl.

Verkehrstechnisch ist der Raum durch eine eingleisige Nebenstrecke der Deutschen Reichsbahn (Unstruttalbahn Naumburg—Artern, s. C 1) für den Personen- und Güterverkehr sowie durch die 1914 erbaute eingleisige Nebenbahn Laucha—Kölleda, die heute nur noch dem Güterverkehr bis Bad Bibra dient, erschlossen. Das Grundgerüst des Straßennetzes bilden die beiden von N nach S verlaufenden Fernstraßen F 180 Querfurt—Freyburg—Naumburg und F 250 Querfurt—Nebra—Eckartsberga, die durch die F 176 Weißenfels—Freyburg—Laucha—Bad Bibra—Kölleda in Ost-West-Richtung verbunden sind. Ein relativ dichtes Netz von Landstraßen erster Ordnung sowie von neu ausgebauten Wirtschaftswegen der Landwirtschaft, die im Kreis Nebra etwa 90 km betragen, verbindet die Siedlungen untereinander.

Im Bereich der sozialen Infrastruktur bestehen einige Einrichtungen von größerer Bedeutung. Zu ihnen gehören das Schloß Burgscheidungen (s. B 24) als zentrale Schulungs- und Tagungsstätte der CDU, das Kreiskrankenhaus in Laucha (s. C 1), das Fachkrankenhaus für Kinder- und Jugendpsychiatrie in Vitzenburg-Zingst und die Erweiterte Goethe-Oberschule in Roßleben (s. A 8). Ferner bestehen Einrichtungen des Erholungswesens und des Tourismus, wie das Naherholungsgebiet Hermannseck im Ziegelrodaer Forst, das Bibertal mit dem Zentrum Bad Bibra sowie Freyburg mit der Neuenburg (s. C 20).

D. Scholz

Einzeldarstellung

Unstrut A 1

Der Fluß (Abb. 13) A 1.1

Die Unstrut ist der wasserreichste Nebenfluß der Saale. An ihrer Mündung weist sie ein größeres Einzugsgebiet, aber eine geringere Wasserführung als dieser Hauptfluß auf. Der Name der Unstrut lautete um 575 *Onestrudis*, im 7. Jh. *Unestrude* und 994 *Vnstrod*. In Verbindung mit steigerndem Un- (gewaltig, sehr)

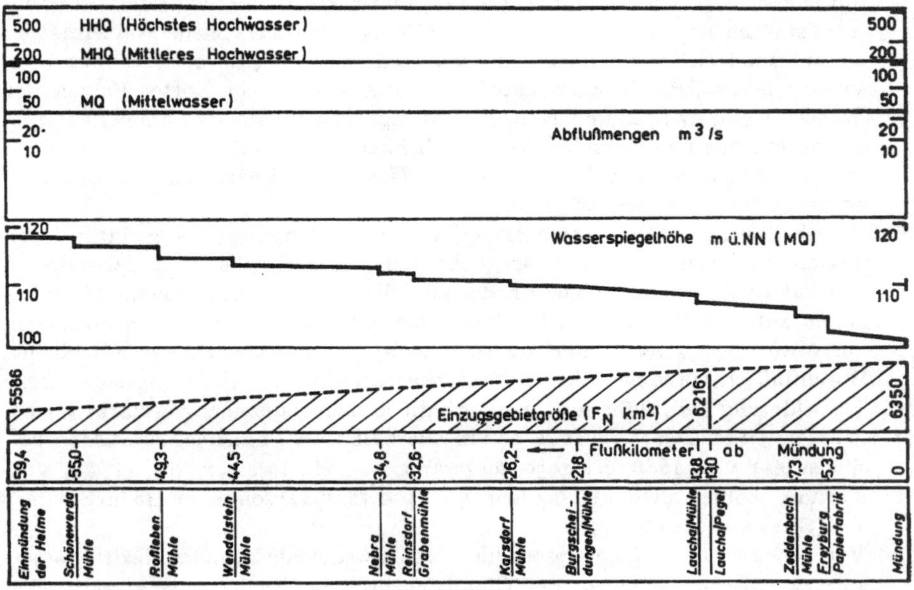

Abb. 13. Wasserwirtschaftlicher Längsschnitt der unteren Unstrut (Stand Dezember 1951, vereinfacht; Entwurf R. Spengler)

bedeutet das germanische *strōdu* soviel wie Sumpfdickicht und bezieht sich auf den natürlichen Landschaftscharakter der Unstrutniederung. Etwas jünger ist die Bezeichnung Rieth für die schilfbewachsenen, grundwassernahen Teile der Flußniederung, sie läßt sich vom niederdeutschen Ried (altsächsisch *hriod* = Schilfrohr) ableiten.

A 1.1 Die Unstrut ist der Hauptvorfluter des Thüringer Beckens und seiner Umrandung. Sie entspringt auf dem Eichsfeld westlich von Kefferhausen in 395 m ü. NN, erreicht unseren Raum bei Roßleben nach 141 km Lauflänge mit einem Einzugsgebiet von fast 6000 km^2 und verläßt ihn bei Nißmitz nach weiteren 47 km rund 4 km oberhalb der Mündung in die Saale (101 m ü. NN). Ihr 6217 km^2 umfassendes Gesamteinzugsgebiet ist hydrologisch sehr uneinheitlich. Es reicht vom Thüringer Wald, Hainich, Eichsfeld und Harz mit Niederschlagshöhen zwischen 750 und 1400 mm im Jahr und damit langjährig mittleren Abflußspenden von mehr als 25 l/s km^2 in den Kammlagen des Thüringer Waldes und etwa 10 l/s km^2 auf dem Hainich bis in das in deren Lee gelegene Thüringer Becken mit mittleren Jahresniederschlägen zwischen 450 und 500 mm. Im Beckeninneren und im Raum der unteren Unstrut zehrt die Verdunstung das Niederschlagswasser weitgehend trotz des Sommermaximums der Niederschläge auf, so daß dort die langjährige mittlere Abflußspende bei 1 l/s bleibt. Trotzdem treten regelmäßig Frühjahrshochfluten auf, und sommerliche Starkniederschläge rufen immer wieder örtlich begrenzte, kurze und steile Hochwasser hervor.

Die Wasserführung der Unstrutzuflüsse ist sehr unregelmäßig. Infolge wenig durchlässiger Böden und starker Gefälle „führen sie bei der Schneeschmelze und nach starken Regengüssen der Unstrut plötzlich ganz erhebliche Wassermassen zu, während sie im Sommer den Fluß nicht ausgiebig zu speisen vermögen, sondern fast vollständig austrocknen" — mit Ausnahme von Notter, Popperoder Wasser, Gera, Wipper und Helme (Elbstromwerk 1898). Als Summenwirkung der räumlichen und zeitlichen Veränderlichkeit der Abflußverhältnisse ergeben sich Durchflüsse am Pegel Laucha, die die Unstrut als Fremdlingsfluß innerhalb unseres Gebietes ausweisen (Abb. 14).

Die Absenkung der Unstrutniederung durch Salzablaugung (s. A 2) wurde durch fluviale Sedimentation so ausgeglichen, daß die Gefällskurve der unteren Unstrut (Abb. 15) bei Weglassen der künstlichen Staueinflüsse keine Unstetigkeiten aufweist. Das natürliche Gefälle beträgt heute oberhalb von Memleben nur etwa 0,33‰ und unterhalb rund 0,30‰. Die naturbedingt erheblichen Durchflußschwankungen der Unstrut bewirkten in der Niederung eine starke Verwilderung des Flußlaufes, die durch die Mühlenstaue noch verstärkt wurde. Am Pegel Straußfurt — etwa 54 km oberhalb von Roßleben — wurden beispielsweise von 1888 bis 1950 insgesamt 303 Hochwasser, davon 225 ausufernde, beobachtet, das sind 5 bzw. 3—4 pro Jahr. Davon traten 48 im Sommer auf (Geyer u. Heym 1958).

Von den etwa 14 m Höhenunterschied der Unstrutsohle bzw. des Niedrigwasserspiegels zwischen Roßleben und Nißmitz entfielen bei Niedrigwasser rund 12,8 m auf die Wehrstaue der Mühlen in Roßleben, Wendelstein, Nebra, Vitzenburg (Grabenmühle), Karsdorf, Burgscheidungen, Laucha und Zeddenbach sowie der Papierfabrik Freyburg. Das heißt, daß das Wasserspiegelgefälle mit Ausnahme kurzer Strecken unterhalb der Wehre in Roßleben, Wendelstein, Karsdorf und Laucha nahezu Null war und damit für die Treidelschiffahrt (s. A 1.2) gute Bedingungen gegeben waren. Bei Mittelwasser betrug der Wehrstau noch fast 11 m, so daß sich das natürliche mittlere Wasserspiegelgefälle von 0,31‰ auf etwa 0,04‰ verringerte, zwischen Nebra und der Grabenmühle sogar auf

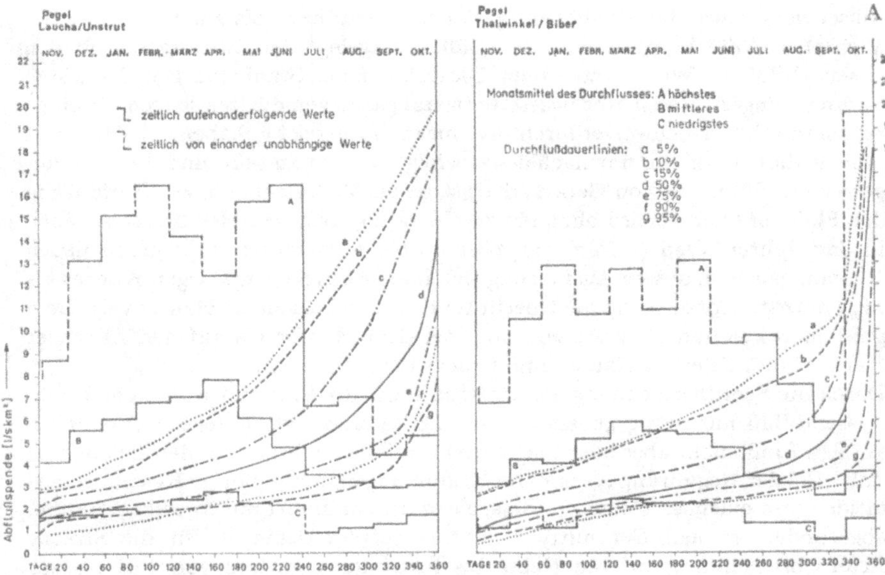

Abb. 14. Durchflußverhalten von Unstrut und Biberbach (Jahresreihe 1961—80, Entwurf R. SPENGLER)

0,007‰ (WILSER 1956, Elbstromwerk 1898). Deshalb erließ bereits 1653 der sächsische Kurfürst JOHANN GEORG I. eine Wasser- und Mühlenordnung für die Unstrut — eventuell handelt es sich sogar um die Überarbeitung einer älteren (GEYER u. HEYM 1958) —, die noch Ende des 19. Jh. juristisch herangezogen wurde. In ihr waren Mindestbreiten für die einzelnen Flußstrecken, der Reinigungszwang für Bett und Ufer einschließlich der Beseitigung von Weiden und

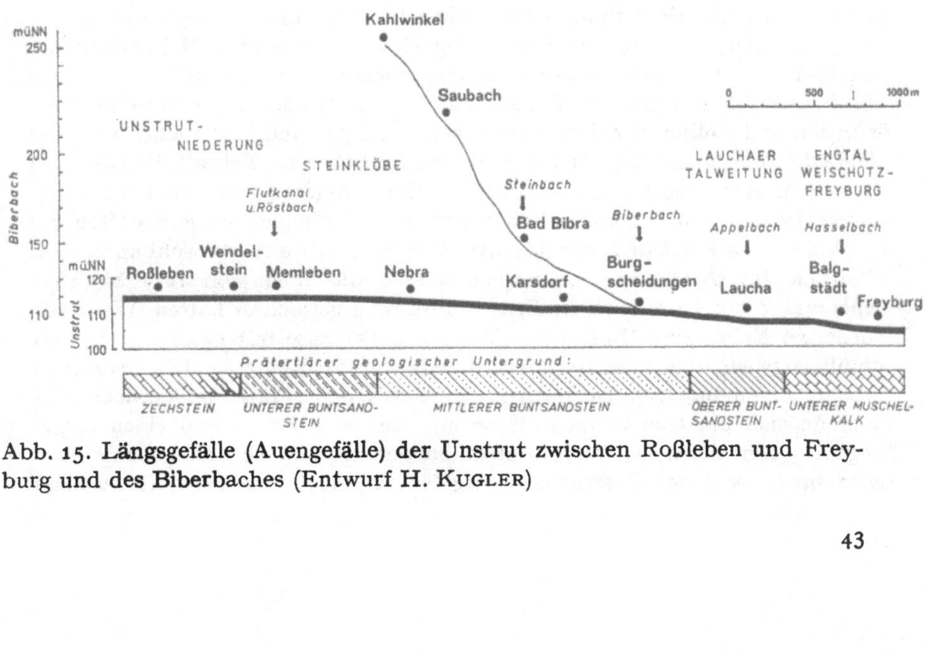

Abb. 15. Längsgefälle (Auengefälle) der Unstrut zwischen Roßleben und Freyburg und des Biberbaches (Entwurf H. KUGLER)

A 1.1 Buschwerk sowie die Stauhöhen (gültig bis heute bzw. bis zur Schleifung der Wehre) und die Verpflichtung der Müller festgelegt, bei Hochwasser für den freien Abfluß des Wassers zu sorgen. Die dafür an den Stauhaltungen, den festen Wehren, eingerichteten Hochwasserentlastungsanlagen dürften jedoch für einen rückstaufreien Hochwasserdurchfluß nicht ausgereicht haben. Auch sonst scheint diese Ordnung nur nachlässig befolgt worden zu sein, und die 1700 angewiesene Räumung von Gera und Unstrut als Voraussetzung zur Einführung der Flößerei blieb ebenso ohne längere Wirkung. Schwere Hochwasserschäden in den Jahren 1746 (s. A 2), 1752 und 1754 veranlaßten 1755 einen neuen Räumungsbefehl, dessen Ausführung sich infolge des Siebenjährigen Krieges bis 1773 hinzog. Trotzdem riß die Überflutung 1784 in Laucha 22 Häuser weg. Dem größten bekannten Hochwasser 1799, bei dem Wasser bis auf den Lauchaer Markt stand, fielen 24 Häuser zum Opfer (KUGLER 1960).

Durch die Schiffbarmachung der Unstrut 1791—95 (s. A 1.2) wurde der Hochwasserabfluß nur wenig gebessert, und die Verordnungen bezogen sich lediglich auf den Fluß, nicht aber oder nur indirekt auf die landeskulturellen Belange im Tal. „Bei der Regulirung ... sind die Krümmungen, um unnötige Kosten zu vermeiden, mit einem so kleinen Radius, als es die Schiffahrt nur irgend gestattete, abgerundet worden. Der mittlere Radius beträgt demnach für die Strecke Artern bis Nebra 73 m, von Nebra bis Freyburg 71 m und von dort bis zur Mündung wieder 73 m" (Elbstromwerk 1898). Nach der Schiffbarmachung hatte die Unstrut durchgehend ein ziemlich gleichmäßiges, tief eingeschnittenes Bett. Die Tiefen wechselten bei Niedrigwasser zwischen 2 und 6 m. Die in der ministeriellen Denkschrift vom 26. Januar 1882 geforderte geringste Fahrtiefe wurde damit fast überall erreicht, bei Memleben mittels Sprengung der felsigen Sohle (s. A 1.2). Die vielfach senkrechten Ufer entstanden dadurch, daß der über dem Flußsand abgelagerte, von Weidenbäumen bewachsene Auenlehm und -ton zwischen deren Wurzeln leicht erodiert werden konnte, bis schließlich die Gehölze ins Wasser stürzten und dabei Uferabrisse hinterließen. Der moderne Ausbau ist deshalb — häufig unter Verwendung von Betongitterplatten — auf die Herstellung standfester Uferböschungen ausgerichtet.

Im Jahre 1809 kam es zur Erörterung einer umfassenden Melioration des Unstruttales. 1816 verfaßte der in Zingst lebende Freiherr CHRISTIAN ADOLF VON SECKENDORFF dazu eine Denkschrift mit einem Plan. Nach verschiedenen örtlichen Selbsthilfemaßnahmen gründeten Anlieger und Nutznießer 1857 die „Societät zur Regulirung der Unstruth von Bretleben bis Nebra", die 1857—65 mit einem Kostenaufwand von 1281000 Mark insgesamt 11 Durchstiche zur Laufverkürzung um 3,2 km zwischen Artern und Wangen sowie den Bau des 19,4 km langen Flutkanals durchführte. Dieser Schritt erfolgte wohl unter dem Eindruck der plötzlichen Sommerhochwasser, die allein von 1841 bis 1853 siebenmal in der Niederung die Ernte vollständig vernichtet hatten. Weiterhin wurde bei Nebra eine Umflut mit Wehr und Schleuse mit beweglichem Verschluß angelegt, die ohne Beeinträchtigung von Schiffahrt und Wasserkraftnutzung einen besseren Hochwasserabfluß aus dem Flutkanal bewirkte. Es handelte sich um eine Grundschleuse mit Aufziehschützen und einen 625 m langen, 3,2 m tiefen Kanal mit 28 m oberer Breite. Die zunehmende Eindeichung (s. A 2) der Unstrutniederung führte jedoch zugleich auch zu einer

Verkürzung der Hochwasserscheitellaufzeit zwischen der Sachsenburger Pforte und Freyburg von 110 auf 80 Stunden und infolge der stark verminderten Zurückhaltung zu einer Erhöhung der Scheitelwasserstände um 0,9 m. A 1.1

Trotz zahlreicher Verbesserungen blieb die Hochwassergefährdung vor allem der Unstrutniederung wegen der oberhalb davon seit der zweiten Hälfte des 19. Jh. durchgeführten, als Folge der thüringischen Kleinstaaterei aber nicht großräumig aufeinander abgestimmten Flußbaumaßnahmen und regelloser Eindeichungen erhalten. Nach dem Frühjahrshochwasser 1957 wurde deshalb ein Sofortprogramm (BAUER 1959a; GEYER u. HEYM 1958) für die folgenden 10 Jahre beschlossen, das 95,6 Mill. M für den Hochwasserschutz im Unstrut-Helme-Gebiet vorsah. Dieses inzwischen weiterentwickelte Programm umfaßt einen Komplex kombinierter Maßnahmen. Der Hochwasserrückhalt wird gesteuert in der Talsperre Kelbra an der Helme (s. Bd. 29, A 14) und in den Hochwasserrückhaltebecken Straußfurt an der Unstrut, Lengefeld an der Luhne und Iberg am Krebsbach. Der auf das Gesamtsystem abgestimmte Gewässerausbau zur Gewährleistung der erforderlichen Durchlaßfähigkeit erfolgte am Flutkanal für 90 m^3/s sowie an der Unstrut, oberhalb der Einmündung des Flutkanals bei Memleben für 160 m^3/s und unterhalb davon für 240 m^3/s mit Sohlenbreiten von 16 m bis Nebra und 18 m stromab davon. Er gewährleistet künftig einen gefahrlosen, ökonomisch vertretbaren Hochwasserabfluß. Die Überschwemmungsfläche (s. A 2), die im gesamten Unstrutgebiet ehemals etwa 35000 ha — davon ein Drittel Grünland — betrug (GEYER u. HEYM 1958), bleibt auf Deichvorländer sowie gesteuert eingestaute Rückhaltebecken und Polder beschränkt. Eine Voraussetzung dafür war die Nichtwiederaufnahme der Unstrutschiffahrt und der Wasserkraftnutzung, so daß die Schleifung der Wehre in Nebra, Vitzenburg, Karsdorf, Laucha und Freyburg erfolgen konnte. Die Beseitigung des Nebraer Wehres war mit der Sohlvertiefung durch Sprengung verbunden. Gegen 1955 kam der Kahntransport von Zuckerrüben sowie Kalk zu den Zuckerfabriken aus Rentabilitätsgründen zum Erliegen. Die anstelle des Freyburger Wehres aus landeskulturellen und wasserversorgungstechnischen Gründen erforderliche Sohlschwelle wurde nach 1970 unter Verwendung eines zu diesem Zweck versenkten alten Saalekahnes in die Unstrut eingebracht. Unter landeskulturellem Aspekt und zur Sicherung eines optimalen Sauerstoffeintrages sollen die Wehre in Roßleben, Wendelstein, Burgscheidungen und Zeddenbach als Staustufen erhalten bleiben.

Allein 9 Straßenbrücken führen seit mehr als 200 Jahren, manche schon seit noch längerer Zeit, zwischen Roßleben und Freyburg über den Fluß (s. B 22, C 20). Dazwischen gab es noch Kahnfähren für den Personenverkehr in Kleinwangen, Vitzenburg (2 Kahnfähren in weniger als 0,5 km Abstand), Kirchscheidungen, Dorndorf und Weischütz. Nur die Wangener und Weischützer Fähre wurden durch Stege ersetzt. Die Eisenbahnlinie quert bei Kirchscheidungen und Roßleben den Fluß.

Die Abwasserbelastung der Unstrut setzte spätestens im 18. Jh. mit der Einleitung von Wässern der Bottendorfer Kupferschmelzhütte über den Bottendorfer Schmelzgraben ein und wurde schon im vorigen Jahrhundert beklagt (Elbstromwerk 1898). Sie ist trotz des Baues von Abwasserbehandlungsanlagen noch hoch. Der durch den Biorhythmus bedingte Jahresgang der organischen

A 1.1 Gewässerverschmutzung wird infolge des hohen Anteils der Abwässer aus den Zuckerfabriken noch verstärkt, so daß während des Kampagnebetriebes die Abwasserlast der Unstrut zwischen Donndorf und Freyburg um mehr als ein Drittel zunimmt. In der übrigen Zeit des Jahres verringert sie sich hingegen auf dieser Strecke um etwa 15%, das heißt, das Wasser dieses Unstrutabschnittes reinigt sich zum Teil selbst.

Durch den Abbau und die Verarbeitung der Kalisalze im Südharzrevier und mit der Wiederaufnahme des Kupferschieferbergbaus in der Sangerhäuser Mulde hat die Belastung der Unstrut mit Chloriden und Härtebildnern ständig zugenommen, an der das Kaliwerk in Roßleben (s. A 8) nur zu etwa 7% beteiligt ist. Seit 1963 wird diese Wasserversalzung durch teil- und zeitweise Zwischenstapelung so gesteuert, daß durch entsprechende Abgaberegelungen an den Saaletalsperren für die chemische Großindustrie an der Saale den Aufbereitungsanlagen angepaßte Konzentrationen gewährleistet werden. Diese Maßnahme berücksichtigt auch die Belange der Wassernutzungen an der Unstrut.

Die Brauchwasserentnahme der Zuckerfabriken, des Kaliwerkes Roßleben und des Zementwerkes Karsdorf bleibt gering gegenüber der zeitweiligen Entnahme der landwirtschaftlichen Betriebe in Memleben und Burgscheidungen, die maximal 9000 bzw. 14000 m^3 pro Tag zur Bewässerung benötigen. Das sind zwar nur 3% der Niedrigwasserführung, insgesamt werden aber im Unstrutgebiet über 30 Mill. m^3 Wasser im Jahr für die Bewässerung entnommen, so daß in abflußarmen Sommermonaten der Unstrutdurchfluß fast bis auf den landschaftsnotwendigen Kleinstabfluß von etwa 330000 m^3 pro Tag (= 3,8 m^3/s am Pegel Laucha; Anhang D) aufgebraucht wird. Die Wiesenbewässerung hat im Unstrutgebiet eine lange Tradition. Sie führte dazu, daß am 19. Juli 1893 am Unterpegel der Schleuse Freyburg ein Wasserstand von nur 2 cm beobachtet wurde, der einem Durchfluß von rund 4 m^3/s entsprach. Die Ursache lag darin, daß der Nebenfluß Helme vollständig zur Bewässerung der Wiesen abgedämmt war. Der Unstrut wurde damals zu Bewässerungszwecken ein großer Teil des Wassers mit Hilfe von Lokomobilen und „Centrifugalpumpen" entzogen (Elbstromwerk 1898). Infolgedessen traten bereits in der Beobachtungsreihe 1854 bis 1895 die niedrigsten Wasserstände der unteren Unstrut in den einzelnen Jahren fast ebenso häufig im Juli (zehnmal) wie im September (elfmal) auf, während in Oldisleben — 24 km oberhalb von Roßleben gelegen — das Verhältnis nur 7:22 betrug. Heute regelt die Staatliche Gewässeraufsicht durch Nutzungsgenehmigungen die Entnahmen, die durch gesteuerte Speicherabgaben, insbesondere aus der Talsperre Kelbra, gewährleistet sind.

Bereits im Elbstromwerk von 1898 wird beklagt, daß — vor allem durch die Zuckerfabrikabwässer bedingt — der Fischbestand immer mehr zurückgeht. Gegenwärtig leben Weißfisch, Plötze und Rotfeder im Fluß. Dabei bildet das durch die Kleine Wipper bei Bad Frankenhausen übergeleitete harte, aber organisch weniger belastete Wasser des Flutkanals ein günstiges Rückzugsgebiet bei Sauerstoffmangel in der Unstrut, der vor allem während der Zuckerrübenkampagne möglich ist.

Bereits 1612 wird die Schiffahrt auf der Unstrut erwähnt. Herzog Ernst I., der Fromme, von Gotha-Altenburg, der beispielsweise durch den thüringischen Waidanbau am Fernhandel interessiert war, suchte von 1658 bis 1672 den sächsischen Kurfürsten Johann Georg II. als damaligen Territorialherren an der mittleren und unteren Unstrut für einen Plan zu gewinnen, der die Schiffbarmachung von Unstrut und Saale vorsah. Dieses Vorhaben und weitere Projekte mußten allerdings scheitern, da die kursächsischen Räte eine Begünstigung von Naumburg als Konkurrentin ihrer Handelsstadt Leipzig befürchteten (Schmidt 1939). Die starke Belastung der Bevölkerung durch Kriegs- und Magazinfuhren im Bayrischen Erbfolgekrieg 1778/79 zwischen Preußen und Österreich war Anlaß, die Schiffbarmachung der Unstrut als Bestandteil einer Wasserstraßenverbindung bis zur Elbe bei Torgau erneut zu untersuchen.

Obwohl der Bretlebener Gutsherr und kursächsische Bergbeamte Friedrich Wilhelm Heinrich von Trebra keinen direkten Einfluß auf das Salinenwesen hatte, dürfte er auf die wirtschaftliche Bedeutung einer schiffbaren Unstrut auch für die kursächsische Saline Artern und auf die großen Fähigkeiten von Joh. Friedrich Mende im bergmännischen Wasserbau hingewiesen haben. Dieser wurde am 31. Dezember 1778 mit Untersuchungen über die Schiffbarmachung der Unstrut und der anschließenden Saalestrecke bis Weißenfels beauftragt. Im Juni 1788 sollte er Lokaluntersuchungen vornehmen, über die er am 29. Juni 1789 einen schriftlichen Bericht erstattete, der eine komplette Kanalverbindung bis zur Elbe bei Torgau vorsah. Am 19. Januar 1790 erhielt er den Auftrag, einen ausführlichen Bauplan zur Schiffbarmachung der Unstrut von Artern bis zur Einmündung in die Saale zu erarbeiten. Die am 30. August von Mende unterbreiteten Vorschläge berücksichtigten die Abhaltung zutreibender Sinkstoffe, den Profilausbau der Unstrut in der Form, daß sich 2 Elbschiffe von damals 125 t Tragfähigkeit sollten begegnen können, sowie den Leinpfad, die Schleusen und Zugbrücken (Elbstromwerk 1898). Im Dezember 1790 wurde Mende mit der technischen Leitung der Kanalisierung der genannten Flußstrecke von Unstrut und Saale beauftragt.

Seit Frühjahr 1791 führten bis zu 2000 Beschäftigte für 528750 Taler die Ausbauten für eine Mindesttiefe von 0,8 m durch und errichteten 12 Unstrut- und 3 Saaleschleusen. Als erste wurde die Karsdorfer Schleuse am 16. November 1793 fertiggestellt. Bei der Schiffbarmachung der Unstrut 1791–95 verdienten je ein Handlanger 5 Groschen, Maurer 7 Groschen, Zimmermann 7 Groschen und Steinmetz 13 Groschen pro Tag (Elbstromwerk 1898). Die allgemeine Wertschätzung des Vorhabens wird daran deutlich, daß bereits am 29. April 1791 die nötigen Vergleiche mit den Grund- und Mühlenbesitzern abgeschlossen waren.

Am 8. April 1795 wurde die Schiffahrt freigegeben, am 3. Juli legten der erste Lastkahn an der Saline in Artern und am 7. Januar 1796 die ersten 2 Kähne mit Hafer vor dem Wehr in Bretleben an, die die gesamte, 17,8 Saale- und 71,4 Unstrutkilometer umfassende Ausbaustrecke durchfahren hatten. Mit dem Übergang der unteren Unstrut an die preußische Provinz Sachsen 1815 und der Schiffbarmachung der seitdem ebenfalls preußisch gewordenen Saale zwischen

A 1.2 Weißenfels und Halle 1818–22 nahm der Schiffstransport ständig zu, so daß im Durchschnitt der Jahre 1853–89 pro Werktag in Nebra 6,4 Kähne und in Freyburg 6,1 geschleust wurden. Das mittlere Ladegewicht betrug 66 t pro Kahn.

In größeren Mengen transportiert wurden Nebraer Sandsteine, bearbeitete Werksteine bis Berlin und Hamburg, und Freyburger Kalkstein, der vor allem für Kalkbrennereien in Weißenfels und Bad Dürrenberg und später auch für Zuckerfabriken bestimmt war. Braunkohlen von Edersleben verlud man in Artern, und Salz von Artern wurde zum Umschlag nach Halle oder Weißenfels transportiert. Die jährliche Verschiffung von Arterner Salz stieg von rund 1400 t in den Jahren 1816–20 auf etwa 11000 t 1851–60 (SCHMIDT 1939). Außerdem transportierten die Schiffe Getreide, Heu, Stroh und auch Holz; von den über 20000 m³ Rund- und Schnittholz pro Jahr, die durch Treideln vorwiegend aus der Saale stromauf geflößt wurden, passierte nur weit weniger als ein Viertel noch die Schleuse Nebra. Ein wesentlicher Teil des Holzes wurde auf den Werften in Nebra, die um 1880 insgesamt 20 bis 30 Beschäftigte hatten und gleichzeitig bis zu 4 Kähne bauen konnten, und in kleineren Betrieben Freyburgs verarbeitet. 1888 gab es an der Unstrut 56 Schiffseigner mit 60 Kähnen, von denen 20 in Nebra beheimatet waren, wo sogar eine Schifferinnung bestand. Die Kähne der ansässigen Unstrutschiffer hatten meist eine Tragfähigkeit von 6 bis 60 t, während die größten Lastkähne, die die Unstrut befuhren, bis zu 42 m lang waren und 150 t Tragfähigkeit besaßen (SCHMIDT 1939).

Mit der Inbetriebnahme der Zuckerfabriken zwischen 1851 (Roßleben) und 1866 (Laucha) setzte der Transport von Rüben und Rübenschnitzeln sowie erhöht von Kohle ein. Im Jahr 1881 mit dem stärksten Wasserstraßenverkehr auf der Unstrut entfielen von den 150209 t Schiffsfracht, die über den umfangreichen unstrutinternen Rübentransport hinaus registriert wurden, 43% auf Steine, 41% auf Kohlen und 11% auf Zuckerrüben, -schnitzel, Zucker und Sirup (SCHMIDT 1939). Nach der Einrichtung des Eisenbahnanschlusses in Artern (1879: Strecke Erfurt–Sangerhausen) ging der Verkehr auf der Unstrut nach und nach zurück zugunsten des Transportes der Industrieprodukte des Unstruttales (1884: 13350 t Zucker) mit der Eisenbahn.

1882–95 wurde die Unstrutwasserstraße rekonstruiert: 11 Durchstiche führten zur weiteren Begradigung, Baggerarbeiten und oberhalb von Memleben Felssprengungen in der Flußsohle zum Verbessern der Tauchtiefe. Um die Normalbreite von 26 m sowie zwischen Nebra und Freyburg von 22 m zu erreichen, legte man Deckwerke und Buhnen an. Brücken wurden erhöht oder erweitert und der Leinpfad für Zugtiere eingerichtet. In Dorndorf, oberhalb der Schleuse Tröbsdorf und unterhalb von Wendelstein übernahmen Prahmfähren das Übersetzen der Treidelpferde. Trotz mancherlei Verbesserungen arbeiteten die Pferde bis in das 20. Jh.

Die Schiffe wurden stromauf durch Treideln und bei günstigem Wind unter Beihilfe des Segels befördert. Stromab ließen die Schiffe sich treiben und wurden dabei durch Staken, seltener durch Segel, unterstützt. An den Stemmtorschleusen einheitlicher Bauart in Roßleben, Wendelstein, Nebra, Vitzenburg (Grabenmühle), Karsdorf, Tröbsdorf, Laucha, Zeddenbach und Freyburg mit 5,65 m Kammerbreite und Kammerlängen zwischen 50,53 und 50,76 m wurden die Schwellen tiefergelegt. Anstelle von Häfen gab es 1912 allein im Untersuchungsgebiet insgesamt 5351 laufende Meter Ladeplätze. Die Polizeiverordnung von 1896 regelte den Schiffs- und Floßverkehr neu: Danach durften die Fahrzeuge eine größte Länge von 46,5 m und eine größte Breite von 5,5 m nicht überschreiten. Daraus und aus der minimalen Fahrwassertiefe von 0,8 m bei niedrigstem Niedrigwasser ergab sich das neue Unstrutschiffsmaß von 180 t Tragfähigkeit (Führer auf den deutschen Schiffahrtsstraßen 1912). Eine weitere Verbesserung brachte der Einsatz eines Dampfschleppers nach 1888 zwischen Unstrutmündung und Laucha. A 1.2

Mit der Inbetriebnahme der Eisenbahnstrecke Naumburg—Artern am 1. Oktober 1889 ging die Unstrutschiffahrt stark zurück. Bereits um 1900 passierten nur noch etwa 380 Lastkähne pro Jahr die Freyburger Schleuse (KUGLER 1960). 1937 betrug ihr Umschlag mit 36216 t im Jahr weniger als ein Viertel dessen von 1881. Davon entfielen wiederum drei Viertel auf den auf die Unstrut beschränkten Werksverkehr der Zuckerfabriken Roßleben, Vitzenburg und Artern, die in Roßleben, Memleben, Klein- und Großwangen, Karsdorf und Tröbsdorf Rübenverladeplätze eingerichtet hatten. 1937 gab es noch 11 Unstrutkähne zwischen 27 und 234 t Tragkraft, von denen 6, darunter der größte, den Zuckerfabriken und 2 mit je 170 t Tragkraft dem Freyburger Kalksteinwerk gehörten. Bereits 1912 war an der Unstrut keine Werft mehr nachweisbar.

Da Mitte der fünfziger Jahre nach dem Kalktransport auch der Rübentransport zu den Zuckerfabriken allmählich aufgehört hatte, verlor die Unstrut mit dem Wandel der Transporttechnologien in der sozialistischen Landwirtschaft jede wirtschaftliche Bedeutung als Wasserstraße, so daß sie seit 1967 nicht mehr als solche geführt wird und bei weiteren Flußbaumaßnahmen die Schiffbarkeit unberücksichtigt bleiben kann. Nur noch selten öffnen sich die Tore der verbliebenen Schleusen, wenn Wasserwanderer die Unstrut befahren.

Unstrutniederung A 2

Zwischen Donndorf und Memleben senkt sich die Unstrutniederung als südöstlicher Teil der Helme-Unstrut-Niederung zwischen der Hohen Schrecke und Finne im SW und dem Ziegelrodaer Plateau im NO ein. Sie folgt dem am Nordrand der Hermundurischen Scholle ausgebildeten geologischen Roßlebener Sattel (s. Seite 11). An dessen Flanken wurden die Zechsteinsalzlager durch eindringende Oberflächenwässer abgelaugt, so daß es vom Jungtertiär bis zum Holozän zur Absenkung der Deckgesteinsschichten und der Niederung kam. Diese Absenkung war die Voraussetzung dafür, daß sich Teile der Niederung mit durchschnittlich 20—110 m mächtigen jungtertiären und pleistozänen Sedimenten (Abb. 9, JANKOWSKI 1964) füllen konnten, ohne daß der Absenkungsbetrag bis heute auch nur annähernd ausgeglichen wurde. So entstanden relative Höhenunterschiede bis 250 m zwischen der Unstrut und dem Kamm der Hohen Schrecke. Die Liegendgrenzfläche dieser Sedimente schneidet die Schichten des Unteren Buntsandsteins diskordant und deutet eine untergeordnete Mitwirkung tertiärer Tiefenerosion der Unstrut an der Anlage der Niederung an.

A 2 In der Senke erhaltene elsterkaltzeitliche Bändertone und Grundmoränen überlagern die frühelsterkaltzeitlichen Flußschotter des Kalbsrieth-Wendelsteiner Schotterzuges (MANIA, RUSKE u. STEINMÜLLER 1972; s. A 7, Abb. 9) mit Geröllen aus Harz- und Thüringer-Wald-Gestein. Die Gerölle bezeugen den hier erfolgten Zusammenfluß von Helme und Unstrut zu jener Zeit. Ihre Verbreitung in dem Teil der Niederung nördlich des Bottendorf-Wendelsteiner Rückens weist auf eine spätere stärkere Absenkung des südlichen Niederungsteiles zwischen Roßleben und Wiehe hin. Aus der Finne flossen der Helme-Unstrut ebenfalls schotterführende Nebenbäche zu. Nach der Elsterkaltzeit verlagerten sich der Unstrutlauf in den südlichen Niederungsteil und die Helmemündung in den Arterner Raum.

Die rund 3 km breite und mit weniger als 1 m Höhendifferenz pro 1 km² nahezu tischebene Aue der Niederung weist ein minimales Längsgefälle von etwa 0,7‰ oberhalb Wiehe auf (Abb. 15). Den Südrand der Niederung säumen 0,5—1 km breite, mit 1—3° Neigung ansteigende Hänge, die mit Löß und Lößumlagerungsprodukten bedeckt sind. Nördlich der Unstrut untergliedert der rund 30—70 m die Aue überragende Bottendorf-Wendelsteiner Rücken die Niederung, nördlich von ihm schließt sich die Kalbsrieth-Wendelsteiner Talung mit ebenfalls lößbeeinflußten Flachhängen an. Mit dem Buchaer Bach und dem Wassergraben zwischen Wendelstein und Roßleben münden flache Nebentäler mit auenlehmbedeckten breiten Talsohlen ein.

Die Aue gliedert sich in die grundwassernahen Flächen, in die über diese einige Dezimeter flach aufragenden Auenterrassen und in die mit sehr geringer Neigung zum Rand ansteigenden Auenlehmsäume. Flache Schwemmfächer am Ausgang der Schrecke- und Finnetäler reichen bis in die Niederung hinein. Entsprechend dieser Gliederung sind die Boden- und Sedimentverhältnisse (Abb. 3) differenziert. Die Abbildung 16 zeigt die zwischen 1850 und 1930 angelegten Wassergräben, deren Verteilung und Abflußrichtung die unterschiedlichen natürlichen Auenverhältnisse unterstreichen.

Die Unstrut und einige ihrer Zuflüsse, so der Buchaer Bach, werden von durch Auenlehmsedimentation bei Hochwasserüberflutung gebildeten Uferwällen begleitet. Zwischen diesen einige Dezimeter hohen und mehrere Meter breiten Erhebungen höhten die Fließgewässer ihr Bett über das Auenniveau auf, so daß ihr Wasserspiegel heute über diesem Niveau liegt (B. KUGLER 1969). Die tiefsten Auenbereiche neigen daher zu Überflutungen durch den Anstieg des Grundwassers, das mit den Vorflutern in Verbindung steht. Diese Erkenntnis war bei den Hochwasserschutz- und Binnenentwässerungsmaßnahmen seit 1957 zu beachten (s. A 1.1).

Ursprünglich wuchs in der Helme-Unstrut-Niederung Auenwald vom Erlen-Eschen-Typ. Dieser mußte nach der ersten Kolonisation (um 1200) schrittweise vom Spätmittelalter bis in die frühe Neuzeit landwirtschaftlicher Nutzung weichen. Im Rieth dominierten bis ins 18. Jh. jedoch noch Jagd und Fischfang (s. A 1.1). Die Bewohner betrieben den Fischfang im 16. Jh. so stark, daß eine Schutzverordnung erlassen werden mußte (KUGLER 1960). Auf die Federwildjagd um 1200 weisen die Tierplastiken an den Säulenkapitellen in der Krypta der Memlebener Klosterkirche hin (s. A 6). Die Erträge der hier und da auf erhöhten Stellen in der Niederung angelegten kleinen Felder wurden häufig durch die Hochwasser im Frühjahr und Sommer bis Herbst vernichtet. Aus dem Jahre 1746 ist bekannt (GEYER u. HEYM 1958), daß das Wasser ellenhoch auf den Wiesen stand und das ganze Jahr darauf blieb, die angrenzenden Äcker unbrauchbar waren sowie Schafe und Rinder auf Hutungen und Weiden erkrankten. Die Heu- und Grummetbergung gestaltete sich äußerst schwierig, da Wagen und Pferde im Boden einsanken. Bis in das 19. Jh. baute man nur Späthafer, Sommerweizen, Pferdebohnen und Runkelrüben auf den wenigen etwas trockeneren Flächen der Niederung an. An vereinzelten Stellen, wie nordöstlich von Wiehe, stachen die Bewohner am Anfang des 19. Jh. zeitweilig Torf zu Brennzwecken (Erläuterungen zur geologischen Spezialkarte 1882). A 2

Die Entwicklung der meliorativen und wasserbaulichen Maßnahmen (s. A 1.1) in der Niederung ist ein Beispiel jahrhundertelanger landeskultureller Gestaltung der Landschaft. Im Gegensatz zur Goldenen Aue zwischen Harz und Kyff-

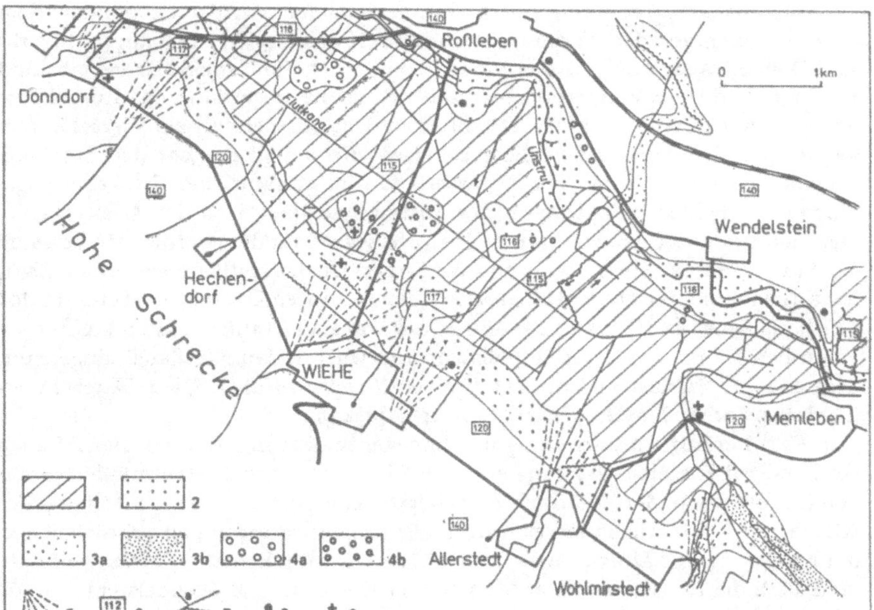

Abb. 16. Landschaftliches Arealgefüge der Unstrutniederung (Entwurf H. KUGLER)

1 Grundwassernahe Auenebene auf jüngsten holozänen fluvialen und fluviolimnischen Riethsedimenten, mit örtlichen Flachmoortorfen

2 Fastebene Flächen der Auenrandsäume und niedrigen Auenterrassen, erhöhte ufernahe Flächen. Verminderter Grundwassereinfluß; holozäne Auenlehme u. a.; Auenlehmvega, -vegagley und -gley sowie Auenlehm- und Schluffschwarzgley

3 a Talböden und Auen flacher Nebentälchen auf holozänen Auensedimenten und Kolluviallöß mit Kolluviallößschwarzerde und -schwarzgley

3 b wie 3 a, nur mit Auenschluffvegagley und -vega

4 a Oberflächennahe pleistozäne Flußkiese und -sande, holozän ab- bzw. umgelagert

4 b wie 4 a, nur an primärer Lagerstätte

5 Schwemmfächer der Nebentäler

6 Höhe in m ü. NN (gerundet)

7 Quellen, Bäche, Wassergräben (a — um 1930; b— abweichende ehemalige Verläufe um 1850)

8 Wüstung

9 ur- und frühgeschichtliche Siedlung in verkehrsgünstiger Lage im Auenbereich

häuser, die seit dem 12. Jh. mehr systematisch melioriert wurde, blieb die Aue in der Unstrutniederung länger Sumpfland mit mehreren flachen Flußarmen. Zahllose Schwärme von Stechmücken verbreiteten bis ins 19. Jh. hier das Sumpffieber, die Malaria. In dem Maße, wie die Altarme beseitigt, die flachen schmalen Rinnen in der Aue ausgefüllt und die Versumpfung durch Grabendränung unterbunden wurden, verschwanden auch die Mückenbrutstätten.
Örtliche Aktivitäten lösten die Heldrunger Dammbaugenossenschaft und die Lossagraben-Sozietät aus, letzterer gehörten auch Wiehe, Allerstedt, Donndorf und Memleben an. Sie ließen dicht neben der Unstrut Sommerdeiche aufwerfen, deren Außenböschung häufig unmittelbar in die Uferböschung überging (Schaardeiche) und die deshalb stärker bruchgefährdet waren. Seit 1809 wurde eine umfassende Melioration des Unstruttales erörtert (s. A 1.1). Der Hochwasserentlastungskanal von 1857—65 zweigt mit einem frei regelbaren Auslaßbauwerk bei Bretleben dicht unterhalb der Sachsenburger Pforte von der Unstrut ab, in die er wenig oberhalb von Memleben wieder einmündet. Sein weithin schnurgerader Verlauf wurde dem Niederungstiefsten angepaßt; für sein Doppeltrapezprofil wurden 1,75 m hohe Deiche mit einem Kronenabstand von 56 m und ein Niedrigwasserbett von 5,65 m Breite gewählt, das 1,9 m in die umgebende Aue eingesenkt ist. Der Flutkanal ist um mehr als ein Viertel kürzer als der parallele Unstrutlauf, liegt tiefer als dieser und umgeht den Stau von ehemals 5 Wehren. Sein Niedrigwasserbett nimmt sämtliche Entwässerungsgräben des Polders auf. Da sich der Mittelwasserspiegel an der Abzweigstelle mehr als 1 m unter dem gestauten Unstrutspiegel befindet, werden der besseren Vorflut wegen der Helderbach und die linken Unstrutzuflüsse sowie der Kyffhäuserbach und der Helmegraben unter der gestauten Unstrut hindurch in den Flutkanal geleitet. Ebenso unterdükert der von Bad Frankenhausen kommende Solgraben (s. Bd. 29, B 31) die Unstrut und wird in den Flutkanal eingeleitet, dem er seine Salzlast und die der Kleinen Wipper zuführt. Diese Tatsache erklärt das Vorhandensein der Salzflora im Flutkanal.
Der Kanal ermöglichte eine so gute Binnenentwässerung, daß bei Bedarf auch Graben- und Rieselbewässerung aus dem Oberwasser der Unstrutmühlen (Staubereich oberhalb der Mühlwehre) erfolgen konnte. Nur bei Auffüllung des Kanals mit Unstruthochwasser wird die Binnenentwässerung unterbrochen, um die Niederung vor Druckwasser zu schützen. Gewöhnlich zur Osterzeit öffnete man auch die Freischützen der Mühlen von Roßleben und Wendelstein, um die Wasserstände der Unstrut zu senken und den Druckwasseranstieg in der Niederung zu vermindern (Elbstromwerk 1898).
Das Hochwasser im Juni/Juli 1871 als zweithöchstes bekanntes am Pegel Freyburg überflutete den vom Bahnhof Heldrungen bis nach Memleben dicht neben der Unstrut seit 1858 durchgehend aufgeworfenen Sommerdeich. Daraufhin wurde er 1871/72 zum Winterdeich erhöht; er reichte jedoch nur wenig über die bis dahin ohne Eindeichung beobachtete höchste Hochwassermarke. Da seit 1860 am Oberlauf der Unstrut und an ihren Zuflüssen ebenfalls umfassende Begradigungen und nicht aufeinander abgestimmte Eindeichungen sowie sonstige Vorflutverbesserungen vorgenommen worden waren und am Mittellauf auch einzelne, meist nicht abgestimmte Deichanlagen entstanden, kamen von dort höhere und schnellere Hochwasserscheitel. Der meist als Schaardeich aus-

geführte Winterdeich wurde dadurch mehrfach überflutet und brach. Deshalb baute man in ihn mehrere Schleusen, um die Sicherheit zu vergrößern und die Aufhöhung des Geländes im Polder zu fördern. Diese Deichschleusen wurden alljährlich im November geöffnet und im Frühjahr wieder geschlossen und ließen so die Winterhochwasser in den Polder einströmen. Eine große Auslaßschleuse und eine im Deich eingebaute 100 m breite Flutmulde bei Memleben, die im Sommer abgeriegelt, im Winter aber offen gehalten wurde, dienten zur Abführung des im Polder gestauten Wassers (Elbstromwerk 1898). Der allwinterliche Einstau verzögerte die landwirtschaftliche Bestellung des schweren Auenbodens erheblich. Trotz ihrer Mängel ermöglichten diese Maßnahmen die Umwandlung von Wiesen in Äcker und von Weideland und Schilfrohrflächen in Nutzwiesen und reduzierten die sommerlichen Schadenshochwasser (s. A 1.1). A 2

Verheerend waren für die landwirtschaftlichen Nutzflächen, Straßen, Eisenbahntrassen und tief gelegenen Siedlungen die Frühjahrshochwasser 1946/47. Ludwig Bauer kartierte 1953 zunächst eine maximale überschwemmungsgefährdete Fläche von 14950 ha unterhalb der Sachsenburger Pforte. Sodann brach 1956 eine Katastrophe über das Tal herein: Im Frühjahr wurden 20000 ha Wiese und Acker überschwemmt; kaum war das Wasser abgezogen, ließen starke Regenfälle im Juli die Unstrut und alle Zuflüsse über die Ufer treten. Das Tal zwischen Sachsenburg und Laucha glich über 4 Wochen lang einem See von stellenweise 1—2 km Breite. Deshalb erfolgte nach dem ähnlich starken Hochwasser vom Frühjahr 1957 die Durchführung des Sofortprogramms für den Hochwasserschutz im Unstrut-Helme-Gebiet (s. A 1.1). Der inzwischen stark verlandete Flutkanal wurde 1957—63 verbreitert und vertieft und von knapp dem halben wieder auf das volle Abführungsvermögen von 90 m^3/s gebracht. Die Deichkronen beiderseits des Kanals erfuhren eine Verstärkung. Zwischen Wiehe und Roßleben errichtete man am Flutkanal ein Pumpwerk mit einer Leistung von 4 m^3/s und erhöhte damit die Kapazität der 7 Schöpfwerke (Bild 5) in der gesamten Unstrutniederung auf insgesamt 14 m^3/s. Das war erforderlich, weil wegen des kleinräumigen Substratwechsels in der Niederung Vernässungen durch Drängewasser auftreten, die aber viel unbedeutender sind als die vorherigen Überschwemmungen. Seit einigen Jahren wird die Unstrut zwischen Wendelstein und Memleben für ein Durchflußvermögen von 160 m^3/s ausgebaut, so daß die Hochwasserwahrscheinlichkeit herabgesetzt ist (Abb. 17).

Der enge hydraulische Zusammenhang zwischen den Wasserläufen und den Auensedimenten ist die Ursache für die Grundwasserverhältnisse der Niederung. Der Grundwasserspiegel liegt im Mittel 1—2 m unter Flur und sinkt nicht viel unter 3 m; die Höchststände reichen von 1 m unter bis fast 1 m über dem Gelände (Druckwasserspiegel). Die Schwankungsbreite ist mit 4 m am Flutkanal am größten und mit etwa 1 m nahe der Unstrut am geringsten.

Die Landwirtschaft findet in der Niederung eine große Vielfalt bodenbedingter Standortverhältnisse vor. Die Schwarz- (s. C 6), Braun- (s. A 9) und Griserden (s. B 18) sowie die Kolluvialschwarzerden und -schwarzgleye der lößbedeckten flachen Hänge der Niederungsränder gestatten hohe Getreide- und Zuckerrübenerträge ebenso wie die natürlich grundwasserfernen Auenböden des Vegatyps der Auenrandsäume und -terrassen. Die mehr oder weniger humosen sandigen,

A 2 lehmigen oder tonigen Vegaböden entstanden in den Überflutungsbereichen des Unstruttales und seiner Nebentäler, wo sich Boden und verwittertes Gestein ansammelte. Das Material wurde durch Bodenerosion über die Hänge und in den Nebentälern flußwärts verfrachtet.

Die zentralen Auenbereiche mit ehemals hohem natürlichem Grundwasserstand weisen Humusgley, Gley und Anmoor auf lehmigen bis schluffigen Auensedimenten auf. In den grundwasserbeeinflußten flachen Nebentälern bilden sich Schwarzgleye und Humusgleye auf Kolluviallöß und anderen Sedimenten. Die

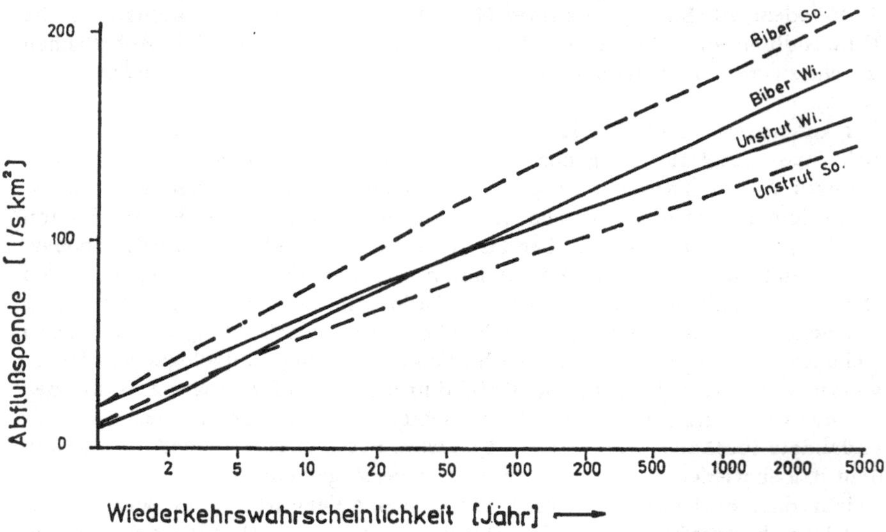

Abb. 17. Hochwasserwahrscheinlichkeiten an Unstrut und Biberbach (Entwurf R. Spengler)

So. = Sommer Wi. = Winter

Gleye zeichnen sich durch Reduktion von Eisenverbindungen — helle Unterböden — und Oxydationszonen im Schwankungsbereich des Grundwasserspiegels aus. Bei den Anmooren haben sich in den oberen Bereichen unter Luftarmut aus wenig zersetzter Pflanzensubstanz 20 cm mächtige schwarze Flachmoortorfschichten gebildet. Die Anmoore und Gleye unterliegen nach meliorativer Grundwasserabsenkung vorrangig der Verbraunung, wie auch die Vegaböden nach Abschluß der Überflutung der Auen, und bieten dann günstige Produktionsbedingungen. Auf ihnen nahm nach der Durchführung der Meliorations- und Hochwasserschutzmaßnahmen 1957—81 die Ackernutzung mit Getreide-, Zuckerrüben- und Feldfutteranbau zu und die Grünlandnutzung ab. Wichtige Voraussetzungen dafür waren neben der Steuerung des Grundwasserstandes über die Binnenentwässerungsgräben und Schöpfwerke geeignete Bearbeitungsformen, beispielsweise Lockerung der nährstoffreichen Böden, und die durch die Niederschlagsarmut der Niederung bedingte notwendige Beregnung.

Donndorf, Kreis Artern, mit **Kloster Donndorf** **A 3**

Das deutlich zweigegliederte Donndorf schmiegt sich mit seinem oberen Teil als Haufendorf an den lößbedeckten Südrand der Niederung und stößt mit seinem unteren Teil als Straßenangerdorf auf einem Schwemmfächer in die Niederung vor (Abb. 16). Der Siedlungsgrundriß wird durch die sich kreuzenden alten Wege Wiehe—Artern und Bottendorf—Kölleda bestimmt. Die letztere Verbindung verlief über die Höhe südlich des Orlislochtales in der Hohen Schrecke am Geleitsborn vorbei. Der benachbarte Ortsteil Kloster Donndorf ruht auf einem kleinen Bergsporn am Unterhang des Nordabfalls der Hohen Schrecke.

Für den Donndorfer Raum läßt sich eine zeitlich weit zurückreichende kontinuierliche Besiedlung nachweisen. Am südöstlichen Ausgang des Ortes wurde ein wohl mittelsteinzeitliches Feuersteingerät geborgen. Im gleichen Bereich lag auf dem Stufenhang neben dem Unstruttal eine große Siedlung der linien- und stichbandkeramischen Kultur, die sich bis zum Johannisrasen hinzog. Von ihr wurden Siedlungsgruben, viel Keramik, Rötel, Tierknochen, Hausbewurf und Steinwerkzeuge gefunden. Vom Klostergelände stammen frühneolithische Steingeräte.

Ein jungbronzezeitliches Gräberfeld der Unstrutgruppe mit Steinpackungen, einer Steinkiste mit Körper- und Brandbestattungen, Urnen und Bronzen liegt 1,1 km südöstlich von Donndorf südlich der Straße nach Wiehe. Auch eine größere Siedlung der frühen Eisenzeit mit vielen Vorratsgruben und einigen eingetieften Häusern, viel Keramik, Hausbewurf und Spinnwirteln wurde am südöstlichen Dorfausgang aufgedeckt. Von den Resten einer germanischen Siedlung der spätrömischen Kaiserzeit (3./4. Jh.) ist die genaue Lage unbekannt.

786 wird *Dundorf* — Namenform von etwa 1150 (s. B 6) — zusammen mit anderen Besitzungen des Klosters Hersfeld erstmalig genannt, 1085 erscheint der Ort als *Tundorp*. Sein Name ist wohl als Dorf eines Dudo bzw. Dodo zu deuten. Ein Ortsadel von Donndorf erscheint in landgräflichen Urkunden des 12.—14. Jh. Auch das Kloster Goseck hatte durch die sächsischen Pfalzgrafen hier Besitz. Grundherrschaftlich gehörte der Ort bis 1346 den Grafen von Wiehe und Rabenswalde.

Im Deutschen Bauernkrieg beteiligten sich die ansässigen Bauern an der Erstürmung des Klosters, wofür mehrere von ihnen mit dem Tode bestraft wurden. Der Beweggrund zur Plünderung geht aus einem Strafregister mit den Aussagen der Verurteilten hervor: „Wir sind arm, haben nur 4 Hufen Landes, 20 Witwen (wohl nach der Strafaktion) und (sind) mehrentheils Hintersiedler (Hintersättler) ohne Land" (SEIDEMANN 1878). Vor dem Dreißigjährigen Krieg gab es in Donndorf 20 Anspänner, die für die Herrschaft Wiehe Ackerarbeiten und Fuhren verrichten mußten, und 80 Hintersättler (NAUMANN 1904).

Wann das dem heiligen Laurentius geweihte Zisterzienserinnenkloster entstand, ist ungewiß (um 1270?). Als Stifter wird ein Käfernburger vermutet, vielleicht SIZZO, der in die Reihe der Stifter des Naumburger Domes gehört. Dem Kloster ging wahrscheinlich ein befestigter Wohnsitz eines Geschlechtes von Donndorf voran. Im Jahre 1452 kam die Schutzvogtei an DIETRICH VON WERTHERN,

A 3 dessen Nachkommen das Kloster nach der Reformation 1541 in eine ab 1561 tätige Freischule und Erziehungsanstalt für 12 Knaben umwandelten. Die Schulgebäude dienen nach Umbau seit Jahren als Kindergarten und zu Wohnzwecken. Die Schüler der Unterstufe erhalten ihren Unterricht in dem Donndorfer Gebäude Bahnhofstraße 6.

Bauliche Reste des einstigen Klosters sind Teile der ehemaligen Klausur und der Klostermauer mit einer spitzbogigen, profilierten Pforte. Durch Kriege und Brand zerstört, wurde die Klosterkirche 1754 unter Einbeziehung des alten gotischen Westturms im schlichten Barock errichtet. Aus dieser Zeit stammt der Kanzelaltar mit korinthischen Säulen. An der südlichen Außenwand erinnert noch ein Renaissancegrabstein von 1606 mit einer lebensgroßen Reliefdarstellung des Vorstehers in ritterlicher Kleidung an die frühere Erziehungsanstalt.

Donndorf besitzt an der Strecke Naumburg—Artern einen Bahnhof. Von hier führt die Bahnhofstraße in das Unterdorf hinein, wo man zunächst auf die Kirche St. Peter und Paul trifft, nach ihrem Patrozinium eine der frühen im Unstruttal. Von dem ursprünglichen Bauwerk blieben der Chorturm des frühen 13. Jh. und das wohl im 14. Jh. angefügte Chorjoch erhalten. Das Schiff selbst wurde im 19. Jh. abgetragen. Von der Innenausstattung verdient ein spätgotischer Flügelaltar der zweiten Hälfte des 15. Jh. Erwähnung. Gegenüber der Kirche ist am Nebengebäude des Dreiseithofes Bahnhofstraße 40, wie auch an anderen Gehöften, eine hölzerne Oberlaube zu sehen. Beispiele von traufseitig an die Straße gestellten Massivbauten bilden Nr. 20 (von 1773) und Nr. 24 (von 1769) sowie Reinsdorfer Straße 4 (von 1785). Fachwerkobergeschosse sind selten geworden, es sitzen solche den Stein- bzw. den Stampflehmuntergeschossen der Dreiseithöfe Bahnhofstraße 18 und Kölledaer Straße 1 auf.

In Richtung Kloster Donndorf quert die Reinsdorfer Straße den Mühlbach, der 1828 eine Öl- und eine Mahlmühle antrieb, Anfang des 20. Jh. als Untere bzw. Obere Mühle bezeichnet. Anfang des 19. Jh. arbeiteten außerdem 2 Windmühlen auf der Gemarkung.

Der Klostergutsbesitz wurde 1945 enteignet und Neubauern übergeben. Ihre landwirtschaftliche Nutzfläche und die der Donndorfer Bauern bewirtschaftet heute das 10 km entfernte VEG (P) Memleben. Als Ställe dienen der örtlichen LPG (T) Neue Zeit teils modernisierte Altbauten, überwiegend aber neue Anlagen zwischen dem Geländeanstieg zum Kloster und der Straße Donndorf—Reinsdorf.

A 4 **Wiehe,** Kreis Artern, mit **Hechendorf**

In der Wieheschen Flur ist die Besiedlung seit der Jungsteinzeit archäologisch bezeugt. So wurden in der Burkhardstraße 205 eine am Nordostrand der heutigen Stadt gelegene neolithische Siedlung (Abb. 11) angeschnitten und 6 Steinkeulen geborgen. Weitere zahlreiche Funde aus dem gleichen Zeitabschnitt, so Steinhacken und -beile, Feuersteinkerne und -abschläge, eine schnurkeramische Facettenaxt und Flachhacken, kamen in der Aue und von hier bis auf die Ränder der Finne zum Vorschein. Auf einer der Auenterrassen mit dem Flurnamen Stelzenburg lag im Rieth, 1,3 km nördlich von Wiehe, eine Siedlung der Aunjetitzer Kultur.

Wiehe liegt am Fuß der Finne, am Südrand der Unstrutniederung. Es ist sicher einer der ältesten Orte im unteren Unstrutgebiet. Bereits in fränkischer Zeit stand wahrscheinlich eine burgartige Anlage an der Stelle des heutigen Schlosses (Abb. 18). 786 wird Wiehe im Breviarium Lulli erstmalig urkundlich als *Wihe* (Namenform etwa 1150 aufgeschrieben, s. B 6) erwähnt. Anläßlich des Erwerbs der Hersfelder Güter in Wiehe durch König HEINRICH I. († 936), um Burg und Ort in der Hand des Reiches zu vereinigen, wurde Wiehe 933 *Uuihe* genannt. Das altnordische Wort *vigi* bedeutet eine zur Verteidigung geeignete Örtlichkeit, Wehr, Verschanzung. A 4

Im 10./11. Jh. gehörte Wiehe der in der Chronik von THIETMAR VON MERSEBURG 1015 genannten provincia *Uuigsezi* (s. Seite 31) an, die wahrscheinlich einer der von OTTO I. († 973) festgelegten Burgwardbezirke war und die Burg Wiehe als Hauptort hatte. Nachdem OTTO III. 998 die civitas, d. h. den Ort Wiehe mit Ausnahme eines kaiserlichen Meierhofes dem Benediktinerkloster Memleben (s. A 6) geschenkt hatte, führte HEINRICH II. den Ort 1004 in Reichsbesitz zurück. Um 1045 erhielten die Grafen von Käfernburg (Kevernburg) Wiehe und benachbarte Dörfer als Lehen HEINRICHS III. Nach der Erbteilung des Käfernburger Besitzes 1206 in die Schwarzburgische und die Wiehesche Linie dieses Geschlechtes kam die Herrschaft Wiehe an die Grafen von Wiehe, die sich nach dem Bau ihrer Burg Rabenswald (s. A 12) Grafen von Rabenswalde nannten. Mit dem Sühnevertrag zu Weißenfels am Ende des sogenannten Grafenkrieges ging Wiehe 1346 an den Landgrafen von Thüringen als den Sieger dieses Streites über. In diesem Krieg wurden Burg und Stadt erobert und teilweise zerstört, im späteren thüringischen Bruderkrieg (s. B 19) 1445/51 sogar zweimal. Nach wiederholtem Besitzerwechsel kaufte DIETRICH VON WERTHERN 1461 die Herrschaft Wiehe, dessen Nachkommen das Schloß und das dazugehörende Land bis 1945 besaßen.

Bereits 1298 werden „burger czu *wye*“ genannt. Brakteatenfunde belegen Münzprägung der Grafen von Wiehe-Rabenswalde schon für den Ausgang des 13. Jh.; 1315 ist das herrschaftliche Münzrecht für Wiehe belegt. Nach Verleihung erster Markt- und Stadtrechtselemente 1320 und der 1376 durch den Heldrunger Grafen erteilten Erlaubnis zum Bau eines Kaufhauses erhielt Wiehe 1394 sein Stadtrecht durch den Landgrafen bestätigt. Eine städtische Verfassung hatte sich ebenfalls Anfang des 14. Jh. nach dem Muster des damals vorbildlichen Weißenseer Stadtrechts herausgebildet. Die Verfassungsentwicklung ähnelte der vieler mitteldeutscher Städte: Anfangs gab es einen dem Rat vorsitzenden stadtherrlichen Schultheiß, später die Einsetzung gewählter Ratsmeister aus den Geschlechtern. Es sind die seit 1394 erscheinenden Vormunde des Wieheschen Stadtrechts (NAUMANN 1927). Erst 1569 gelang es dem Rat, die Mitregierung der Schultheißen auszuschalten.

Die günstige Lage im Verkehrsnetz und inmitten fruchtbarer Ackerfluren, die von den Höhen im S der Stadt über den überflutungsfreien Lößsaum bis in die hier breite Auenlehmzone der Niederung reichen, war die Lebensgrundlage der kleinen Ackerbürgerstadt. Sie hatte mehrere Märkte, um 1750 waren es 4 Kram- und 3 Viehmärkte. Bemerkenswert ist, daß nach der Schenkungsurkunde von 998 hier auch Wein angebaut wurde. 1572 erließ der Rat die erste Brauordnung; das damalige Brauhaus befand sich am Markt. Die beiden Gasthöfe Zur Grünen

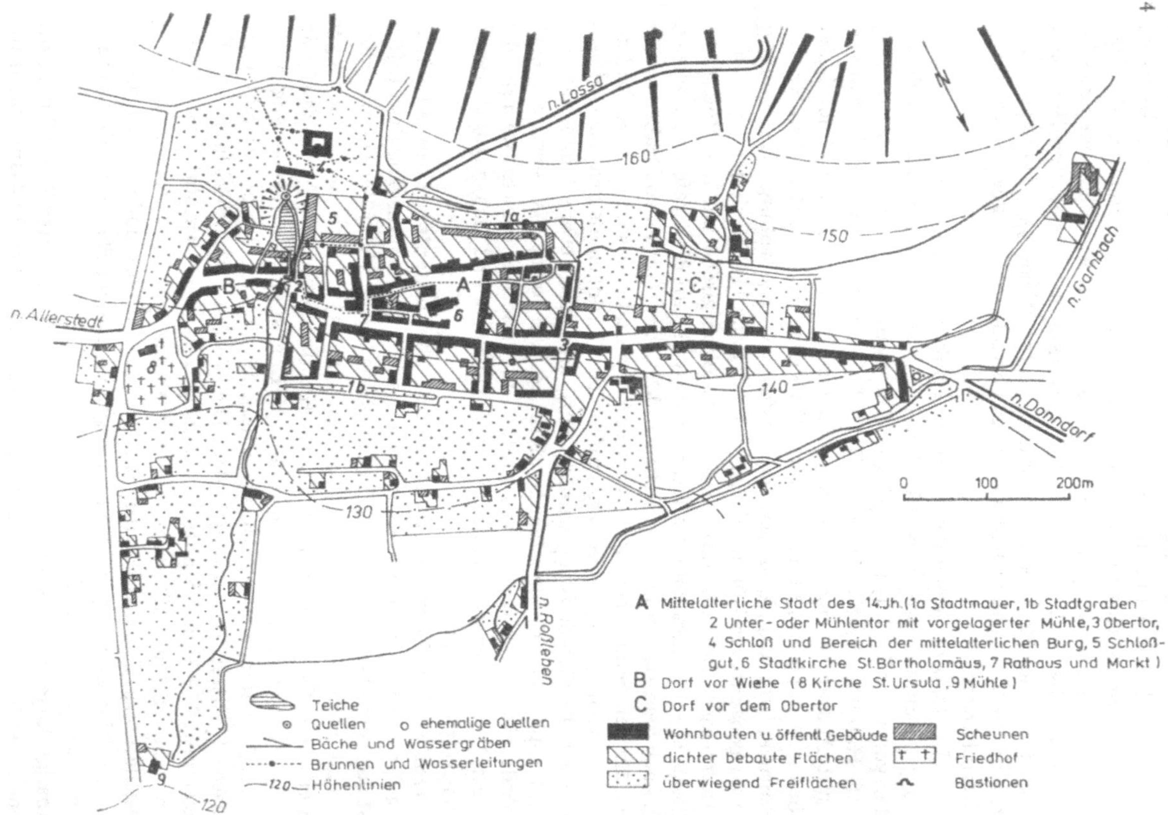

Abb. 18. Karte von Wiehe 1870 (Entwurf H. KUGLER nach Stadtplan der Städtefeuersozietät des Herzogtums Sachsen um 1880 und nach topographischer Karte 1:25000 von 1852/53)

Tanne und Zum Roten Löwen erhielten 1678 ihr Privileg. Im Ort kreuzten sich der alte Verkehrsweg längs des Niederungssüdrandes und die Nord-Süd-Verbindung über Finne und Unstrutniederung zwischen Buttelstedt und Roßleben (Abb. 12). Die Hauptstraße von Wiehe folgt dem Verlauf der Verbindung am Talrand. An ihr öffneten das Obertor im W und das Untertor oder Mühlentor im O den Zugang zur Stadt (Abb. 18). Die Gitterstruktur des Kerns von Wiehe (Bild 3) geht in der heutigen Form wohl auf den Neuaufbau der Stadt nach dem großen Brand von 1659 zurück. Diesem fiel auch das 1540 erwähnte Rathaus zum Opfer, an dessen Stelle der heutige schlichte Bau von 1715 steht. A 4

Von der 1835/52 abgebrochenen Stadtmauer mit ihren Schalentürmen und Toren blieben nur Reste am Südrand des Ortes erhalten, so der runde Steinbau mit Fachwerkobergeschoß eines Wehrturmes. Die Befestigung umschloß weder die 18 Höfe vor dem Obertor noch das Dorf — 1525 mit 25 Feuerstellen — vor dem Mühlentor. Dieses 1378 erstmals genannte Dorf „hart an der stat" lag unterhalb der Burg. Seine ehemalige Pfarrkirche St. Ursula besitzt eine stark verwitterte Grabplatte der Anna Adam, einer Nichte Martin Luthers. Das Gebäude wurde 1742 als Friedhofskirche in Verbindung mit dem nach hier verlegten Stadtfriedhof umgebaut. Auf diesem ruhen die Arbeitersportler Franz Jordan und Otto Werner, die in den Märzkämpfen 1921 gefallen sind (s. Seite 36).

Vor der Bartholomäuskirche breitete sich der mittelalterliche Friedhof aus, der dem nach 1659 angelegten heutigen Marktplatz weichen mußte. Die Nordseite des spätgotischen Kirchturmes schmücken 3 Gedenksteine. An dem untersten mit dem Querfurter und dem Wieheschen Wappen und einem Engelkopf darüber erinnert eine Inschrift in Minuskeln (Kleinbuchstaben) an den Bau des Turmes im Jahre 1518. Darüber steht in einer Vorhangbogennische mit Schriftband der Apostel Bartholomäus. Im Inneren des barocken Kirchenschiffes dominieren die doppelten hufeisenförmigen Emporen mit einer verglasten Patronatsloge und der große Kanzelaltar. Mehrere barocke Holzepitaphien mit Gemälden erinnern an reiche Auftraggeber. Ein unter einer Treppe an der Westseite versteckter Grabstein, der bis 1892 als Verschlußstein für die Turmgruft diente, muß stilistisch einer Reihe von Grabsteinen des Meisters mit dem Helm zugeordnet werden, der an der unteren Unstrut auch in Kirchscheidungen (s. B 26), Weischütz und Branderoda (s. C 10) tätig war. Wie aus dem Kirchenbuch von 1882 ersichtlich, ist der in voller Rüstung im Hochrelief über einen prachtvollen Zierhelm Schreitende der schwedische Obrist Wiegelstern, der im Dreißigjährigen Krieg nach 1641 hier verstorben sein muß.

An der Südostecke des mittelalterlichen Stadtkerns befindet sich das ehemalige Schloß, das 1664—66 als stattlicher Vierflügelbau um einen sehr kleinen Innenhof entstand. Die zur Stadt gerichtete Hauptseite wird in der Mitte durch einen polygonalen, über die Dachzone hinausreichenden Treppenturm mit einer Haube und Laterne betont; rechteckige Ausbauten akzentuieren die Ecken. Von der an gleicher Stelle befindlichen vormaligen Burganlage aus Ober- und Unterburg blieben nur Reste eines Tores und der Wallgraben am Südrand des Schloßparks erhalten. Im Schloß ist heute die Ausbildungsstätte des VEG (P) Memleben untergebracht.

Am Fuß des spornartig aus dem Abhang der Finne herausragenden Bunt-

A 4 sandsteinvorsprungs, auf dem sich das Schloß erhebt, entspringt der Stubenborn, dessen Wasser sich vor dem einstigen Mühlentor mit dem des westlich Wiehes vom Röhrentalbach abgezweigten Mühlgrabens vereinigte. Seit 1783 entwickelte sich in Wiehe ein bescheidener Heilkurbetrieb, der etwa 1890 zugunsten der Kurorte Bibra (s. B 6) und Rastenberg mit deren Quellen zum Erliegen kam.

Das Denkmal des am 21. Dezember 1795 in Wiehe geborenen bürgerlichen Historikers Leopold von Ranke aus dem Jahre 1896 steht auf dem Rankeplatz neben dem Rathaus und wurde nach einer Büste des spätklassizistischen Bildhauers Friedrich Drake, eines Schülers von Christian Daniel Rauch, geschaffen. Ein schlichtes weiteres Rankedenkmal steht in der Feldflur südöstlich Hechendorfs.

Wiehe repräsentiert den Typ der kleinen Landstadt, die erst nach 1945 eine stärkere industrielle Entwicklung erfuhr. Die Kreuzung der beiden heutigen Landstraßen 1. Ordnung Reinsdorf (Kreis Artern)—Wiehe—Memleben und Rastenberg—Lossa—Wiehe—Roßleben hat dem Ort eine Lagegunst verliehen, auf deren Grundlage sich die zentralen Funktionen, vor allem im Bereich des Einzelhandels und des auf den Bedarf der ortsansässigen und in den Dörfern der Umgebung befindlichen Landwirtschaft ausgerichteten Handwerks, herausbildeten. Diese Funktion ist im Stadtbild in Form einer Einkaufsstraße zwischen Markt und Kirche gut sichtbar.

Der von jeher stark vertretene handwerkliche Sektor, der sich noch heute im Vorhandensein von Böttchereibetrieben mit erheblicher Exportproduktion an Wein- und Kognakfässern ausdrückt, war zusammen mit dem verhältnismäßig günstigen Angebot an Arbeitskräften die Basis, auf der die industrielle Entwicklung in Wiehe einsetzte. Das industrielle Profil ist mit Schuhfabriken, Möbelherstellung, landtechnischem Anlagenbau, Musikinstrumentenbau und Herstellung von Kohlepapier und Kartonagen inzwischen breit ausgebildet. Schwerpunkt ist jedoch die Plastverarbeitung im VEB Ammendorfer Plastwerke, einem Betrieb des Kombinates Chemische Werke Buna. Das Plastmaschinenwerk, das heute dem Kombinat Umformtechnik Erfurt angehört, begann 1949 mit der Produktion und hat sich durch einen Neubau seit 1970 zum modernsten und bedeutendsten Betrieb der Stadt entwickelt. Er beschäftigte 1981 rund 450 Arbeiter und Angestellte und produziert vollautomatische Spritzgießmaschinen für Plaste, deren elektronische Steuerung auf der Basis von Mikroprozessoren verläuft. Dieses international konkurrenzfähige Spitzenerzeugnis stellt zugleich einen wichtigen Exportartikel dar. Nach 1945 entstanden am südöstlichen Stadtrand von Wiehe ein neues Wohnviertel und an der Straße nach Garnbach eine Oberschule. Am Eingang des VEB Plastmaschinenwerk erhebt sich seit 1978 eine bronzene Leninbüste von Dr. Johannes Friedrich Rogge (1898—1983).

Der Stadtteil Hechendorf liegt 1 km nordwestlich vom Hauptort. Hersfelder Besitz seit dem 8. Jh. und 786 *Hechendorf* (Namenform von etwa 1150, s. B 6) genannt, kam das Dorf am Ende des 10. Jh. (998 *Haichontorf* = wohl Dorf des Hahicho) als Zubehör der Reichsburg Wiehe an Memleben und war 1144 im Besitz eines Reichsministerialengeschlechts. Unter König Konrad III. wurde es Eigentum des Klosters Pforta und von diesem durch Legung der ansässigen

Bauern zu einer 1153 genannten Grangie, einem Wirtschaftshof des Klosters, umgestaltet. Die Oberhoheit über den Wirtschaftshof stand dem Grafen von Orlamünde, seit dem Sühnevertrag von 1346 dem Landgrafen zu. Hechendorf teilte also seine Geschichte mit dem benachbarten Wiehe. Vor 1525 hatte Pforta die meisten Äcker erblich verpachtet; später wurde diese Art der Bewirtschaftung rückgängig gemacht. Das Klostergut umfaßte 340 ha Acker und 243 ha Wald, sein Besitz reichte von der fruchtbaren Niederung bis auf die Höhen der Schrecke. Noch bis 1945 bestanden das in Werthernschem Besitz befindliche ehemalige Klostergut und die Försterei. Auch das wüste kleine Dorf Loch (*Loh* = Wald) bei Hechendorf tritt 1147 als Grangie von Kloster Pforta auf. A 4

Nach 1945 in Volkseigentum übergeführt, gehören die Gebäude des Gutes Hechendorf heute als Betriebsteile zu den beiden VEG Memleben (s. A 6). Das VEG Tierproduktion betreibt hier Schweinezucht, das VEG Pflanzenproduktion hält Schafe. In der Wilhelm-Pieck-Straße in Wiehe ist die Pferdezucht des VEG (P) stationiert. Am südöstlichen Stadtrand stehen neue Ställe und Futterhallen der LPG (T) Friedenswacht, in deren Nähe sich nach 1945 mehrere Neubauern niedergelassen hatten.

Wohlmirstedt, Kreis Nebra, mit **Allerstedt** A 5

Wohlmirstedt erstreckt sich als erweiterte Gutssiedlung längs des Klefferbaches auf dem lößbedeckten südlichen Niederungsrand, und zwar vor dem Ausgang des die Buntsandsteinhöhen der Finne verlassenden Klefferbachtales. Die Besiedlung seiner Gemarkung begann im frühen Neolithikum mit einer linienbandkeramischen Siedlung auf einer etwa 100 m breiten Terrasse dicht südöstlich des Ortes, in der beispielsweise Steinhacken und Steinbeile, ein Kernstein und eine Feuersteinklinge, ein Klopfstein (Feuerstein) und Scherben von Zipfelschalen sowie Lehmbewurf und Tierknochen gefunden wurden. An gleicher Stelle kamen eine schnurkeramische Scherbe sowie Siedlungsreste der späten Bronzezeit bis zur Eisenzeit und des Mittelalters zum Vorschein.

Auf dem Flurstück Toter Mann am Finneabhang liegen etwa 25 Grabhügel. Aus einem von ihnen wurde eine schnurkeramische Amphore geborgen, die auf mindestens jungsteinzeitliche Entstehung hindeutet. Im Dorf selbst steht rechts der Straße nach Bad Bibra ein Steinkreuz des 14./15. Jh. mit einem eingeritzten Schwert.

Die heutige Schreibweise Wohlmirstedts ist erst 1840 von einem damaligen Besitzer des örtlichen Gutes eingeführt worden. Die ältesten Formen des Ortsnamens sind *Wolmerstede* (786, Namenform von etwa 1150, s. B 6) und *Uuolmersteti* (998) und bedeuten wohl Siedlung eines Wolomār. Nördlich Wohlmirstedts lag das heute wüste Dorf Hermannsdorf (998 *Herimannesthorf*, von einem Personennamen abgeleitet).

Wohlmirstedt gehörte als Zubehör zur Reichsburg Wiehe. Seine Geschichte ist daher zunächst mit der der Herrschaft Wiehe (s. A 4) und — später — des Wendelsteins (s. A 7) verbunden. Soweit bekannt, war Wohlmirstedt anfangs in der Hand der Rabenswalder, die hier einen Gerichtsstuhl besaßen; es kam später an die Orlamünder und von diesen an die Landgrafen von Thüringen.

A 5 1513 ließ Erzbischof ERNST VON MAGDEBURG, Sohn des sächsischen Kurfürsten, das Wohlmirstedter Gutshaus neu bauen und hielt sich oft hier auf. Um 1513 war auch die Familie von Witzleben hier begütert, die allein die Rechte über das Dorf seit 1370 ausübte. Das Rittergut mit seiner zuletzt 886 ha großen Flur bestand aus zwei, nach der Farbe ihrer Dachdeckung (rote Ziegel, blaue Schiefer) genannten Höfen. 1929 gehörte es JULIUS VON HELLDORF, einem der bekanntesten Züchter des deutschen Edelschweines.

Die für den Ort große Maria-Magdalena-Kirche ist nach einer Pilgerfahrt DIETRICHS VON WITZLEBEN 1461 gebaut worden. Wie in Wendelstein zeigt sich auch hier der Kunstverstand der Witzlebener, von denen ein GEORG FRIEDRICH VON WITZLEBEN zu Wohlmirstedt im Stammbuch des Leipziger Ratssteinmetzen FRIEDRICH FUSS (s. A 7) auftritt. Durch ein Portal mit Kielbogenschluß — Spitzbogen mit geschweiften Schenkeln — und sich überschneidendem Stabwerk an der Südseite gelangt man in das Innere der Kirche, das mit einem Sterngewölbe versehen ist. Hinter dem Altar befinden sich 2 Epitaphien des GEORG FRIEDRICH VON WITZLEBEN († 1617) und seiner Ehefrau MAGDALENA, geb. VON HESSLER († 1640), von denen das erste das gleiche Steinmetzzeichen (Abb. 22) aufweist wie das Fenstergewände des Südgebäudes am Wendelstein, datiert 1541. Diese beiden äußerst qualitätsvollen Epitaphien zeigen deutlich stilistische Einflüsse mitteldeutscher Renaissance. Die Behandlung der Figuren, die über drei Viertel vollplastisch ausgebildet sind, zeigt die Meisterschaft des Künstlers.

Neben einem spätgotischen, geschnitzten Kruzifix besitzt die Kirche einen Schnitzaltar aus der Zeit um 1520. Im Mittelschrein steht die gekrönte Maria mit dem Jesuskind zwischen Maria Magdalena, der Schutzpatronin der Kirche, und der heiligen Elisabeth.

Das Siedlungsbild von Wohlmirstedt bestimmen die umfänglichen Gebäude des ehemaligen Ritterguts, dessen bis zu 100 m langer Innenhof von einer Landstraße gequert wird. Die meisten der Backsteinhäuser wurden aus- und umgebaut, nachdem Neubauern durch die Bodenreform 1945 Land aus dem Feudalbesitz erhalten hatten. An der Stelle eines abgebrochenen Gebäudes in der Südecke des Gutes entstand 1974—76 die Dr.-Theodor-Neubauer-Oberschule. Das Herrenhaus am Rand des Hofes und inmitten eines kleinen Parkes dient dem Rat der Gemeinde als Verwaltungssitz. Westlich davon stehen 2 Häuser von bedeutender Länge hintereinander, in denen früher Gutsarbeiter wohnten. Von den einst 5 Mühlen des Dorfes arbeiten mit elektrischem Strom noch die Obermühle und die 1 km nördlich gelegene Damm-Mühle.

Wohlmirstedt wurde in den letzten Jahrzehnten an seiner West- und Südwestseite durch Einfamilienhäuser und einen Wohnblock erweitert. Am östlichen Ortsrand breiten sich neue landwirtschaftliche Anlagen der LPG (T) Einheit für Rinder und Schweine sowie des VEG (P) Memleben aus. Die Schafherden des Volksgutes sind in verschiedenen Scheunen des Dorfes untergebracht.

Etwa 350 m südöstlich von Allerstedt wurde ein spätneolithisches Grab (Schnurkeramik) mit einem Schnurbecher geborgen. Aus der Gemarkung liegen mehrere Steingeräte — Beile, Meißel, Hacken, ein Rillenhammer, eine Pfeilspitze — vor, die eine jungsteinzeitliche Besiedlung oder wenigstens Begehung nachweisen.

Allerstedt — seit 1950 Ortsteil von Wohlmirstedt — greift als Straßendorf mit seinen Häusern in die gabelförmige Talung zweier Bäche hinauf, die einst 3 Mühlen trieben. Der Ortsname *Alarestede* (786, Namenform von etwa 1150, s. B 6) ist entweder als Siedlung eines Alarich zu erklären oder läßt sich von dem althochdeutschen Wort *alah* = Heiligtum ableiten. KARL DER GROSSE schenkte dem Kloster Hersfeld in Allerstedt Grundbesitz, und bereits 998 gab es in *Alehsteti* eine Kapelle, die der Kirche zu Wiehe unterstellt und dem heiligen Stephan geweiht war. A 5

Die Burg von Allerstedt ist die domus lapidea, nimis lapidibus firmata (das Steinhaus, das überaus stark mit Steinen verstärkt ist) in *Elerstidi*, wo nach THIETMAR VON MERSEBURGS Bericht von 1015 der bei einem Mädchenraub in der Burg Beichlingen schwer verwundete Markgraf der Nordmark, WERNER VON WALBECK, 1014 verstarb. Seit 1157 im Besitz eines reichsritterlichen Geschlechtes von Allerstedt, bestand die Burg unter wechselnden Besitzern noch 1466 und gehörte zur einen Hälfte der Familie von Witzleben, zur anderen der von Beichlingen, die ihren Teil mit den Dörfern Zeisdorf, Rothenberga und Bernsdorf 1471 an die Edlen Herren von Querfurt verkaufte. Nach deren Aussterben 1487 finden wir die Familie von Werthern auf dem querfurtischen Teil.

Die Reste, darunter die des Bergfrieds in der Nordostecke, der über dem südwestlichen Rand des Dorfes gelegenen Burg des 10.—12. Jh. stehen als Bodendenkmal unter Schutz. Die Befestigung ist aus der flachen Erhöhung durch 2 Gräben und einen Wall dazwischen als rechteckige Burgfläche von etwa 35 m × 65 m herausgeschnitten.

Das Rittergut hieß früher *Die Burg*. 1929 war sein 182 ha großes Land einzeln verpachtet; daneben bestanden 4 größere Bauerngüter mit Besitz zwischen 21 und 58 ha in Allerstedt.

An Resten früherer Volksbauweise blieben im Ort beispielsweise hölzerne Oberlauben, so am Nebengebäude des Dreiseithofes Lindenstraße 11, und Fachwerkobergeschosse, so an den Scheunen der ehemaligen Wassermühle, Mühlenstraße 6, erhalten. Der VEB Molkerei am östlichen Dorfrand verarbeitet auch die Milch, die die Kühe der LPG (T) Einheit liefern, für die neue Ställe errichtet wurden.

Memleben, Kreis Nebra, **A 6**

liegt vor dem Eintritt der Unstrut in ihr Engtal zwischen Ziegelrodaer Plateau und Finne und wird im O und NO von den Wäldern des Ziegelrodaer und des Pfortaer Forstes überragt. Vom Ort genießt der Besucher einen weiten Blick über die Unstrutniederung und zum gegenüber aufsteigenden Wendelstein. Memleben zählt zu den historisch und kunsthistorisch berühmten Siedlungen des Raumes zwischen Harz und Saale. Gegenüber der heutigen Ortslage befand sich an der Unstrut das früh wüst gewordene Dorf Klein-Memleben (830/850 *Mimileba*) mit Hersfelder Gütern. Jenseits der Unstrut liegt die Wüstung Odesfurt (830/850 *Odesfurt*, 1154 *Odesforde*). Der Ort besaß eine Andreaskirche und fiel nach 1356 wüst.

Weit reichen die Nutzung des Gebietes und die Besiedlung der Ortslage in die Vergangenheit zurück. In der Kiesgrube, 1,25 km westlich Memlebens, wurden

A 6 auf der Terrasse über dem Röstbach und dem Unstruttal über elsterkaltzeitlichen Sedimenten altpaläolithische Artefakte und Knochen gefunden. Sie gehören in die ältere Holsteinwarmzeit und dokumentieren die Anwesenheit von Menschen (*Homo erectus*) vor 300000—350000 Jahren (s. B 15).

Im Bereich der Klosterruine lagen je eine Siedlung der linien- und der stichbandkeramischen Kultur, die durch Scherben, Feuersteinwerkzeuge, Knochenpfriem und andere Funde nachgewiesen sind. Im Weingarten auf dem Schadenberg, 1,5 km südöstlich des Ortes, wurde ein schnurkeramischer Grabhügel (Bestattung, mehrere Gefäße mit Wickelschnurornament, Steinbeil, Feuersteinklinge, Knochenmeißel) mit wohl 4 jungbronzezeitlichen Nachbestattungen untersucht. Eines der bronzezeitlichen Gräber enthielt 3 Spiralringe und 1 Halsring aus Bronze. Ein weiterer Hügel steht dort unter Bodendenkmalschutz.

Eine Siedlung der späten Bronzezeit und frühen Eisenzeit befindet sich im Bereich des Klosters und erstreckt sich bis 200 m östlich davon, eine germanische Siedlung der frührömischen Kaiserzeit konzentrierte sich (augusteisch und 1. Jh. u. Z.) im Bereich des Klosters. Aus diesem Gelände liegen auch Scherben des 10.—13. Jh. vor.

Bei *Mimilebo* (786, Namenform von etwa 1150, s. B 6), *Mimileba* (830/850), dann nach wechselnden Schreibweisen 1255 *Mimileiba*, also Erbgut eines Mimo oder Mimi und als Siedlung in die Thüringerzeit reichend, gründeten die Franken einen befestigten (Königs?)-Hof. Später wurde dieser Besitz der Liudolfinger als Burg oder Königshof der Lieblingsaufenthaltsort der sächsischen Könige und Kaiser von Heinrich I. bis Otto III. In ihrer königlichen Pfalz Memleben starben König Heinrich I. am 2. Juli 936 und sein Sohn, Kaiser Otto I., am 7. Mai 973.

Entscheidend für die weitere Geschichte des Ortes war, daß das Kloster Hersfeld seit dem 8. Jh. Besitz in Memleben hatte. Otto II. gründete zwischen 976 und 979 hier eine freie Benediktinerabtei und löste die älteren Rechte des Klosters Hersfeld durch Schenkungen ab. Reicher versah er die Stiftung mit Besitz bis jenseits der Elbe. Sein Sohn und Nachfolger Otto III. stattete sie 994 mit Markt-, Münz- und Zollrecht für den Ort Memleben aus und fügte 998 seine königliche civitas Wiehe hinzu. Jedoch wurde Memleben kein Marktort und ebensowenig ein Reichskloster, vielmehr inkorporierte Kaiser Heinrich II. im Jahre 1015 die Abtei dem Kloster Hersfeld. Nach Thietmar von Merseburg, dem Zeitgenossen der Aktion, mochte Abt Reinhold dem Kaiser Ursache zu persönlicher Abneigung gegeben haben; er wurde abgesetzt, und die Mönche kamen an andere geistliche Institutionen. Das Kloster Memleben gelangte unter die Oberlehnsherrlichkeit Hersfelds. Aus nicht bekannten Ursachen wurde der begonnene Bau einer der jetzigen Kirchenruine westlich benachbarten ottonischen Marienkirche niedergelegt, dafür aber das heute sichtbare Bauwerk errichtet.

Im Bauernkrieg nahmen die aufgebrachten Memlebener Bauern das Kloster ein. Einem Bericht des Propstes an Herzog Georg zufolge stürmten sie die Wohnungen und schlugen beispielsweise den „hofemeister" und den „kelner" nieder (Gess 1917). Im Jahre 1540 war das Kloster nur noch vom Propst und 2 Mönchen bewohnt, und Kurfürst Moritz von Sachsen übereignete 1551 den gesamten Besitz der eben gegründeten Landesschule zur Pforte (Schulpforta) bei

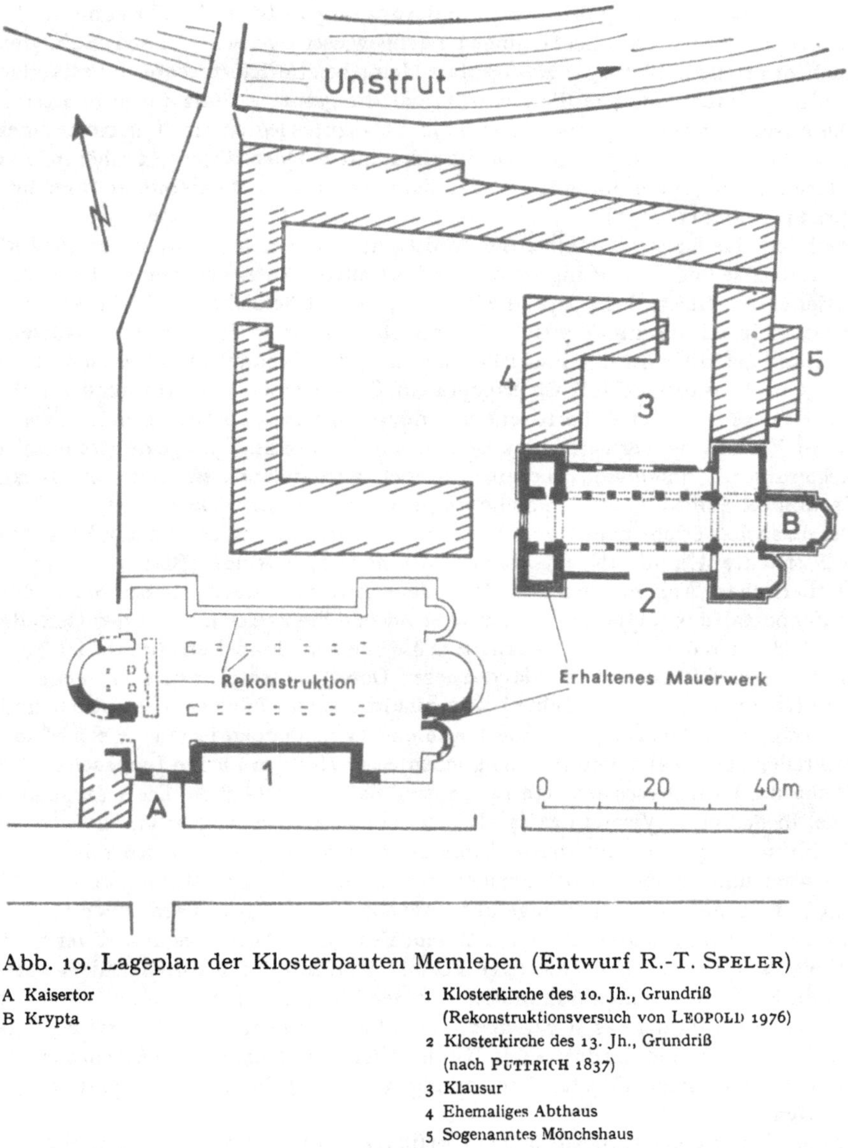

Abb. 19. Lageplan der Klosterbauten Memleben (Entwurf R.-T. SPELER)

A Kaisertor
B Krypta

1 Klosterkirche des 10. Jh., Grundriß (Rekonstruktionsversuch von LEOPOLD 1976)
2 Klosterkirche des 13. Jh., Grundriß (nach PUTTRICH 1837)
3 Klausur
4 Ehemaliges Abthaus
5 Sogenanntes Mönchshaus

Naumburg. 1929 gehörten zum ehemaligen Klostergut 276 ha Ackerland und Wiesen sowie 281 ha Wald.
Von der Klosterkirche St. Maria des 10. Jh. (Abb. 19) sind Reste der südlichen Seitenschiffswand und der beiden südlichen Kreuzarme erhalten geblieben. Diese Teile der Bruchsteinmauer und einer etwas vorspringenden großen Durchfahrt wurden früher fälschlich als Kaisertor der Pfalzanlage zugeordnet. Durch

A 6 Ausgrabungen in den Jahren 1936 und 1952, 1959–66 und 1980 konnten die Kirche St. Maria und Bestattungen nachgewiesen werden. Diesen Befunden nach zu urteilen, dürfte die Königspfalz Memleben im Klosterbereich gestanden haben. Offenbar nahmen die Benediktiner die gesamte Pfalzanlage in Besitz. Die Ausgrabungen im Wirtschaftshof des Volksgutes legten die Mauerreste einer 82 m langen und 39,5 m breiten Basilika mit 2 Querhäusern, 2 Chören und 2 Krypten frei, die in ihren Ausmaßen dem ottonischen Magdeburger Dom entsprach (LEOPOLD 1976).

Nachdem das Kloster mit einer der größten und modernsten Kirchen seiner Zeit seine Rechte und Bedeutung als reichsunmittelbare Abtei verloren hatte, wurde in der ersten Hälfte des 13. Jh. die kleinere, den tatsächlichen Bedürfnissen entsprechende Klosterkirche errichtet (Abb. 19). Dieses spätromanische Bauwerk entstand als kreuzförmige Pfeilerbasilika mit 5/8 polygonal geschlossenen Chor- und Querhausapsiden mit Chorkrypta im O und einem Zweiturmbau im W. Seit dem 18. Jh. verfiel die Kirche und diente seit 1793 als Steinbruch, bis sich im 19. Jh. mit dem erwachenden Bewußtsein der Denkmalpflege die preußische Regierung für eine erste Sicherung des noch Vorhandenen einsetzte und KARL FRIEDRICH SCHINKEL an den Sicherungsmaßnahmen mitwirkte.

Der Besucher erlebt heute die aus Nebraer Sandstein und Rochlitzer Porphyrtuff erbaute Kirche als eine reizvolle romantische Ruine (Bild 1), von einer gärtnerischen Anlage umgeben. Von dem Außenschmuck blieben noch das Stufenportal mit doppelter Abtreppung an der Westseite und an der Ostseite die Ecklisenen der Chorkrypta erhalten, die in einem doppelten Rundbogenfries, ähnlich den Osttürmen des Magdeburger Doms, enden. Innen sieht man die 6 spitzbogigen Arkaden (Bild 2) auf quadratischen Pfeilern mit östlich und westlich vorgelagerten Dreiviertelsäulen mit undekorierten Kelchblockkapitellen. Die Malereien der königlichen Stifterfiguren an den Innenseiten der Pfeiler des Langhauses aus dem 14. Jh. sind nahezu verblichen. Die spätromanische, in das erste Viertel des 13. Jh. zu stellende Krypta tritt uns noch ganz als Raum entgegen: eine dreischiffige Hallenkrypta von 3 Jochen mit einem Vorraum und einem 5/8 polygonalen Abschluß im O. Die Kreuzgratgewölbe, von Gurt- und Schildbögen eingefaßt, ruhen auf 2 Reihen von schlanken Säulen mit auf Sockel gestellten attischen Basen. Besondere Aufmerksamkeit verdient dabei der künstlerisch hochwertige Formenreichtum der Kapitelle. Sie weisen korinthisierende Formen und Motive aus der Pflanzen- und Vogelwelt auf. Die Krypta besteht aus rasch verwitterndem einheimischem Buntsandstein. Von der Klausur an der Nordseite der Kirche blieben nur noch Architekturdetails, wie ein romanisches Fenster, Türöffnungen, sowie Teile des alten Kreuzgangs erhalten.

An der Ostseite des trapezförmigen Dorfplatzes von Memleben — offizielle Bezeichnung Am Plan — steht die spätgotische, dem heiligen Martin geweihte Dorfkirche, die im 18. Jh. umgebaut wurde. Zu ihrer Innenausstattung zählen einige Holzplastiken des 15. und vom Anfang des 16. Jh. Schräg gegenüber erhebt sich das Gasthaus Zum Storchennest (Am Plan 10); auf dem ihm benachbarten Haus, Volkmar-Kroll-Straße 23, nisten alljährlich Weißstörche. An der Thomas-Müntzer-Straße, die vom alten Dorf zu den Volksgütern führt, haben sich eine Reihe früherer Gutsarbeiterhäuser und kleiner Gehöfte sowie der große Vierseithof Nr. 42/42a erhalten. Im Giebel seines Stallgebäudes ist eine Bauinschrift von 1613 eingemauert. Auf der gegenüberliegenden Seite der Thomas-Müntzer-Straße stehen neue Wohnhäuser für 2 bis 18 Familien, vor allem für die in der Landwirtschaft Beschäftigten. A 6

Die Gemeinde Memleben und ihr Ortsteil Wendelstein (s. A 7) sind Standorte der beiden bekanntesten Landwirtschaftsbetriebe des unteren Unstrutgebietes, der beiden volkseigenen Güter Pflanzenproduktion und Tierproduktion. Grundlagen der Entwicklung dieser landwirtschaftlichen Großbetriebe waren einerseits das ehemalige Klostergut Memleben, das bis 1945 der sächsischen Fürstenschule in Schulpforta gehörte, und die frühere Domäne Wendelstein sowie andererseits das ehemalige Rittergut Hechendorf bei Wiehe. Nach Überführung dieser Güter in Volkseigentum entstand 1945 daraus das Volksgut Memleben, das mit einer rund 3300 ha großen landwirtschaftlichen Nutzfläche und etwa 700 Beschäftigten zu den größten Saatzuchtgütern der DDR gehörte; es war Anfang der siebziger Jahre mit den LPG Allerstedt, Bottendorf, Bucha, Wiehe und Wohlmirstedt in einer KAP Unstruttal organisiert. Aus dieser KAP ging schließlich das VEG Pflanzenproduktion (Pflanzenzüchtung und Saatgutproduktion) Thomas Müntzer hervor, das zur VVB Saat- und Pflanzgut Quedlinburg gehört. Die Flächen des Betriebes erstrecken sich über den Westteil des Kreises Nebra und angrenzende Bereiche des Kreises Artern. Die Größe des Gutes machte es erforderlich, außerhalb der ursprünglichen Standorte weitere Betriebsteile — diese hatten bereits als Produktionsstützpunkte des vorhergehenden Volksgutes gedient — einzurichten, so daß das Volksgut im Jahre 1976 in insgesamt 9 Orten vertreten war: Birkigt, Bottendorf, Bucha, Kahlwinkel, Memleben, Nebra, Roßleben, Wendelstein und Wiehe-Hechendorf.

Die landwirtschaftliche Nutzfläche des Volksgutes reicht demnach vom Plateau der Finne über deren nordöstliche Abdachung bis in die Aue des Unstruttales hinab und weist deshalb sehr unterschiedliche natürliche Produktionsbedingungen auf (Abb. 3), die sich auch in den Ackerzahlen zwischen 27 und 96 sowie in den Grünlandzahlen zwischen 38 und 70 widerspiegeln. Den örtlich zur Staunässe neigenden Böden der Finnehochfläche und den bis zum Abschluß der Unstrutregulierung (s. A 2) überflutungsgefährdeten und grundwasserbeeinflußten Auenböden des Unstruttales stehen die gut dränierten, jedoch stellenweise stark erosionsgefährdeten Lößböden der Finneabhänge und Talränder gegenüber. Die klimatischen Bedingungen mit einer Jahresmitteltemperatur von 8,4 °C und einer jährlichen Niederschlagsmenge von 480 mm sind im langjährigen Mittel nicht ungünstig.

Hauptproduktionsrichtung des Volksgutes ist nach wie vor die Getreidevermehrung, die auf mehr als der Hälfte der nunmehr 6239 ha großen Fläche (1981) betrieben wird, zu der die Gemarkungen der Gemeinden Bucha, Memleben und Wohlmirstedt — alle im Kreis Nebra — sowie von Bottendorf, Donndorf, Roßleben und Wiehe — alle im Kreis Artern — gehören. Dabei erzielte das Gut 1980 im Durchschnitt 52 dt/ha, eine Menge, die dem Saatgut für etwa 120000 ha Anbaufläche entspricht. Daneben erzeugt der Betrieb auf 11,5% der Anbaufläche Feldfutter, das neben dem Ertrag von den 574 ha Grünland (= etwa 9% der landwirtschaftlichen Nutzfläche) benötigt wird, um die Tierbestände der Kooperationseinrichtungen sowie die betriebseigene Schafhaltung

A 6 (etwa 6300 Tiere) mit dem erforderlichen Futter versorgen zu können. Als weitere wichtige Frucht wird die Zuckerrübe auf 8% der Fläche angebaut. Kartoffel- und Obstanbau runden das Produktionsprofil des Volksgutes ab. Die Belegschaftszahl von rund 820 Personen kann mit der eines mittleren Industriebetriebes verglichen werden.

Für die Tierhaltung wurde 1978 im Zuge der Spezialisierung der landwirtschaftlichen Produktion das VEG Tierproduktion Memleben neu gebildet. Es zählt gegenwärtig knapp 200 Belegschaftsmitglieder und betreibt Milch-, Rindfleisch- und Schweinefleischproduktion. Dafür stehen ihm die Stallkomplexe in Memleben, auf dem Wendelstein (s. A 7) sowie in einigen anderen Dörfern zur Verfügung (s. B 4, B 5). Die Bedeutung Memlebens für die sozialistische Landwirtschaft wird durch eine Zentralwerkstatt und den eigens dafür entwickelten Rationalisierungsmittelbau hervorgehoben.

Wenn auch die Produktion der Landwirtschaftsbetriebe stark spezialisiert ist, so bestehen doch zwischen ihnen sehr enge wirtschaftliche Beziehungen, die zur Bildung einer neuen Kooperation Unstruttal geführt haben, der außer den beiden volkseigenen Gütern noch die LPG Tierproduktion Einheit in Wohlmirstedt und Friedenswacht in Wiehe-Bottendorf angehören. Die Zusammenarbeit reicht bis in die Bereiche der Berufsausbildung und der kulturellen Betreuung der Mitarbeiter und der gesamten Bevölkerung der umliegenden Orte. Die seit 1970 alljährlich durchgeführten Kooperationsfestspiele in Memleben finden auch außerhalb des Gebietes Beachtung.

In Memleben selbst wird das Projekt eines ländlichen Zentrums verwirklicht, das durch eine sinnvolle Einbeziehung der Reste der mittelalterlichen wertvollen Bausubstanz, durch Kulturveranstaltungen und Kunstausstellungen vielseitige Möglichkeiten für die kulturelle, gastronomische und soziale Betreuung und sportliche Betätigung der Belegschaftsmitglieder und der gesamten Bevölkerung bietet.

Die bis auf vereinzelte Korbweiden und Straßenobstbäume gehölzlose Unstrutniederung mit ihren Randbereichen stellt sich durch ihre hochproduktive Landwirtschaft, durch ihre industrielle Produktion, ihre Zeugen früher wasserbaulicher Maßnahmen und ihre modernen Wasserschutzanlagen sowie durch ihre historischen Bauwerke (s. A 3, A 4) und hervorragenden Baudenkmale, so die Burg Wendelstein (s. A 7) und die Klosterruine Memleben, als eine Landschaft von besonderem Reiz dar.

A 7 **Wendelstein,** seit 1956 Ortsteil von Memleben,

liegt auf dem Berg gleichen Namens, der mit rund 30 m hohen Gipsfelsabhängen an seiner Südseite zur Unstrut abfällt. Eine Siedlung der Unstrutgruppe der frühen Bronzezeit am Ostrand von Wendelstein und ein Steinpackungsgräberfeld mit Körper- und Urnenbestattungen, Gefäßen und Bronzeschmuck westlich der Ortslage sowie neolithische Gräber und Steingeräte zeugen von der frühen Nutzung der hochwasserfreien Höhen und Abhänge des Bottendorf-Wendelsteiner Rückens.

Die Burg Wendelstein (Abb. 20) erscheint unter dem Namen *Stein* 1312 als A 7
Besitz der Grafen von Rabenswalde, doch sollen sie die Orlamünder erbaut – wahrscheinlich aber nur ausgebaut – haben; so ist jedenfalls der Pirnaer Mönch in seiner Chronik (LINDNER 1728) zu verstehen. 1322 wird die Burg *Wendilsteyn* genannt, deren Name wohl den Felsen (mit Burg) am gewundenen Fluß bezeichnet. Im thüringischen Grafenkrieg (1342–46, s. A 12) der Orlamünder gegen Landgraf FRIEDRICH DEN ERNSTHAFTEN mußten jene den Wendelstein vom Landgrafen zum Lehen nehmen, aber schon 1355 schuldenhalber an CHRISTIAN VON WITZLEBEN verpfänden. Mit dem Aussterben der Orlamünder

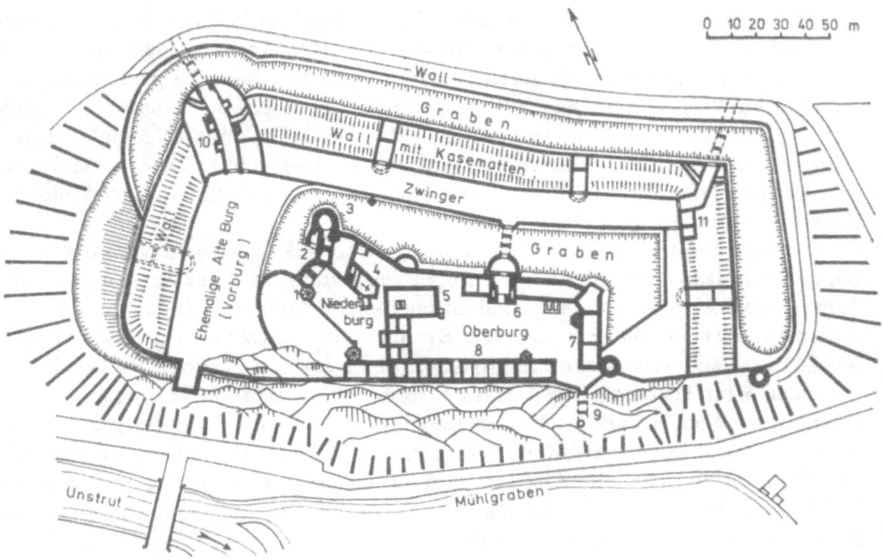

Abb. 20. Grundriß der Burganlage Wendelstein (nach WÄSCHER 1963)

1 Felsenturm	5 Kornhaus	9 Brunnen
2 Burgküche	6 Oberes Schloß	10 Querfurter Tor
3 Rundbastion	7 Neues Schloß	11 Nebraer Tor
4 Schloßkapelle	8 Mittleres Schloß	

wurde die Familie von Witzleben alleiniger Besitzer des Wendelsteins. Zwistigkeiten zwischen den Brüdern von Witzleben führten 1446 zum thüringischen Bruderkrieg, der bis 1451 andauerte und der Kurfürst FRIEDRICH II. von Sachsen dazu veranlaßte, 60 Dörfer der Umgebung niederbrennen zu lassen.
Seit 1502 zur neuzeitlichen Festung umgebaut, war der Wendelstein im Bauernkrieg neben der Wasserburg Heldrungen, der Runneburg zu Weißensee und der Neuenburg, in der Herzog GEORG DER BÄRTIGE sein Hoflager aufgeschlagen hatte, sicherer Zufluchtsort der Adligen und Landesbehörden im Gebiet Nordthüringen-Unstruttal vor den aufständischen Bauern geworden. Verpfändet und schließlich an den Landesherrn JOHANN GEORG von Sachsen 1623 übergeben, ließ dieser die Festungswerke modernisieren und weiter hinausschieben. Am

A 7 12. Dezember 1640 nahmen schwedische Soldaten die Befestigungsanlage ein und demolierten sie. 1750 ließ der Landesherr in Wendelstein ein Gestüt einrichten, das polnische, türkische und tatarische Rassen züchtete. Seine Bestände wurden im Mai 1813 von THEODOR KÖRNER und seiner Lützowschen Streifschar entführt, das Gestüt selbst nach den Befreiungskriegen nicht wieder besetzt.

Die Domäne, manchmal auch als Kammergut bezeichnet, kam 1816 an Preußen. Zu ihr gehörten neben einer Schäferei auch eine Mühle mit 3 Gängen und ein Fischhaus 1 km südöstlich vom Ort an der Unstrut sowie eine Winzerei, obwohl man bereits Anfang des 19. Jh. die dazugehörenden Weinberge anderweitig nutzte (SCHUMANN u. SCHIFFNER 1825). Etwa 800 m westlich von der ehemaligen Domäne steht ein langgestrecktes früheres Gutsarbeiterhaus, das nach seiner Modernisierung heute 14 Familien Unterkunft bietet. Neue Doppelhäuser entstanden im Verlauf der Durchführung der demokratischen Bodenreform nach 1945; 3 Wohnblocks sowie die Gebäude der VEG (T) und (P) Memleben bestimmen das Ortsbild. Die Güter unterhalten hier ein Lehrlingswohnheim, Werkstätten und ein Mischfutterwerk; das VEG (T) betreibt in neuen Ställen Schweinevermehrung in Herdbuchzucht.

Der heutige Besucher der Ruine der weitgehend aus dem leicht verwitternden Gipsgestein des Untergrundes errichteten Burg kann trotz der Zerstörungen im Jahre 1640 noch die Stärke und Bedeutung der Befestigungen des 15. und 16. Jh. erkennen. Der Felsenturm, der als Kernbastion ausgebaut war, und in der Niederburg eine geborstene Rundbastion des 15. Jh., das große Bollwerk mit der Querfurter Toranlage sowie Kasematten, Graben und Wälle zeugen von der ehemaligen Wehrhaftigkeit. In der Renaissancezeit wurde die Burg zu einem Wohnschloß umgestaltet, diese Bauperiode brachte dem Wendelstein die höchste künstlerische Blüte. Später sank er wieder in provinzielle Bedeutungslosigkeit als Jagdschloß der Herzöge von Sachsen-Weißenfels-Querfurt (barocke Stukkaturen im Kapellenraum) zurück.

Die Burg läßt sich in die Alte, Nieder- und Oberburg (Abb. 20) teilen. Im Jahre 1596 ließ WOLFF DIETRICH VON WITZLEBEN an der Ostseite der Oberburg das Neue Schloß, das von seinem Vater begonnen worden war, fertigstellen. Es war dreigeschossig und mit einem über 70 Stufen hohen Treppenturm versehen. Eine Inschrift über dem Hauptportal (Abb. 21), die uns schriftlich überliefert ist, kündet vom Repräsentationsbedürfnis und Kunstsinn des Bauherrn. Der Schöpfer dieses Hochrenaissancebaus mit seinem Prachtportal ist der Leipziger Ratssteinmetz und Baumeister FRIEDRICH FUSS. Das erhaltene Portal ist ein hervorragendes Zeugnis der guten Kenntnis, praktischen Übertragung und Weiterentwicklung von Ideen antiker Baukunst. Hierbei bediente sich der Baumeister der in der Renaissance aufkommenden Regel- und Vorlageliteratur. Nachweislich benutzte FUSS das architektonische Lehrbuch von JAN VREDEMAN DE VRIES von 1581. Aber außer als Vorlagebuch verwendete FUSS dieses Werk als Stammbuch, aus dessen Eintragungen sich die Aufenthaltsorte von 1596 bis 1599 und die ihm zugeschriebenen Bauaufgaben rekonstruieren lassen. Außer auf dem Wendelstein (1596) war er im August 1597 in Wohlmirstedt und 1598 auf Kleinwerther, Kreis Nordhausen, tätig.

Die einst prachtvolle Schloßkapelle, deren Reste heute noch zu sehen sind, liegt

Abb. 21. Wendelstein, Neues Schloß, Hauptportal (nach Bergner 1909)

in der Niederburg, in der bis 1509 Friedrich von Witzleben wohnte. Ihre Nordseite ist teilweise in den Felsen eingetieft. In der Nähe der Burgküche mit dem noch erhaltenen hohen Kamin gelegen, war der Kapellenbau dreistöckig auf einem unregelmäßigen, vieleckigen Grundriß und mit einer Pfarrwohnung versehen. Die Kapelle selbst war ein schmaler, über 2 Stockwerke gehender Raum, den ein reiches Netzgewölbe überspannte. 3 gedrehte, profilierte Wanddienste – Dienste sind lange dünne Säulchen – und 2 Eckdienste mit spätgotischen Gewölberippenansätzen lassen zum Teil die Rippenrichtungen noch erkennen. Die Wanddienste stehen auf hohen Sockeln und wirken wie 2 übereinandergestellte, gedrehte Säulen. An der westlichen Schmalseite befindet sich die Herrschaftsempore, die mit reichem Bauschmuck versehen war. An der

A 7 Emporenfront befanden sich in den Seitenzwickeln noch bis um 1960 2 Sandsteinmedaillons mit männlichen Brustbildern, von denen bei dem einen der „Churfürstenkopftypus" unverkennbar war (NEBE 1878). In dem linken Zwickel war über dem Medaillon ein Einhorn dargestellt. Interessant für die Bestimmung des Steinmetzen, der hier an der Empore gewirkt hat, ist die Verwendung seines Steinmetzzeichens (Abb. 22), das in den 2 Arkadenbögen je Bogen an 5 Segmenten sichtbar wird. Es entspricht dem am Fenstergewände des Mittleren Schlosses (1541 datiert) angebrachten. Die Wendelsteiner Schloßkapelle liegt in der Entwicklungsreihe zwischen der Mansfelder Schloßkirche (s. Bd. 38, D 1) und der Schloßkapelle von Torgau. Aufgrund stilistischer Merkmale kann die Kapelle in die Zeit nach 1541 eingeordnet werden. Eine Sicherung der erhaltenen, jedoch stark gefährdeten Reste der Kapelle wie der gesamten Burganlage erscheint aus kulturhistorischer Sicht wie im Interesse der Erholungsuchenden wichtig.

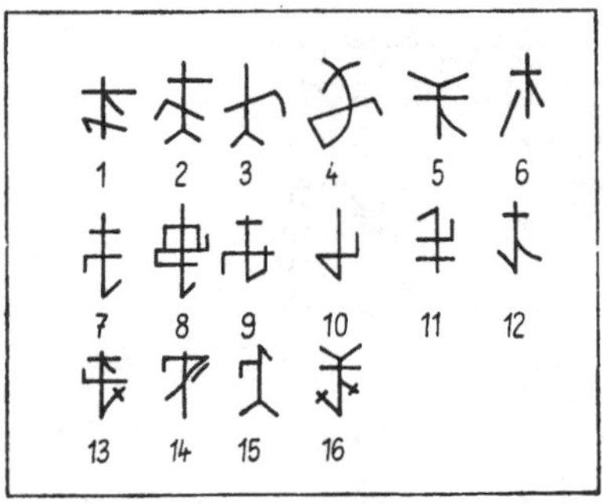

Abb. 22. Steinmetzzeichen an Bauten in Burgscheidungen, Freyburg, Laucha, Memleben, Wendelstein und Wohlmirstedt (Entwurf R.-T. SPELER)

1–4 Wendelstein, Oberes Schloß, Torbogenlaibung
5 Wendelstein, Mittleres Schloß, gekuppeltes Fenster; Wendelstein, Schloßkapelle, Arkadenbögen; Wohlmirstedt, Dorfkirche, Epitaph des GEORG FRIEDRICH VON WITZLEBEN; Freyburg, Stadtkirche, Epitaph der ANNA VON WOLSTROP
6 Wendelstein, Schloßkapelle, Fenstergewände
7 Wendelstein, Neues Schloß, Prachtportal
8–11 Laucha, Rathaus, Hauptportal
12 Laucha, Rathaus, Sandsteintafel
13 Laucha, ehemalige Ratsschule, Hauptportal
14 Laucha, Superintendentur
Wendelstein, Portal
15 Memleben, Klostertor
16 Burgscheidungen, Dorfkirche, Epitaph des CHRISTOFFEL VON WIEHE; Freyburg, Stadtkirche, Grabstein des HANS VON WILTPERCK

Der Wendelstein mit rund 150 m Höhe ü. NN ist der südöstliche Teil des in den Bottendorfer Bergen mit 207 m ü. NN (Galgenberg) seinen höchsten Punkt erreichenden Bottendorf-Wendelsteiner Rückens. Seine Südwand besteht aus Zechsteinanhydriten der Werraserie (s. A 8). Steile Trockentälchen schneiden im W und O den eigentlichen Burgberg aus dem Gesamtkomplex des Wendelsteins heraus. Die Erhebung überragt etwa 5 m das nördlich anschließende kleine Plateau, das sich auf Unterem Buntsandstein mit ausstreichender Rogensteinbank ausdehnt.
Mit den Werraanhydriten tritt die älteste Schichtfolge unseres Gebietes zutage; die im Liegenden folgenden Sedimentgesteine (s. Seite 8) des Rotliegenden

kommen erst weiter westlich in den Bottendorfer Bergen an die Oberfläche. Der Anhydrit ist durch Wasseraufnahme teilweise in Gips umgewandelt. Am Fuß des Felsens streicht der Stinkschiefer aus, ein plattig ausgebildeter, bituminös riechender Mergelstein im Hangenden des Werraanhydrits. Örtlich ist die Verkarstung der Gipsfelsen des Wendelsteins zu erkennen.
Die Terrassenschotter nördlich des Ortes gehören zum Kalbsrieth-Wendelsteiner Schotterzug (Wüst 1901), während die Kiese in der Grube östlich vom Wendelstein einem periglazialen Schwemmkegel zugeordnet werden. Die Zusammensetzung der beiden Kiesvorkommen unterscheidet sich deutlich in der Fraktion mit 7–10 mm Korngröße (in %; Steinmüller 1972):

	Kiese nördlich Wendelsteins	Kiese östlich Wendelsteins
Quarz	8,5	24,4
Kieselschiefer	7,2	6,2
sonstige Grundgebirgsgesteine	9,8	3,1
Diabase, Melaphyre	1,4	–
Porphyre, Porphyrite	27,0	4,6
sonstige Rotliegendgesteine	1,8	–
Sandsteine	6,1	10,7
Kalke	31,9	33,6
Verkieselungen	6,3	17,4

Bei beiden Kiesen fällt der hohe Anteil wenig gerundeter Sand- und Rogensteine auf. In den Kiesen des Kalbsrieth-Wendelsteiner Schotterzuges (linke Spalte) sind Gerölle des Harzes, des Thüringer Beckens und des Thüringer Waldes in etwa gleichen Mengen vertreten. Das trifft für die Kiese östlich des Ortes nicht zu, und nach dieser Kornzusammensetzung und den Lagerungsverhältnissen gibt Steinmüller die Deutung als Schwemmfächerbildung eines aus der Umgebung gekommenen frühelsterkaltzeitlichen Zuflusses zur Unstrut. Alle quartären Ablagerungen der Kalbsrieth-Wendelsteiner Talung sind durch Subrosion (s. Seite 12) nachträglich mehr oder weniger stark abgesenkt worden, so daß komplizierte Lagerungsstörungen in den Sedimenten auftreten.
Wüst (1901) beschreibt aus der östlichen Wendelsteiner Kiesgrube eine Fauna mit Südelefant (*Elephas meridionalis*) und zahlreichen Conchylien (Schalen der Mollusken und Brachiopoden). Diese weisen auf eine kontinentale Schotterakkumulation hin, die aus der vorangegangenen Warmzeit bis zu der nachfolgenden Elsterkaltzeit reichte (Mania, Ruske u. Steinmüller 1972).
Die Wendelsteiner Schleuse an der Unstrut besitzt den Rang eines technischen Denkmals. Sie umgeht das feste, mit einem Freifluter versehene Wehr und ist wie alle Unstrutschleusen eine Stemmtorkammerschleuse (s. A 1.2). Die Fahrwassertiefe wurde mit 1,49 m bei mittlerem Niedrigwasser und 1,82 m bei Mittelwasser angegeben, die Hubhöhe mit 1,12 m bei mittlerem Wasserstand (Führer auf den deutschen Schiffahrtsstraßen 1912).

A 8 **Roßleben,** Kreis Artern

Roßleben erstreckt sich am Südabhang des Bottendorf-Wendelsteiner Höhenrückens am Nordrand der Unstrutniederung. Zwischen Unstrut und Eisenbahnlinie zwängt sich das Haufendorf, doch erweckt Roßleben weit mehr den Eindruck einer ländlichen Kleinstadt als den einer Landgemeinde. Es gehörte bereits im vorigen Jahrhundert zu den großen Siedlungen an der unteren Unstrut. 1822 gab es unter den Häusern nur 21 Bauerngüter. Durch das Ortszentrum führt der alte Verkehrsweg von Wiehe nach Ziegelroda. Westlich dieser Straße steht die Kirche und weiter westlich die EOS Goethe-Oberschule; östlich folgt eine platzartige Erweiterung, der Richard-Hüttig-Platz, mit angrenzenden engen Gassen. An den Antifaschisten RICHARD HÜTTIG, der 1934 in Berlin-Plötzensee ermordet wurde, erinnert eine Gedenktafel an der Gaststätte Thüringer Hof.
Für die über der Niederung aufragenden Anhöhen mit dem Ort ist eine Fülle an urgeschichtlichen Funden und Konstanz der Besiedlung seit früher Zeit nachgewiesen. Einzelne Artefakte auf der Höhe 1 km nordwestlich Roßlebens deuten auf einen Rastplatz in jungpaläolithischer oder frühmesolithischer Zeit hin. Eine Siedlung der Linien- und Stichbandkeramik befindet sich am östlichen Ortsausgang im Zwickel zwischen den Straßen nach Wendelstein und Ziegelroda. Die Siedlungsschicht und -gruben enthielten Scherben und Knochen von Rind sowie Schaf/Ziege. In der Westlebener Straße wurden 5 Gräber der linienbandkeramischen Kultur mit Hockerbestattungen untersucht. Dicht dabei lagen Siedlungsreste der Stichbandkeramik. Gräber der gleichen Kultur konnten südlich vom Bahnhof geborgen werden (5 Skelette, 1 Schädel wahrscheinlich mit alter Verletzung). In das frühe Neolithikum gehören ferner 3 Schuhleistenkeile von unbekanntem Fundplatz, die vielleicht einen Depotfund darstellen, und 1 Steinkeil aus der Westlebener Straße. Aus dem mittleren Neolithikum stammt eine Siedlung der Baalberger Gruppe zwischen Eisenbahn und Straße nach Wendelstein. Unter den Kulturen des Spätneolithikums ist vor allem die schnurkeramische Kultur durch eine große Anzahl von Funden vertreten: 2 Flachgräberfelder nördlich und nordwestlich — in der Kiesgrube Sängerweg und Im Kessel — und das Hügel- und Flachgräberfeld der Neun Hügel nordwestlich Roßlebens sind hier vorrangig zu nennen. Sie bargen neben Gefäßen, Zähnen von hundeartigen Raubtieren und Muschelscheibchen Steingeräte.
Im Jahre 1846 schrieb CHRISTIAN KEFERSTEIN: „In der Gegend von Roßleben ... stehen über 100 Grabhügel, zum Theil sehr großartige; viele haben Steinkreise und Steinkammern aus mächtigen Platten, auf deren meist gepflasterten Boden man Skelette, Urnen und Kunstsachen findet ..." Die Glockenbecherkultur ist vorrangig durch 3 Gräber (am Kalischacht Steinkistengrab) belegt.
Auch die einzelnen Abschnitte und Kulturen der Bronzezeit haben jeweils mehrere Fundplätze aufzuweisen. Die Aunjetitzer Kultur ist mit einem Flachgrab an der Goethe-Oberschule, einem Flachgrab an der Zuckerfabrik nördlich der Hauptstraße und mit Siedlungsresten nördlich der Straße nach Wendelstein vertreten. Zur Unstrutgruppe gehören Siedlungsfunde nördlich der Straße nach Wendelstein und ein Körpergrab am Salzgraben auf dem Rieth mit Gefäßen und Brustschmuck aus Bronzespiralen und Ringen.

Eine Siedlung der frühen Eisenzeit mit einer Reibemühle, mit Webgewichten, Lehmbewurf und verschlackten Scherben lag bei der ehemaligen Kiesgrube Curth. In der Wendelsteiner Straße wurde ein Bronzearmreif der Latènezeit gefunden. Eine germanische Siedlung an der heutigen Zuckerfabrik mit Scherben, Tierknochen und Lehmbewurf reichte von der Spätlatènezeit bis zur frührömischen Kaiserzeit (1. Jh.). A 8

Roßleben (im Hersfelder Zehntverzeichnis 830/850 *Rostenleba*, Namenform etwa 1150 niedergeschrieben; 1177 *Rusteleve* = Erbgut eines Rusto) zählt zu den Siedlungen der frühen Thüringerzeit. Der Ort gewann an Bedeutung, als um 1140 der Edle Ludwig von Wippra und seine Gemahlin Mathilde das am 27. April 1142 durch Papst Innocenz II. bestätigte Augustinerkloster St. Peter (dazu später St. Paul) mit einer Andreaskirche stifteten (weitere Angaben siehe Rauch 1913). Unter der Schirmvogtei der Edlen von Hakeborn wurde das Mönchskloster in ein Zisterzienserinnenkloster — 1263 erstmalig genannt — umgewandelt, das, da es im Bauernkrieg unzerstört blieb, bei den Visitationen 1539 und 1540 noch 14 Nonnen zählte. Als 1554 der letzte Schirmvogt, Dr. Heinrich von Witzleben, die Klosterschule mit 18 Schülern eröffnete, war die Klosterkirche, deren Aussehen uns Joh. Martin Schamelius (1729) beschrieben hat und die der Klosterkirche von Memleben ähnlich war (s. A 6), noch erhalten. Der Schulunterricht hatte von 1639 bis 1675 und seit dem großen Brand von 1686, der auch beträchtliche Teile des Ortes in Asche legte, geruht. Mit zunächst bescheidenen Kräften wurde er 1742 wieder aufgenommen, die Schule blühte auf, so daß sie Ende des 18. Jh. über 30 Frei- und 60 Koststellen verfügte. Die soziale Zusammensetzung der Schüler und die Zielrichtung ihrer weiteren Ausbildung nach dem Schulabschluß weisen für die Zeit zwischen 1800 und 1914 kennzeichnende Züge auf:

Zeitraum	Soziale Zusammensetzung in %		Berufswahl in %		
	Adlige	Bürgerliche	Hochschulstudium	Offizierslaufbahn	Praktische Berufe
1800–1850	30	70	68	32	
1851–1900	60	40	30	47	23
1901–1914	45	55	60	30	10

Erst 1927 lernte das erste Mädchen an der Bildungsstätte. Im Jahre 1936 besuchten Kinder vor allem von Großgrund- und Fabrikbesitzern (38,2%), von Beamten (28,1%) und von Berufsoffizieren (10,7%) die Schule. Mit der Zerschlagung des faschistischen deutschen Staates 1945 wurde das Bildungsprivileg gebrochen. Seit der Durchführung der demokratischen Schulreform konnten in der nunmehrigen EOS Goethe-Oberschule 60—65% Arbeiter- und Bauernkinder lernen. Heute kommen die Schüler außer aus dem Kreis Artern auch aus den Nachbarkreisen Sangerhausen, Nebra und Querfurt, aus dem übrigen Bezirk Halle und sogar aus den Bezirken Leipzig und Karl-Marx-Stadt; sie sind überwiegend im schuleigenen Internat untergebracht.

Erhielten im 19. Jh. die 4 Klassenstufen Prima bis Quarta in etwa 50% aller Stunden Unterricht in den Altsprachen Latein und Griechisch, so nahm die Bedeutung der mathematischen und naturwissenschaftlichen Ausbildung nach

A 8 1945 stark zu, für die in den Jahren 1964—74 spezielle Fachunterrichtsräume eingerichtet wurden. Ebenso gewann der neusprachliche Unterricht — seit 1952 mit erweiterter Russischausbildung — an Bedeutung. Die moderne polytechnische Ausbildung der Schüler erfolgt im VEB Kaliwerk Roßleben und in anderen Betrieben.

Neben die Bedeutung Roßlebens als Schulzentrum — am Schulplatz steht die POS Gerhart-Hauptmann-Oberschule — trat 1976 die Funktion als Sitz des Gemeindeverbandes Unstruttal, dem Bottendorf, Donndorf, Langenroda und Wiehe angehören und der aus einem Zweckverband hervorgegangen ist.

Der vierflügelige Gebäudekomplex der Goethe-Oberschule besitzt auch kunsthistorischen Wert. Der Betrachter sieht den stattlichen barocken Schulneubau, der seit 1727 von dem kurfürstlich-sächsischen Bauinspektor J. H. Lobenstein geplant wurde und der 1742 fertiggestellt war. In der Gliederung ähnelt die Fassade der ersten Planung von Schloß Burgscheidungen (s. B 24; Berger 1975). Die Flügel sind dreigeschossig mit dazwischenliegenden Schmuckblenden und schlichten Fenstern. In der Mitte der Seitenflügel befinden sich große Toreinfahrten. Der zur Unstrut gerichtete Südflügel (Bild 4) bildet den Haupttrakt, der durch einen aufwendigen, konvex vorgerundeten, mit ionischen Kolossalpilastern gegliederten dreiachsigen, prächtig geschmückten Mittelbau nach außen akzentuiert wird. Das Hauptportal wird durch schräggestellte Doppelpilaster (Pilaster ist ein Wandpfeiler) flankiert und hat einen Schweifgiebel mit dem Schulwappen. Nach oben schließt ein Dreieckgiebel mit dem Witzlebenschen Wappen den Mittelbau ab. Ein achteckiger Dachturm überragt das barocke Mansarddach.

In den als vierten Flügel harmonisch eingefügten Bibliotheks- und Kirchenbau aus den Jahren 1911—13 wurden kunsthistorisch bemerkenswerte Steine in den Turm und dessen Nebenwand eingemauert. Es sind 3 von insgesamt 4 Reliefsteinen, die 1802 von der baufälligen Schloßkapelle des Wendelsteins (s. A 7) in die Schule Roßleben kamen, da man vermutete, auf einem Relief den Stifter der Klosterschule zu erkennen. Diese 4 Steine — einer befindet sich in der Giebelwand des Gebäudes an der Südostecke der Schule — könnten nach Stil und Motiv von der ehemaligen Wendelsteiner Emporenbrüstung stammen. Aufgrund der hohen Qualität, der Form der Renaissancegroßbuchstaben und der künstlerischen Handschrift muß man sie als Arbeiten des Freyburger Künstlers Arntz Semeler (nach 1549; s. C 20) bezeichnen. Die in diesem Flügel untergebrachte Schulbibliothek verwahrt wertvolle Bücher des 17.—19. Jh.

Das Beispiel eines repräsentativen Renaissanceportals findet man an der Südseite des Großen Hofes, eines ehemaligen Sattelhofes, dem heutigen Pfarrhaus, Mühlstraße 8. Es gehört stilistisch in die Reihe der Portale von Schloß Mansfeld Vorderort (1518), des Eingangsportals der Neuen Residenz in Halle (1531—37) und des Portals am Treppenturm des Kühlen Brunnens in Halle (1532).

Die große, 1174 erstmals erwähnte Dorfkirche von Roßleben mit dem frühgotischen rechteckigen Chor gehört zu den Kirchen, die im Barock (1724—28) umgebaut wurden. Das Schiff besitzt eine doppelt herumgehende Empore, die an der Westturmseite durch einen Orgelprospekt mit Balusterbrüstung und musizierenden Engeln geschmückt wird. Der prächtige Kanzelaltar aus der gleichen Zeit, von Pilastern und Säulen eingefaßt, hat einen durch Engel mit ausgebreiteten Flügeln getragenen Kanzelkorb. Das Kirchenschiff wird durch eine hölzerne Tonnenwölbung mit 4 eingelassenen Gemälden nach oben abgeschlossen. An der Südseite des Kirchhofes befinden sich 2 klassizistische Grabmale; das eine für AMALIE VON DER PLANITZ (gest. 1800) ist eine im empfindsamen Geschmack der Zeit gestaltete Säule mit Urne und Draperien. A 8

Eine Gedenkstätte auf dem Friedhof, die zugleich letzte Ruhestätte ist, erinnert an 3 unbekannte KZ-Häftlinge vermutlich aus dem KZ Dora-Mittelbau bei Nordhausen. Sie wurden im Frühjahr 1945 auf dem Evakuierungsmarsch an der Straße nach Wendelstein von faschistischen SS-Angehörigen ermordet.

Die Bergarbeitergemeinde Roßleben, 1980 der drittgrößte Ort im Kreis Artern, ist vor Freyburg die größte Siedlung im unteren Unstrutgebiet (Anhang F). Ihre Bedeutung erlangt sie in erster Linie durch die Funktion als Wohnsitz für die Werktätigen des VEB Kalibetrieb Südharz, Werk Heinrich Rau, nordöstlich des Ortes. Außer dem Kaliwerk bestimmt die Leicht- und Nahrungsmittelindustrie mit dem VEB Thüringer Holzwerke, dem VEB Zuckerfabrik (Werk IV der Zuckerfabrik Helme-Unstrut in Artern) und der Konsum-Großfleischerei die industrielle Struktur der Gemeinde. Auch die Land- und Forstwirtschaft ist mit mehreren wichtigen Betrieben, so der GPG Unstruttal mit einem Gewächshauskomplex, dem VEB Getreidewirtschaft, der Bäuerlichen Handelsgenossenschaft und dem Staatlichen Forstwirtschaftsbetrieb sowie je einem Betriebsteil des VEG (P) Memleben und des VEG (T) Memleben — einer Milchviehanlage — vertreten. Das Korbflechterhandwerk nutzt die Weiden in der Unstrutniederung.

Kalibergbau

Die Produktionsgrundlage des wichtigsten Betriebes, des VEB Kaliwerk (Bilder 6 u. 7), bildet das Kaliflöz des Staßfurtzyklus, das im Bereich des Roßlebener Sattels relativ oberflächennah ansteht und ursprünglich aus Tiefen zwischen 350 und 450 m gefördert wurde. Das Normalprofil des Zechsteins im Bereich des Roßlebener Sattels baut sich wie folgt auf (LÖFFLER 1962, Abb. 23):

Zechstein 4 Allerzyklus	Obere Zechsteinletten	28 m
	Grenzanhydrit	2,3 m
	Allersteinsalz	11 – 13 m
	Pegmatitanhydrit	1 m
	Roter Salzton	11 – 17,5 m
Zechstein 3 Leinezyklus	Leinesteinsalz	39 – 46 m
	Hauptanhydrit	39 – 42 m
	Grauer Salzton	8,5 m
Zechstein 2 Staßfurtzyklus	Deckanhydrit	4,5 m
	Decksteinsalz	0,5 – 2,5 m
	Kaliflöz Staßfurt	24 m
	Staßfurtsteinsalz	485 m
	Basalanhydrit	2,5 m
	Stinkschiefer	7,5 m
Zechstein 1 Werrazyklus	Oberer Werraanhydrit	36 m
	Werrasteinsalz	10,5 – 11,5 m
	Unterer Werraanhydrit	39 m
	Zechsteinkalk	2,5 m
	Kupferschiefer	0,4 m
	Zechsteinkonglomerat	0,5 m

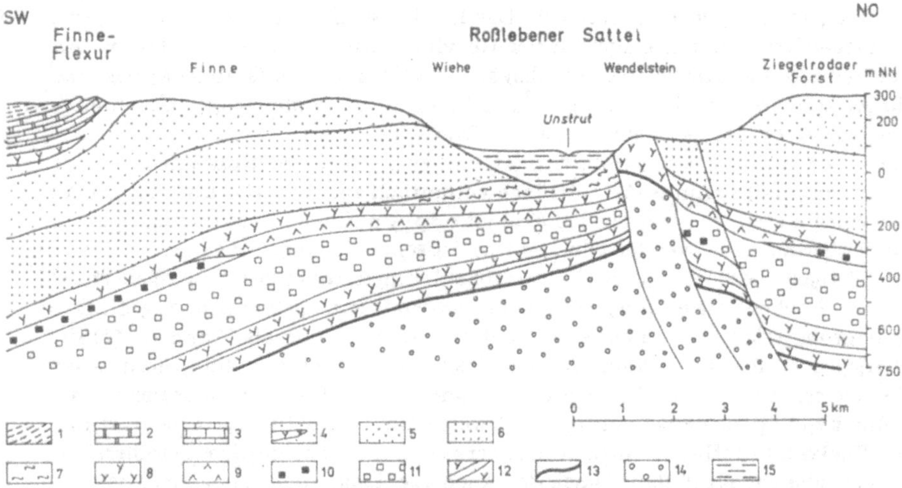

Abb. 23. Geologischer Schnitt durch den Roßlebener Sattel (Entwurf M. Schwab unter Verwendung eines Schnittes von Jung und Georgi 1959)

1 Keuper
2 Oberer u. Mittlerer Muschelkalk
3 Unterer Muschelkalk
4 Oberer Buntsandstein, Röt
5 Mittlerer Buntsandstein
6 Unterer Buntsandstein
7 Auslaugungsrückstände des Zechsteins
8–13 Zechstein:
8 Hauptanhydrit
9 Kaliflöz Staßfurt
10 Sangerhäuser Anhydrit
11 Staßfurtsteinsalz
12 Basalanhydrit, Werrasteinsalz, Werraanhydrit
13 Kupferschiefer
14 Rotliegendes u. Oberkarbon
15 Quartär

Das Kaliflöz Staßfurt, das sich in eine Liegend- und eine Hangendgruppe gliedert, führt als Hauptgemengteile die Salzminerale Steinsalz, Sylvin, Carnallit, Kieserit, Polyhalit und eine Anzahl Nebengemengteile, so Anhydrit, Kainit und Langbeinit. Die Liegendgruppe wird durch 10 Steinsalzbänke gegliedert, die – als Unstrutbänke bezeichnet – für die Flözparallelisierung von Bedeutung sind. Das schwer aufzubereitende Carnallitgestein hat im Grubenfeld nur lokale Verbreitung. Hartsalz ist ein Gemisch aus Sylvin (KCl) und Steinsalz (NaCl) mit sulfatischen Beimengungen. Im Unstrutrevier wird ein polyhalitisches Hartsalz gewonnen (Polyhalit: $K_2SO_4 \cdot MgSO_4 \cdot 2\,CaSO_4 \cdot 2\,H_2O$). Östlich der Schächte ‚Georg' und ‚Unstrut' enthält das Kaliflöz kein nutzbares Material mehr (Marr 1962).

Als Folge der noch bis in die Gegenwart aktiven Salzablaugung hatte der Kalibergbau im Unstrutgebiet unter schweren Laugeneinbrüchen zu leiden (Löffler 1962), zumal die 350-m-Sohle der Schachtanlage Roßleben-Wendelstein nur 38 m unter dem Salzspiegel liegt. Größere Einbrüche erfolgten hier 1909 (Laugenzufluß 10 l/min), 1921 (85 l/min) und 1939. Um die Grube 1948 wieder in Betrieb nehmen zu können, mußten 1,8 Millionen m^3 Lauge gefördert werden. Die Laugen besitzen hohe Gehalte an Kalziumchlorid ($CaCl_2$), Magnesiumchlorid ($MgCl_2$) und Gips ($CaSO_4 \cdot 2\,H_2O$). Der Gips scheidet sich auf Spalten und Klüften, aber auch in den Abbaustrecken aus. Der große Abstand zwischen dem Salzspiegel und den Grubenbauen schließt für die Schachtanlagen ‚Georg' und ‚Unstrut' größere Laugenzuflüsse aus. Hingegen besteht die Gefahr von Austritten von Kohlenwasserstoff-, Stickstoff- und Wasserstoffgas besonders im Grenzbereich von Hartsalz gegen Carnallit im Kaliflöz.

Der Bergbau auf Kalisalze begann am 18. Juni 1903 mit dem ersten Spatenstich für den Schacht I des Kaliwerkes Roßleben, der im Februar 1905 den Betrieb aufnahm (Teufe 437 m) und noch heute fördert. Bis 1911 wurde das gewonnene Rohsalz unverarbeitet verkauft, obwohl eine in den Jahren 1903—06 errichtete Chlorkaliumfabrik bereits 1907 produktionsbereit war. Im Jahre 1910 folgte die Anlage des Schachtes II Roßleben, auf dem bis 1922 Rohsalz gefördert wurde.

Folgende weitere Schächte auf Stein- und Kalisalze des Zechsteins wurden abgeteuft (LÖFFLER 1962):

Name	abgeteuft in den Jahren	Förderung seit	Teufe in m	Bemerkungen: B = in Betrieb S = stillgelegt
Reichskrone	1909—13	1913	576,0	1922 S
Orlas	1909—11	1911	529,4	1925 S
Wendelstein	1909—12	1912	405,5	Wetterschacht B
Richard	1910—13	1913	576,0	1922 S
Bernsdorf	1911—13	1913	595,8	1922 S
Burggraf	1911—13	1913	599,1	1922 S
Nebra	1911—13	1913	492,0	1923 S
Georg	1912—14	1914	548,5	1926 S, Fahrschacht B
Unstrut	1912—15	1915	628,8	1926 S, Wetterschacht B

Parallel mit dem Kaliwerk Roßleben entstanden in den Jahren vor dem ersten Weltkrieg weitere Werke im Unstrut- und Finnegebiet, die als Förderbetriebe heute sämtlich stillgelegt sind, zum Teil aber noch als Wetter-Luftschacht oder Fahrschacht für die Bergleute bestehen. Die Übertageanlagen dieser Werke dienen teils dem Grubenrettungsdienst (s. B 15), teils anderen Betrieben, wie dem VEB Dampfkesselbau Billroda und dem VEB Verbundnetz Gas in Kahlwinkel, oder sie sind abgetragen worden.

Die genannten Ortschaften vermitteln einen ungefähren Eindruck von der gegenwärtigen Ausdehnung des Kalibergbaus unter Tage, der inzwischen bis unter den westlichen Teil der Finne und den Raum südlich von Nebra und Karsdorf vorgedrungen ist. Der Betrieb hatte 1981 eine Belegschaft von rund 2500 Personen und produziert etwa 10% des Kalis der DDR. Das entspricht einer Fördermenge von 4,3 Millionen Tonnen Rohsalz pro Jahr, die gegenwärtig aus durchschnittlich 800 m Tiefe gewonnen wird. Von dieser Menge bleiben etwa 80% als nicht verwertbare Abprodukte übrig. Die Rückstandshalde wurde inzwischen zu einem beinahe 100 m hohen Kegelberg aufgetürmt, um der Landwirtschaft möglichst wenig Nutzfläche zu entziehen. Das helle, kaum rekultivierbare Material hebt sich weithin sichtbar vom dunklen Hintergrund des Ziegelrodaer Forstes ab.

Der größte Teil der Kalikumpel wohnt in Roßleben, wo nördlich und östlich vom Ort in den Jahren zwischen 1953 und 1970 Neubaugebiete mit 1000 Wohnungen entstanden. Die übrigen Bergarbeiter kommen aus insgesamt 46 Ortschaften der näheren und weiteren Umgebung, von denen aus ein umfangreicher Werk-

A 8 verkehr über Tage und über den Georgschacht bei Wangen unter Tage zu den Arbeitsplätzen eingerichtet wurde. Die äußeren Eckpunkte dieses Einzugsbereiches markieren etwa die Städte Querfurt, Nebra, Bad Bibra, Heldrungen, Artern und Allstedt.

A 9 Hohe-Schrecke-Bergland

Das Buntsandsteinbergland der Hohen Schrecke erreicht als nordwestliche Fortsetzung der Finne (s. A 16) eine Höhe bis 370 m ü. NN. Es fügt sich damit in den durch die Auslaugungssenken der Helme-Unstrut-Niederung (s. A 2) unterbrochenen und tektonisch bedingten Anstieg des Gebietes bis zum Kyffhäusergebirge ein, in dessen Bereich die tektonische Hebung der Hermundurischen Scholle kulminiert. Dem Geländeanstieg entsprechend, nehmen auch die Niederschläge in gleicher Richtung zu (Anhang C).
Vor allem von der Unstrutniederung her geht durch Sohlenkerb- und Kerbtäler eine dichte und tiefe Zertalung aus, die weit in den südwestlichen Teil der Hohen Schrecke hineinreicht. Trotz des überwiegend durchlässigen Buntsandsteinuntergrundes treten — begünstigt durch wasserstauende schluffig-tonige Zwischenfolgen (s. B 13) — hier in dem feuchten Schreckegebiet die meisten Bäche des unteren Unstruttales auf.
Auf dem plateauartig verbreiterten Kamm der Hohen Schrecke sowie den Verflachungen und flachen Hangpartien der Abdachungen haben sich Flecken geringmächtiger Lößdecken erhalten, auf denen Lößfahlerden und Lößstaugleye typisch sind. Im allgemeinen herrschen auf lößhaltigen bis -freien und kalkarmen bis -freien Substraten der periglaziären Decksedimente (Fließerde und Solifluktionsschutt) lehmig-sandige Braunerden mit unterschiedlich hohem Gehalt an groben Gesteinspartikeln vor. Die Verbraunung ist eine Bildung von Tonmineralen und Eisenoxidhydraten nach der Verwitterung silikatischer Minerale bei ausreichend feuchtem Klima und ohne vertikale Verlagerung des Verwitterungsmaterials. In den niederschlagsreichsten Hochlagen der Hohen Schrecke setzt örtlich eine geringfügige Verlagerung der Verbraunungsprodukte durch Sickerwasser unter dem Einfluß saurer Bodenreaktion, das heißt bei Kalkfreiheit, ein. Dabei werden vor allem Eisenverbindungen und Huminstoffe aus dem Ober- in den Unterboden verlagert, ohne daß es hier schon zur deutlichen Ausbildung aufgehellter Auswaschungshorizonte über braun-rötlich-schwärzlichen Einwaschungshorizonten kommt, wie sie für entwickelte podsolierte Braunerden typisch sind.
Der Nordabhang der Hohen Schrecke zur Unstrutniederung, der dem Höhenzug seinen Namen verlieh (althochdeutsch *scrickan* = aufspringen), zeichnet sich durch eine zweifach gestufte Gliederung (Abb. 8) aus: Unterhalb der Schichtstufe des Mittleren Buntsandsteins folgt nach einer Verflachung die Abbiegungsstufe. Die an den Ausstrich des teilweise grobsandig und -bankig ausgebildeten mittleren Buntsandsteins über dem feinkörnigen, tonreichen und feinbankig bis -schichtig ausgebildeten Unteren Buntsandstein gebundene Sandsteinschichtstufe am Nordrand der Hohen Schrecke und Finne (60—100 m hoch) und am Südrand des Ziegelrodaer Plateaus (20—40 m; s. B 17) ist unschärfer geformt

(mit Hangneigungen um 15° bis 20°) als die Kalksteinschichtstufe (s. C 3). Die Differenzen der Abtragungsintensitäten waren einerseits geringer, andererseits ist der Mittlere Buntsandstein selbst weniger geeignet für die Ausbildung und Erhaltung steiler Hänge und eines scharfen oberen Stufenrandes. Im Bereich der ausstreichenden Rogensteinlagen des Unteren Buntsandsteins, beispielsweise östlich Langenrodas, am Eichberg bei Memleben und am Rand des Ziegelrodaer Plateaus, lassen sich schichtstufenähnliche Versteilungen in den Hängen beobachten (s. B 13). Der Südwestrand der Finne und Hohen Schrecke ist als Bruchstufe anzusprechen, die der Widerstandsfähigkeit des Mittleren Buntsandsteins ihre Herauspräparierung und Erhaltung verdankt. A 9

Die zur Unstrutniederung (s. A 2) abfallenden tiefer gelegenen Bereiche der Abhänge der Hohen Schrecke und Finne sowie des Ziegelrodaer Plateaus sind Abbiegungshänge bzw. -stufen. Sie markieren das Abbiegen der Tafeln des Unteren Buntsandsteins zum Zentrum der Auslaugungssenke. Die Schichten des Unteren Buntsandsteins, die auf der Finne und der Hohen Schrecke von der Achse des Roßlebener Sattels schwach nach SW einfallen, zeigen am Rand zur Niederung deshalb in den zahlreichen kleinen Steinbrüchen ein Einfallen nach NO.

Die Hohe Schrecke gehört zum natürlichen Verbreitungsgebiet subatlantischer Rotbuchenwälder. Sie wird heute noch nahezu geschlossen von Laub- und Nadelwaldforsten bedeckt. In der Krautschicht der Wälder treten, wie in der der Finne und des Ziegelrodaer Forstes, montane Arten auf, beispielsweise Bergfarn (*Lastrea limbosperma*), Trollblume (*Trollius europaeus*) und gehäuft Hirschholunder (*Sambucus racemosa*). Das Schrecke-Finne-Gebiet unterscheidet sich durch ein viel häufigeres Vorkommen des Bergfarns und des Hirschholunders und das Vorhandensein von Entferntährigem Rispengras (*Poa remota*), Quirlblättriger Weißwurz (*Polygonatum verticillatum*) und Hasenlattich (*Prenanthes purpurea*) vom Ziegelrodaer Forst.

Kleinroda, Ortsteil von Donndorf, A 10

1346 *Wenigenrode* und 1586 zum kleinen *Rodichen* genannt, schiebt sich als fast 1 km langes einseitiges Zeilendorf mit seiner kleinen Flur zwischen die bewaldeten Rücken Eichleite und Hagen, in das bachdurchflossene Orlisloch und in die Hohe Schrecke hinein. Durch den Ort verläuft der alte Verkehrsweg, der von Schönewerda aus die Niederung der Unstrut quert und über die Hohe Schrecke führt. Der Flurname Am Geleitsborn am südlichen Talhang oberhalb des Orlisloches dürfte mit dieser Straße in Verbindung stehen. Einige Gehöfte haben sich am Abzweig nach Kloster Donndorf, das 1 km entfernt liegt, angesiedelt. Bei dem Haus Nr. 13 ruht das Fachwerkobergeschoß auf einem Lehmsockel.

Wie bei Langenroda handelt es sich vermutlich um alten Käfernburger Grafenbesitz, der dann an Kloster Donndorf kam (NAUMANN 1927). Das Dorf gehörte später grundherrschaftlich zum Rittergut Wiehe. Die Einwohner — vor dem Dreißigjährigen Krieg 18 Hintersättler — waren am Aufstand während des Bauernkrieges 1525 in Donndorf (s. A 3) beteiligt. Seit 1950 ist Kleinroda nach Donndorf eingemeindet und eingepfarrt.

A 11 **Langenroda**, Kreis Artern,

zieht sich im Borntal aufwärts in die Hohe Schrecke hinein und setzt sich aus einem etwa 1 km langen unteren Straßendorfteil etwa bis zur neuromanischen Kirche und einem rund 300 m langen oberen Gassendorfteil zusammen. Aus der Jungsteinzeit liegen von der Flur zahlreiche Steingeräte vor, so Schuhleistenkeile sowie je 1 Hacke und facettierte schnurkeramische Axt. In die mittlere bis jüngere Bronzezeit gehört eine bronzene Lappenaxt von unbekanntem Fundplatz. 400 m östlich der früheren Windmühle erstreckt sich ein germanisches Gräberfeld des 3./4. Jh., von dem ein Körpergrab untersucht wurde. Hier kamen Bronzeschnalle, Messer, Feuerstahl und Nadel zum Vorschein.
Im Ort fand man mittelalterliche Siedlungsreste aus dem 12./13. Jh. 1312 als *Langinrode* bezeichnet, bezieht sich sein Name auf die große Ausdehnung der Siedlung. Aus dem 19. Jh. ist bekannt (SCHUMANN 1818), daß unter der alten Linde in der Dorfmitte steinerne Tische und Bänke standen, wo „im Sommer der Gemeinde die Gemeinderechnungen abgenommen wurden". Zu dieser Zeit lebten viele Bewohner vom Holzfällen und von der Leinweberei.
Langenroda setzt sich überwiegend aus Drei- und Zweiseitgehöften zusammen, deren Wohnstallhäuser mit den Giebeln zur Straße stehen, eine große Anzahl von ihnen weist im Obergeschoß sichtbares Fachwerk auf, so Nr. 1, 16, 36, 37, 41, 46, 47, 48, 79, 83, 84 und 90. Auch das Pfarrhaus neben der Kirche zeigt Fachwerk, das am Giebel mit Schiefern behangen ist. In den Gärten mehrerer Gehöfte blieben alte Backhäuser erhalten.
Außer einem Stall im Gehöft Nr. 83 nutzt die LPG Fortschritt einen neuen Stall und eine Lagerhalle am unteren Dorfende. In ihrer Nähe ist ein genossenschaftlicher Technikstützpunkt eingerichtet worden. Etwa 1,3 km nordöstlich Langenrodas steht eine zu einem Wochenendhaus ausgebaute Bockwindmühle.

A 12 **Garnbach**, seit 1950 Stadtteil von Wiehe, und **Burgruine Rabenswald**

G a r n b a c h entwickelte sich als kleines Straßendorf längs eines alten Verkehrsweges von Wiehe nach Beichlingen jenseits der Hohen Schrecke. Gleichen Namens ist der Wasserlauf, der durch den Ort fließt und aus den Bächen des Reh- und Leintales (Bild 8) gespeist wird. Der Bachname weist auf Fisch- oder Wildnetze hin, die in seinem Bereich ausgelegt wurden. Das 1327 als *Garenbach* erstmals genannte Dorf gehörte den Rabenswaldern, dann den Orlamündern, die es 1348 an die Landgrafen verloren. Seitdem teilte der Ort die Geschicke des benachbarten Wiehe (s. A 4).
Die schlichte Kirche von Garnbach liegt erhöht über dem Dorf und stammt aus dem Jahre 1752. Beiderseits der zweigeteilten Hauptstraße reihen sich Zwei- und Dreiseithöfe aneinander, deren Nebengebäude überwiegend aus Lehmziegeln bzw. Stampflehm bestehen. Hölzerne Oberlauben blieben bei Nr. 12, 14, 16, 17, 18, 29, 31 und 32 erhalten. Fachwerkobergeschosse über Lehmziegel- bzw. Natursteinerdgeschossen weisen die Wohnstallhäuser der Gehöfte Nr. 23, 26 und 31 auf.

Etwa 1,5 km südwestlich Garnbachs ragt auf einem Bergsporn zwischen Leintal und Palmgrund in 322 m Höhe die Burgruine Rabenswald, auch Rabiswald genannt, auf, von der ein weiter Blick bis zur Unstrutniederung möglich ist. Gräben, Wälle und eine 45 m lange Schildmauer lassen ihre einstige Ausdehnung erkennen. GRÖSSLER (1904) beschreibt eine zweiteilige umfangreiche Anlage mit Vorburg und Hauptburg. Unter Graf ALBRECHT von Wiehe aus dem Hause Käfernburg wurde sie zwischen 1233 und 1237 erbaut und diente diesem Feudalgeschlecht als Wohnsitz. Als 1312 FRIEDRICH, Graf von Rabenswalde, starb, fiel die Burg an seinen Schwiegersohn, den Grafen HERMANN von Orlamünde. Seine Söhne FRIEDRICH, Graf zu Weimar, und HERMANN, Graf zu Wiehe und Rabenswalde, waren die eigentlichen Urheber des thüringischen Grafenkrieges (1342—46), den sie gegen den Landgrafen FRIEDRICH DEN ERNSTHAFTEN verloren. Da Rabenswald seit dieser Zeit keine Erwähnung mehr findet, scheint die Burg damals zerstört worden zu sein. Solche Auseinandersetzungen zeugen von den Machtkämpfen zwischen Vertretern des niederen Adels und den Territorialgewalten, die im Begriff waren, ihre Einflußsphäre auszudehnen und bei diesen Aktionen in manchen Gebieten auf Widerstand stießen. A 12

Etwa 0,5 km talabwärts von Garnbach schließt ein rund 5 m hoher Anschnitt am linken Talhang ein typisches Periglazialprofil des Buntsandsteinbereichs auf (KUGLER 1958). Über dem anstehenden Unteren Buntsandstein liegen die Zone der frostbedingten Auflockerung und grobblockiger basaler Frostschutt (etwa 1 m), darüber folgen rund 1 m mächtiger Solifluktionsschutt, löß- und schutthaltige Fließerde (0,7 m), sandstreifiger Fließlöß (0,4 m) und schließlich etwa 2,5 m mächtiger Löß. Dieses Profil dokumentiert den Zeitraum von der feuchtkalten Phase frühweichselkaltzeitlicher Hangabtragung durch abgleitende Massen sommerlich aufgetauten Verwitterungs- und Gesteinsmaterials über gefrorenem Untergrund (= Solifluktion) und Abspülung bis zur folgenden trockenkalten hochweichselkaltzeitlichen Phase der am leeseitigen Talhang besonders mächtigen Lößaufwehung in der Froststeppe.

Zeisdorf, seit 1950 Ortsteil von Wohlmirstedt, A 13

liegt beiderseits des Klefferbaches, und zwar am Austritt des tief eingeschnittenen Tales aus der Finne. Möglicherweise verlief ein zwischen der Wüstung Odesfurt (s. A 6) und Memleben die Unstrut querender alter Verkehrsweg durch Zeisdorf hinauf zur Hohen Straße (s. A 16) bei Lossa.

In der Zeisdorfer Gemarkung wurden Steinbeile und Flachhacken sowie eine Steinaxt gefunden. Vermutlich stammen diese Werkzeuge aus einer noch nicht entdeckten frühneolithischen Siedlung.

Zeisdorf, 1350 *Cisdorf*, ist wahrscheinlich eine fränkische Gründung. Darauf weist der Schutzheilige St. Martin seiner Kirche hin, wenngleich der Ortsname wohl als deutsch-sorbischer Mischname — Dorf eines Sorben Čiź — auch auf Anwesenheit slawischer Siedler hindeutet. Im 14. Jh. nannte sich ein Adelsgeschlecht nach Zeisdorf. Das zu vermutende Rittergut hebt sich noch heute als großes Gehöft heraus, das vom VEG (T) Memleben zur Schweinemast genutzt wird. Den Westgiebel der kleinen Kirche daneben von 1729 krönt ein Fachwerk-

A 13 türmchen. Auf dem nahen Friedhof stehen unter anderen 2 Grabsteine von 1705 und 1713. Im Jahre 1821 waren für 19 Höfe das Gerichtsamt Wiehe, für 13 Höfe das Patrimonialgericht — Gericht eines Großgrundbesitzers — Wiehe, für 1 Hof und die „Gemeinde als solche" das von Werthernsche Kommungericht zu Allerstedt zuständig.
Der Klefferbach trieb eine Mühle im Ort und 3 Mühlen außerhalb, von denen einige Gebäude noch Fachwerkobergeschosse aufweisen. Die Gefache sind hier — wie an anderen Wohnhäusern und Scheunen, so am Vierseithof nahe der Kirche und bei Nr. 14 — häufig mit Lehmziegeln gefüllt. Das Haus Nr. 12 zeigt zum Innenhof hin eine hölzerne Galerie.

A 14 Schmücke-Rücken

Der Schmücke-Rücken — der Name gehört zu neuhochdeutsch schmiegen, althochdeutsch *smiogan* = in etwas Umschließendes drücken; Engpaß — mit Häsler- und Katzenberg, Kreuz- und Karenberg markiert den Rand der Muschelkalktafel (Abb. 5), die aus dem Thüringer Becken heraus hier an der Störungszone am Südwestrand der Hermundurischen Scholle steil aufgebogen ist. Der etwa 0,5 km breite Rücken erreicht rund 320 m ü. NN, an seiner Firstlinie streichen die widerstandsfähigen Terebratula- und Schaumkalkbänke des Unteren Muschelkalks aus. An seinem etwas flacheren Südwesthang treten der Mittlere und der Obere Muschelkalk (Hangmitte) und der Untere Keuper (Kohlenkeuper: Hangfuß) an die Oberfläche. Der steile finneseitige Nordostabhang, dessen unterer Teil den Rötausstrich schneidet, weist die Form einer Schichtstufe auf (s. C 3). Rücken wie dieser aus steil aufgerichteten widerstandsfähigen Schichtgesteinen werden als Schichtrippen bezeichnet. Die beiderseitigen Hangfußbereiche sind ebenso wie das südwestliche Vorland und die Längstalung zwischen dem Rücken und der Finnescholle von einer Decke aus Lößmaterial überkleidet.
Auf den steilen Hängen bildeten sich Kalkschutt- und Kalktonlehmrendzinen (s. C 3). Auf ihnen wächst überwiegend Laubwald, örtlich treten Trockenrasen und Felsheiden submediterranen Typs auf (s. C 4).
Ostnordöstlich vom Dorf Bachra erhebt sich ein durch zwei die Schichtrippe querende Tälchen isolierter kleiner Berg. Auf seiner Höhe befand sich die Titelsburg, wohl eine Anlage aus dem 11. bis 13. Jh. 1,5 km nordwestlich davon steht auf dem Kreuzberg ein mittelalterliches Steinkreuz. Aus dem Paß zwischen Kreuz- und Katzenberg greift ein dicht gescharter Fächer tief eingeschnittener Hohlwege auf die Hohe Schrecke hinauf und deutet — in Verbindung mit dem Flurnamen Kniebreche — auf eine alte Verkehrsverbindung über den Bergrücken hin (s. A 16).

Lossa-Vippach-Hügelland

A 15

Südwestlich vom Schmücke-Rücken erstreckt sich das Keuperhügelland zwischen Lossa und Vippach. Ursprünglich bedeckten Traubeneichen-Hainbuchen-Wälder diesen Altsiedelraum, dessen hochwertige Lößschwarzerden und -griserden dem Ackerbau dienen. Örtlich fehlt die Lößdecke, bedingt durch Reliefbesonderheiten und durch Erosion. Hier treten auf tonigen Ausgangsgesteinen Tonschwarzerden und -pararendzinen auf.
Der Hirschbach und der Litterbach queren das Lossa-Vippach-Hügelland von NO nach SW. Ihre Quelladern kommen aus der Hohen Schrecke und vereinigen sich im weiteren Verlauf zur Schafau. Beiderseits des Hirschbaches erstreckt sich die Flur von Bachra, wo gefundene Steingeräte zumindest eine Begehung in frühneolithischer Zeit belegen. Erwähnenswert sind ein frühbronzezeitlicher Bronzedolch und ein mittelbronzezeitliches Absatzbeil. Bachra selbst war Schauplatz der Kämpfe zwischen Arbeitern und der Schutzpolizei im März 1921 (s. Seite 36).

Finne

A 16

Das Finneplateau verliert von rund 360 m ü. NN bei Lossa, entsprechend der abnehmenden Hebungsintensität der Hermundurischen Scholle, nach O bis Altenroda etwa 100 m an Höhe. Es zeichnet sich durch ausgedehnte Hochflächen mit Hangneigungen unter 7°, zum Teil unter 3° und weitgehende Lößbedeckung aus. In abtragungsschwachen Positionen haben sich, teilweise unter Löß, westlich Bad Bibras und bei Billroda elsterkaltzeitliche Grundmoränen und Schmelzwasserbildungen und bei Rothenberga Bändertone eines elsterglazialen Schmelzwasserstausees erhalten. Stein- und Kalisalzlager im Untergrund waren am Anfang unseres Jahrhunderts Gegenstand bergbaulicher Nutzung (s. A 17).
Im NW fallen die mit ihrem oberen Teil als Schichtstufen im Mittleren Buntsandstein (s. A 9), im unteren Teil als Abbiegungsstufen im Unteren Buntsandstein (Abb. 8) ausgebildeten Hänge mit 8—15° Neigung über 150 m tief zur Unstrutniederung ab. Sie werden überragt von der flachen, breiten Höhe des Orlas (s. B 2). Im NO vermitteln lößbedeckte, 3—7° geneigte Flachhänge den weiträumigen Übergang zum Nebra-Lauchaer Unstruttal.
Aus dem Thüringer Becken greifen das Lossatal, von der Unstrut her die Dissau (s. B 3) und das Bibertal (s. B 7) mit dem Saubach- und dem Schnecktal in die Finne hinauf. Während die unteren Partien des Bibertals und des Lossatals unterhalb Rothenberga—Billroda und die Dissau bis etwa 80 m tief eingeschnitten sind, zeigen die oberen Talanfänge ebenso wie ihre Nebentäler überwiegend flachhängige Wannen- und Sohlentalformen. Die areale Dichte an Fließgewässern bleibt auf dem niederschlagsarmen Finneplateau wesentlich geringer als auf der Hohen Schrecke.
Das Plateau war ursprünglich mit lichtem Traubeneichen-Hainbuchen-Wald bewachsen. Nur im Bibertal und am Lossatalhang oberhalb Billrodas treten heute noch größere Bestände auf. In unterschiedlichem Maße kommen in den Gebieten von Thalwinkel — Nebra, Bucha und Wiehe — Donndorf sowie auf

A 16 dem Finnenordrand Gemeines Bartgras (*Bothriochloa ischaemum*), Feldmannstreu (*Eryngium campestre*), Erdsegge (*Carex humilis*), Straußwucherblume (*Chrysanthemum corymbosum*), Mönchskraut (*Nonea pulla*) und Gelbe Skabiose (*Scabiosa ochroleuca*) vor.

Die nährstoffreichen Lößfahlerden und -staugleye ermöglichen hohe Ernteerträge auf dem Ackerland. Tonauswaschung aus den oberen Bodenprofilbereichen und Bildung rötlichbrauner Tonanreicherungshorizonte unterhalb des Oberbodens kennzeichnen die für das Finneplateau typischen Fahlerden auf den tonhaltigen schluffreichen Lössen. Diese Prozesse laufen unter dem Einfluß der Niederschlagszunahme des holozänen Klimas seit dem Atlantikum ab (Abb. 9).

Die Staugleye der Finne treten auf ebenen Hochflächen und in Mulden mit zeitweiligem Sicker- und Hangwasserstau auf und sind an Bleichflecken durch Reduktion und Rostflecken durch Oxidation von Eisen- und anderen Verbindungen im Unterboden zu erkennen. Örtlich begünstigen die etwas dichteren Tonanreicherungshorizonte der Fahlerden diese Stauvergleyung. Die stark vergleyten Standorte bedürfen einer Dränung. Im trockeneren Ostteil der Finne setzen Lößgriserden (s. B 18) ein. Auf erodierten Hangpartien treten Lößpararendzinen auf. Diese rendzinaartigen Böden weisen einen sehr flachen humosen Oberboden, der weitgehend dem Pflughorizont entspricht, über kalkhaltigem Ausgangssubstrat (Löß, kalkreichem Buntsandsteinmaterial) auf und sind kennzeichnend für bodenerosiv gekappte Flächen. Im Lößbereich vertreten diese Böden heute die ehemals dort verbreiteten Schwarz- und Griserden. Geeignete Bearbeitungs- und Erosionsschutzmaßnahmen sowie Beregnung des Bodens begünstigen eine ertragreiche Großflächenbewirtschaftung auf der Finne.

Nur schwer läßt sich der 1106 erstmals als *Vin* — in silva *Vin* — auftauchende Name der Höhe deuten, der entweder vom vorgermanischen Wort *pinno* (= Gipfel, Ende, Kopf) herzuleiten oder als germanische Parallele zu lateinisch *pinna* (= Flosse, Mauerzinne) zu verstehen ist. Die Verteilung der jungsteinzeitlichen Siedlungsfunde (Abb. 11) weist auf eine von den Tälern ausgehende Besiedlung und Rodung der Finne hin, die sich im Mittelalter fortsetzte.

Für den Fernhandel wichtige Verkehrswege querten — vom Mittelalter bis in die frühe Neuzeit — die Finne: im W die Hohe Straße zwischen Wiehe und Rastenberg und im östlichen Teil die auch als Frankenstraße bezeichnete Wein- bzw. Kupferstraße, die heutige F 250 (s. B 2 u. Abb. 12). Außer dieser quert heute die F 176 Kölleda—Bad Bibra—Laucha die Finne. Der Betrieb der 1914 eröffneten Eisenbahnlinie Kölleda—Lossa—Bad Bibra wurde 1964 eingestellt (s. B 6). Die Strecke hieß im Volksmund auch Pfefferminzbahn, weil sie bei Kölleda durch ein Gebiet mit Arzneipflanzenanbau führte.

A 17 **Lossa** und **Billroda**, Kreis Nebra,

erstrecken sich längs des Lossabaches, dessen Tal sich bei Lossa flach, von Billroda nach dem Finnesüdrand hin bereits stark in das Plateau eintieft. In der Umgebung von Lossa wurden aus dem Neolithikum zahlreiche Steinbeile,

Steinhacken und andere Werkzeuge gefunden, deren Menge noch unentdeckte Siedlungen vermuten läßt. Mehrere Bronzegegenstände, so eine Lanzenspitze, ein Messer, ein Lappen- und Tüllenbeil, im Lossaer Holz könnten auf einen mittel- bis spätbronzezeitlichen Bestattungsplatz der Unstrutgruppe hindeuten.

Lossa führt den Namen des unmittelbar oberhalb des Dorfes entspringenden Baches, dessen Bezeichnung (1140: rivulus *Laz*, 1154: *Lax*) vom niederdeutschen Wort *las* = Lachs stammt und Lachsbach bedeutet. 3 Fischteiche an seinem Lauf oberhalb des Ortes unterstreichen die gute Wasserqualität. Das erstmals 1255 *Lazs* genannte Dorf tritt im Sühnevertrag von 1346 als Ort zcu der *Laz* auf.

Lossa besteht aus 2 parallelen Straßendörfern und ist nach dem Leitersystem aus 2 parallelen Hauptstraßen beiderseits des Baches mit 5 Querverbindungen aufgebaut. Der Ort lag an der Hohen Straße (s. A 16) über die Finne, hier zweigte der nach Zeisdorf—Memleben führende Weg von dieser ab. Lossa „uff der *Fyn*" (1506) zählte 1525 insgesamt 29 besessene Mann, und „die anderen Höfe liegen ganz wüste". Wie viele andere Dörfer war Lossa teilweise in den spätmittelalterlichen Wüstungsprozeß einbezogen. Vor dem Dreißigjährigen Krieg gab es im Ort 21 Anspänner und 49 Hintersättler. Die Kriegsfolgen zwangen die Gemeinde, 390 Acker Wald an die Herrschaft Wiehe abzutreten (Naumann 1904).

Im Jahre 1519 war die Gemeinde in der Lage, sich eine neue Kirche zu errichten. Das jetzige Bauwerk stammt aus dem 19. Jh. Am Gasthof steht ein mittelalterliches Sühnekreuz aus Sandstein.

Das örtliche Rittergut besaß im 19. Jh. außer landwirtschaftlicher Nutzfläche auch Wald und eine Herde von 1000 Schafen. Die Flur von insgesamt 1370 ha besteht auch heute noch zu einem erheblichen Teil aus Wald: Lossaer Forst, Lossaer Kirchenholz. Am Anfang des 19. Jh. gehörte Lossa zu den bevölkerungsreichsten Dörfern auf der Finne. Die Zahl der Einwohner stieg an, als 1913 der Kalischacht ‚Reichskrone' zu fördern begann, der über eine Feldbahn mit dem Bahnhof Lossa verbunden war. Seit der Einstellung des Bergbaubetriebes 1922 in Lossa und Kahlwinkel stagnierte die Entwicklung des Ortes (Anhang F). Dorferweiterungen aus der jüngsten Vergangenheit erfolgten an der Straße nach Rothenberga und in Richtung Wiehe.

Die von der Gemarkung Billroda stammenden zahlreichen bandkeramischen Steingeräte, wie Schuhleistenkeile, Flachhacken und Steinbeile, dürften zu einer noch nicht entdeckten Siedlung gehören. Die älteste Namenform des Sackgassendorfes Billroda lautet *Bilrieth* (1148). Die späteren Formen *Bilreden* (1180) und *Pylreden* (1346) weisen auf eine Rodung, die mit der Spitzhacke oder Steinhaue (altsächsisch, alt- und mittelhochdeutsch = *bil*) geschaffen wurde.

Die Kirche von Billroda liegt außerhalb des Ortes, südlich des Lossabaches. Sie ist dem in fränkischer Zeit häufig gewählten heiligen Martin geweiht und könnte auf eine Missionskapelle für die umliegenden Dörfer zurückgehen. Das Schiff der Kirche stammt aus dem 17. Jh., der Unterbau des quadratischen Chorturmes aus dem Mittelalter. Der barocke, verschindelte Turmaufsatz weist Haube und Laterne auf.

Auf dem Friedhof ruhen 2 namentlich nicht bekannte Häftlinge des Außenlagers Bernsdorf des KZ Buchenwald. Sie erstickten bei Arbeiten in Röhren des Bernsdorfer Schachtes.

A 17 Das früher zum ehemaligen Rittergut Herrengosserstedt, Kreis Naumburg, gehörige Vorwerk Billroda soll aus einem alten fränkischen Siedelhof hervorgegangen sein. An den beiden Dorfausgängen stehen heute große Ställe der LPG (T) Neues Deutschland. Ihre 99 Beschäftigten (1981) betreiben ebenso Schweine-, Schaf- und Kuhhaltung wie die 45 Beschäftigten der LPG (T) V. Parteitag Lossa. Billrodaer Einwohner errichteten sich in den letzten Jahren am Ortsrand Einfamilienhäuser.

A 18 **Rothenberga**, Kreis Sömmerda,

schmiegt sich 2,5 km südlich von Lossa an einen flachen Sporn des Talhanges eines Lossazuflusses. Der Ort gliedert sich in ein Sackgassendorf — heute Oberdorfstraße — mit dicht gedrängten Gehöften und einen Dorfteil — jetzt Hauptstraße — mit dem ehemaligen Rittergut, einer älteren Häuserreihe und neuen Einfamilienhäusern in Richtung Viadukt der früheren Eisenbahnstrecke. Am nordöstlichen Dorfausgang — nach Billroda zu — stehen neue Ställe der LPG (T) Rothenberga. Am Wohnhaus des großen Gehöftes Bahnhofstraße 11 blieb eine hölzerne Galerie erhalten.

Die Kirche besteht aus einem rechteckigen Schiff mit einem zugemauerten Fenster an der Südseite mit der Jahreszahl 1561 und aus einem Glockenturm. Die barocke Kanzel ist eine provinzielle Schnitzarbeit, das Altargemälde — signiert CHRISTOPH MARTINI pinxit — wurde der Kirche 1730 geschenkt.

An verschiedenen Stellen der Flur von Rothenberga wurden etwa 250 Steinbeile sowie Hacken, Steinäxte, Klopfsteine und eine Feuersteinklinge aufgefunden. Eine Häufung ist vom Nordteil der Gemarkung bekannt, eine andere westlich des Dorfes vom Hermannsberg; bei beiden dürfte es sich um je eine neolithische Siedlung handeln.

1294 besaß ein HEINRICH VON ROTENBERG im nahen Auerstedt Grund und Boden. Der Name villa (Dorf) *Rotinperge* (1356) ist als Siedlung am roten (Buntsandstein-)Berg zu verstehen. Mit 11 besessenen Mann im Jahre 1525 war das Dorf eine bescheidene Niederlassung mit seinem Rittergut, das im 19. Jh. mit dem in Lossa in Besitzverbindung stand.

B 1 **Bucha**, Kreis Nebra,

ist am Fuß der Finne in den Ausgang eines Tälchens eingebettet. Der Ort weist einen eng bebauten haufendorfartigen Grundriß auf, an dessen Südausgang vom ehemaligen Rittergut einige Wirtschaftsgebäude erhalten geblieben sind. Innerhalb von Bucha dominieren Vierseithöfe mit großen Toreinfahrten insbesondere am Kirchplatz. Als Beispiele seien die Gehöfte Nr. 1 mit einem schlichten Portal und Nr. 3 mit Türumrahmung und Sitznischen aus der Barockzeit genannt. An den alten Dorfkern schließt sich nach W eine Zeile von etwa 15 kleinen Bauernhöfen an, die vermutlich in den achtziger Jahren des 19. Jh. erbaut und mit Land ausgestattet wurden. Ein Viertel mit Einfamilienhäusern aus der jüngsten Vergangenheit ergänzt diese Gehöftzeile.

Eine große Anzahl frühneolithischer Steingeräte und 28 neolithische Steinbeile von unbekanntem Fundplatz lassen in Verbindung mit einem Scherbenfund der stichbandkeramischen Kultur am Weinberg, am Anstieg zur Finne, auf eine Siedlung schließen. Das Spätneolithikum ist in der Buchaer Flur mit 2 spitznackigen Steinbeilen und an der Straße nach Saubach mit einem Körpergrab der Glockenbecherkultur sowie 6 schnurkeramischen Facettenäxten vertreten. Vielleicht stammen letztere aus Hügelgräbern, die früher in der Gemarkung gelegen haben sollen. Ein Lappenbeilfragment der mittleren Bronzezeit sowie ein bronzener Armreif und eine verzierte Lanzenspitze der jüngeren Bronzezeit von unbekanntem Fundplatz und ein Gräberfeld der Unstrutgruppe am Meilerholz nördlich der Straße nach Bernsdorf zeigen die Besiedlung des Raumes etwa für die Zeit von 1200 bis 700 v. u. Z. an. B 1

Die Entstehung des Ortsnamens reicht in die Zeit der fränkischen Kolonisation zurück (SCHLÜTER 1903). 1154 als *Buha* und 1157, 1178 als *Buch* bezeichnet, ist der Ort als Siedlung am Buchenwald oder -bach zu verstehen. Westlich von Bucha liegt die Wüstung Mellern (998 *Melre*, aus *Melwāre* = Mehlproduzenten), nordwestlich des Ortes die Wüstung Koßdorf (998 *Alcozesdorf*, nach einem Personennamen Algoz).

Bucha bildete bis zur Mitte des 13. Jh. den Mittelpunkt einer kleinen Grafschaft der Grafen von Buch, die erstmals 1154 urkundlich genannt werden. NAUMANN (1927) beschreibt die 1910 noch sichtbar gewesenen Reste ihrer Burg neben dem Schloß. Wie in anderen Orten des Finnegebietes (s. A 12) sind nach 1255 die Grafen von Rabenswalde, 1312 die von Orlamünde und 1345 die Landgrafen von Thüringen als Grundherren nachweisbar. In Bucha lebten 1525 insgesamt 34 besessene Mann und ihre Familien. Ein besessener Mann war ein vollberechtigter bäuerlicher Hufenbesitzer. 1660 zählte es außer Pfarre, Schule und Küsterei 39 Wohnstätten (8 Anspänner, 26 Hintersättler oder Kossaten und 5 Häusler). 1742 entstand eine Wassermühle am nordwestlichen Dorfausgang.

Die 1680 errichtete Kirche erhielt 1691 an der Südseite einen Logenanbau. Der Ostturm mit achteckigem Aufsatz, Zwiebelhaube und Laterne und dem ehemals herrschaftlichen Grabgewölbe darunter stammt von 1723. Im Inneren ist die Kirche tonnengewölbt, besitzt eine Hufeisenempore und einen prächtigen barocken Kanzelaltar im Chor. Der schmuckreiche Kanzelkorb wird von Palmenbäumen flankiert, die einen gesprengten Giebel mit Engelputten tragen, in dessen Mitte der Auferstandene steht. Erwähnung verdienen auch der klassizistische Taufstein und eine mit Kränzen und Girlanden geschmückte Urne von 1792. An der Kirchenaußenwand blieben 2 Grabsteine von 1717 und 1773 erhalten. An dem 2 m langen und 1 m breiten Kaufstein vor dem Kirchturm schlossen die Einwohner früher ihre Verträge ab (SOMMER u. OTTE 1883).

Gegenüber der 1964 restaurierten Kirche liegt auf der anderen Seite des Platzes das zweigeschossige Pfarrhaus mit Sockelgeschoß, zweiläufiger Freitreppe und einem Sitznischenportal mit einem querovalen Oberlicht des 17. Jh. Südlich an diesen Platz schließt sich das ehemalige Rittergut mit seinem Barockschloß an, das, wie die Schrifttafel über dem Hauptportal verkündet, GEORG CHRISTOPH VON BREITENBAUCH 1714—18 errichten ließ. Die zweigeschossige Zweiflügelanlage zeigt in ihrem Winkel einen diagonal eingestellten Eingangsvorbau. Die Seitenflügel haben horizontale und vertikale Putzgliederung und feinprofilierte

B 1 Fenstergewände und sind von breiten, gequaderten Ecklisenen eingefaßt. Ein Kranzgesims schließt die Fassade zum Dach ab. Das Hauptportal befindet sich in dem durch Quadermauerwerk gekennzeichneten Untergeschoß in einer Rundbogennische mit Schweifgiebel und einer darüber angebrachten Wappenkartusche. Über einem profilierten Simsband ist über der Inschrifttafel ein großes Rundbogenfenster in architektonisch aufwendiger Rahmung zu sehen. Im Inneren fallen Kamine, Türnischen, Supraporten (Zierflächen über den Türen) und mit Bandelwerk bemalte Türen auf. Ein Saal im Erdgeschoß besitzt ein Zellengewölbe, und im Obergeschoß blieb der ehemalige Festsaal erhalten. Heute dient das restaurierte Schloß dem VEG (P) Thomas Müntzer Memleben als Schulungszentrum.

Das Rittergut gehörte Anfang des 19. Jh. dem Kammerrat Georg August von Breitenbauch, dem Stifter der Schule und Schulbibliothek. Er ließ große Plantagen anlegen, wandelte die Gespanndienste in Geldleistungen um, schenkte der Gemeinde einen Fest- und Versammlungsplatz und überließ ihr den Ertrag der Obstpflanzungen.

Die 243 ha große landwirtschaftliche Nutzfläche des Rittergutes wurde 1945 enteignet und an 75 Neu- und Kleinstbauern sowie Industriearbeiter und Gewerbetreibende übergeben. Von den 32 Neubauern errichteten sich 12 eine Reihe Gehöfte, die später durch eine Siedlung mit Einfamilienhäusern erweitert wurde. 4 Neubauern gründeten 1957 die LPG Typ I Freiheit, die übrigen Landwirte 1960 die LPG Typ I Buchengrund. Heute nutzen das VEG (P) Memleben und die LPG (T) Einheit Wohlmirstedt den Wirtschaftshof aus den zwanziger Jahren des 20. Jh. an der Straße nach Memleben. Räumlich schließen sich Ställe für die Schafzucht, eine Düngemittelhalle und eine Werkstatt an.

B 2 Orlasberg und alte Weinstraße

Mit rund 305 m Höhe ü. NN überragt der Orlasberg, auch Orlas genannt, als weitgespannte flache Erhebung — mit weitem Rundblick — das entwaldete Finneplateau zwischen Saubach und Altenroda. Sein Name konnte bisher nicht zuverlässig gedeutet werden. Über den Berg verlief die wohl in die fränkische Zeit reichende Frankenstraße oder Weinstraße (Abb. 12), später auch Kupferstraße genannt, die sich von Saubach bis Wennungen und weiter über Wetzendorf, Karsdorf und Steigra heute teils als Weg, teils als Landstraße noch verfolgen läßt. Alte Abzweige führen vom ehemaligen Gasthaus Grüne Tanne, auch Wespe genannt, nach Tröbsdorf—Burgscheidungen und oberhalb Altenroda nach Nebra. Die Grüne Tanne lag auf Saubacher Flur, auf Altenrodaer Flur hingegen der Weiße Schwan, auch als Kalter Hase bezeichnet. Beide volkstümlichen Namen gehen auf die Zeit zurück, als die einst stark besuchten Gasthöfe seit dem Bau der Eisenbahnlinien (s. A 16) an Bedeutung verloren und kaum noch den bescheidensten Ansprüchen der Reisenden, meist Fuhrleuten, genügen konnten.

Der heute ackerbaulich genutzte Orlas war von etwa 700 ha Heiden und Ödländereien bedeckt (Schumann u. Schiffner 1827). Zeitweilig sollen rund

20000 Schafe von den umliegenden Dörfern und Rittergütern ihre Nahrung hier gefunden haben. Auf der Erhebung stand damals auch eine Ziegelbrennerei. B 2

Dissautal B 3

Als reizvolles Landschaftselement der Finne hebt sich das rund 6 km lange, in mehreren Windungen von Altenroda bis Wetzendorf verlaufende und bis 60 m tiefe Trockental der Dissau heraus. Den Namen Dissau oder Disse leiten Forscher vom althochdeutschen, altsächsischen Wort *diozan* = rauschen ab, was möglicherweise auf episodische Starkregenabflüsse hindeutet. Pleistozäne kaltzeitliche Grobschotter in dem Talgrund bezeugen, daß ein Bach unter Dauerfrostbedingungen maßgeblich an seiner Gestaltung mitgewirkt hat (s. Seite 20). Das Tal entwickelte sich im wesentlichen erst seit der Verlagerung der prä- und frühelsterkaltzeitlichen Unstrut (Abb. 9) nach NO und unter teilweiser Nutzung alter Talstücke dieses Flusses. Darauf deuten früh- und präelsterkaltzeitliche Unstrutschotterreste oberhalb des Südhanges des unteren Dissautales hin. Der präelsterkaltzeitliche Unstrutlauf zog sich von der Großwangener Altenburg über die paßartige, mit elsterkaltzeitlicher Grundmoräne gefüllte Geländepartie bei Wippach und weiter über das Dissautal bei Birkigt in Richtung Wennungen (SCHNEYER 1961). Die oberen Südhangpartien des weiten Dissaubogens bei Birkigt dürften von diesem Wasserlauf angelegt worden sein.

Charakteristisch für das Dissautal ist sein differenzierter und im Mittelteil asymmetrischer Querschnitt. Zwischen Birkigt und der Teufelskirche, dem unteren Engtalstück, setzen von N nach S nach anfangs flachem Oberhang an die Schichtköpfe des ausstreichenden Sandsteins gebundene Steilhänge ein — örtlich mit nackten Felspartien. Ein lößbedeckter und durch eine terrassenartige Verflachung untergliederter unterer Talhangbereich fällt zum schmalen Talboden ab. Von hier steigen Hänge mit mäßiger Neigung zu den südlichen Hochflächenrändern stetig auf. Am Nordhang der Teufelskirche lagert Gipsgestein des ausstreichenden Röts.

Altenroda, Kreis Nebra, mit **Wippach** und **Birkigt** B 4

Altenroda erstreckt sich in zwei zum Dissautal hinabziehenden Tälchen und auf einem flachen Riedel. Am Rand der gassendorfartigen Siedlung mit überwiegend mittleren und großen Vierseitgehöften hat sich um die Kirche eine Gruppe kleiner unregelmäßig angeordneter Gehöfte gebildet. Wo die F 250 aus dem Dissautal zur Finnehochfläche emporsteigt, entwickelte sich am Altenrodaer Ortsrand ein neues Viertel mit Maschinenhof und Verwaltungsgebäude der LPG (T) X. Parteitag Altenroda, die 143 Beschäftigte zählt. Daran schließen sich neue Ställe für 620 Rinder, etwa 1900 Schweine und 300 Schafe an.

Neolithische Werkzeuge in der Altenrodaer und — in geringerer Anzahl — in der Wippacher Flur bezeugen frühe menschliche Tätigkeit auf der Finne. Aus der mittleren bis jüngeren Bronzezeit stammt ein bronzenes Lappenbeil, aus der

B 4 frühen Eisenzeit (thüringischen Kultur) ein bronzener Halsring (Wendelring). Am Nordrand von Wippach steht an der Straße nach Nebra ein mittelalterliches Sühnekreuz.

Bischof ULRICH VON HALBERSTADT bestätigte 1177 dem Kloster Roßleben $1^1/_2$ Hufen in *Altenrode* (= zur alten Rodung), die ihm Graf LUDWIG VON WIPPRA schenkte. Als Zubehör der Herrschaft Nebra war der Ort im 16. Jh. der Familie von Nißmitz untertänig und zählte 1525 insgesamt 20 besessene Mann.

Die Altenrodaer Kirche liegt mit ihrem ehemaligen Kirchhof, der von einer Stützmauer ringsum eingefaßt wird, inselartig am Hang über dem Dorf. Sie zeigt sich dem Besucher durch einen mächtigen, quadratischen gotischen Westturm und einen dreiseitig geschlossenen Chor mit zweiteiligen Maßwerkfenstern, die zum Teil zugemauert sind. Das hohe Schiff entstand 1718 nach dem Entwurf des Pfarrers GEORG HEINRICH ZINCKE und ist der letzte und schönste Bau der 3 von ihm umgestalteten Kirchen (s. B 15 und Wippach). An der Nord- und Südseite befinden sich je 3 längliche Rechteckfenster mit darüberliegenden kleinen Achteckfenstern. Die Haupteingangsseite ist durch einen Mittelrisalit architektonisch hervorgehoben. Das aufwendige Portal besitzt einen gesprengten Segmentgiebel, durch Rosen und ein Wappen geschmückt, und weist beiderseitig barocke Epitaphien auf. Der Innenraum ist im Sinne der zentral orientierten evangelischen Predigtkirche ausgebaut. Auf steinernen ionischen Säulen steht die zweietagige Empore. Eine Orgel im W und ein den Triumphbogen füllender Kanzelaltar vervollkommnen den Raum, dessen Säulen den Grundriß des Chorschlusses aufnehmen und durch Gebälkstücke verbunden sind. Neben einem schwebenden Engel — vielleicht ein alter Taufengel — gehört noch ein Taufstein von 1743 mit 4 Kartuschen und Lorbeerzweigen zur Innenausstattung.

Wippach, auch Vippach geschrieben und seit 1950 nach Altenroda eingemeindet, liegt im wasserlosen Langen Tal, das zur Dissau führt. Der Name des erst 1589 (*Wippicht*) urkundlich genannten Ortes dürfte sich als Dorf am wippenden Bach oder Sumpfbach erklären lassen und althochdeutschen bzw. altsächsischen Ursprungs sein.

Wippach gehörte mit Wetzendorf, Altenroda, Großwangen und anderen Orten zum ehemaligen Burgbezirk Nebra und hat dessen Grundherrschaftsgeschichte geteilt, bis der Ort 1712 an die im Unstruttal weit verbreitete Familie von Helldorf kam. Ihr und ihren Vorgängern standen Gerichte und Schutzherrschaft über die Kirche zu, deren Bau 1715—17 nach Plänen des Pfarrers ZINCKE erfolgte.

Deutlich zeichnen sich im Ortsbild der weilerartige Kern mit der Kirche an der Südseite und die ehemalige Gutssiedlung auf der Nordflanke des Tälchens ab, beide durch den Verkehrsweg im Zuge des Nebraer Astes der Weinstraße verbunden (s. B 2). Im Dorfkern stehen überwiegend kleine Gehöfte und ein Landwarenhaus. 3 städtisch anmutende Mietshäuser, die vermutlich für Arbeiter der Kalischächte zwischen 1910 und 1920 errichtet wurden, befinden sich am östlichen Ortsrand an der Straße nach Altenroda. Der Gutssiedlungsteil setzt sich aus dem ehemaligen Vorwerk sowie einer Zeile Einfamilienhäuser zusammen. Auf den Grundmauern des Vorwerks steht ein neuer Stallkomplex für die LPG (T) Altenroda.

Das ehemalige Rittergut Birkigt erhebt sich auf einem breiten Geländesporn etwa 40 m über dem Dissautal. In seiner Nähe befand sich in der ersten Hälfte des 19. Jh. eine bedeutende Ziegelei. Die Gutsgebäude stammen aus dem 18. Jh., so das ehemalige Gesindehaus von 1754 und der Pferdestall von 1794. Heute nutzt das VEG (P) Memleben die Anlagen als Gerätehof. Südlich davon wurden eine Eigenheimsiedlung sowie 2 neue Ställe erbaut, die — wie die Schweinezuchtanlage im Dissautal — dem VEG (T) Memleben gehören. Nordöstlich vom ehemaligen Rittergut liegt auf einer Bergzunge das Flurstück Philippsburg, umgeben von aufgelassenen Steinbrüchen. Für eine aus dem Namen zu vermutende Befestigungsanlage gibt es jedoch weder schriftliche Belege noch Grabungsbefunde. B 4

Saubach und Kahlwinkel mit **Bernsdorf,** Kreis Nebra **B 5**

Weite Ackerfluren auf ertragreichen lößbeeinflußten bis lößbestimmten Böden umgeben die Dörfer Saubach und Kahlwinkel. Außer einem mittelbronzezeitlichen Absatzbeil bei Saubach stammen die Einzelfunde, so Steingeräte und Gefäßscherben, in der Umgebung aus dem Neolithikum, vorrangig der schnurkeramischen Zeit. 1,5 km nordöstlich von Saubach steht an der alten Weinstraße der Lange oder Hohe Stein, ein Braunkohlenquarzit, ein Menhir (Kultstein) wohl aus dem späten Neolithikum. Er wird zur Erinnerung an den letzten Thüringerkönig im Volksmund auch Hermenfriedstein (s. B 24) genannt.

Saubach blieb bis zur Gegenwart eines der einwohnerstärksten Dörfer der Finne. Es wurde in Form von zwei je 1 km langen Straßendörfern beiderseits der Bachaue angelegt, und beide Ortsteile verbindet ein Übergang im Verlauf der alten Weinstraße. Bis 1815 trennte der Saubach, auch Wilder Bach genannt, den Gerichts- und den Amtsanteil des Ortes voneinander. Der nördliche Amtsanteil gehörte zum kursächsischen Amt Wendelstein, der südliche Gerichtsanteil zum Rittergut Steinburg. Dieses besaß ein Vorwerk am Westrand dieses Dorfteils, in dem auch je ein Brau-, Darr- und Hirtenhaus standen. Im 19. Jh. betrieben die Bewohner neben Getreide- noch Obst- und Flachsanbau und verkauften die selbst erzeugte Leinwand auf der Messe in Naumburg.

1231 und 1233 als *Subach* und 1269 als *Supeche* genannt, ist der Ortsname als Siedlung am Wildschweinbach zu verstehen. In Richtung Bad Bibra liegt nahe Saubach die Wüstung Hardesfurt (1182 *Hartesford*, von einem Personennamen mit Hart-) am Bach. Bei Saubach scheint eine planmäßige Gründung zweier Dörfer vorzuliegen; denn im Gerichtsanteil erscheint St. Nikolai als selbständige Pfarre, die 1540 Filialkirche von St. Jakobi im Amtsanteil wurde. Ein Hügel mit Gerichtslinde lag im Gerichtsanteil, wo es im Jahre 1525 insgesamt 24 Höfe gab, im Amtsanteil zählte man in dieser Zeit 17 Höfe.

Die nördliche Kirche St. Nikolai wurde 1785 umgebaut und 1885 restauriert. Über einem hölzernen Kanzelaltar und einer dreiseitigen hölzernen Empore wölbt sich eine Tonnendecke. St. Jakobi, eine mittelalterliche, später veränderte Kirche, besitzt einen barocken Fachwerkaufsatz mit Haube und Laterne aus dem Jahre 1737, wie in der Inschriftkartusche am oberen Turmteil zu lesen ist. 1825 wurde das Kirchenschiff als Emporensaal mit 2 Etagen und Tonnengewölbe klassizistisch umgestaltet. Ebenfalls aus dieser Zeit stammt der Kanzelaltar mit anschließender Sakristei. Bei der Restaurierung 1976 erhielt das Innere in weiß, blau und rosa gehaltene Farben mit Vergoldungen an Rosetten und Leisten.

Die Husarenschlucht beim Ort erinnert an den Zusammenstoß der revolutionären Freischar des Bibraer Arztes STOCKMANN mit einer preußischen Husarenabteilung im Jahre 1848.

Nach 1945 entwickelte sich aus dem ehemaligen Vorwerk in Saubach ein Betriebsteil des Kreisbetriebes für Landtechnik Laucha. Westlich vom Ort schließt sich ein Komplex mit 11 Ställen an, in denen die LPG (T) Frieden Saubach Schweinemast und -läuferproduktion betreibt. Oberhalb vom Herrental sowie zwischen dem früheren Bahnhof und dem südlichen Dorfteil erweiterte man Saubach durch Wohnhäuser. Auch am östlichen Rand, wo ein neuer Wohnblock steht, und an der Straße nach Bucha ließen sich Einwohner nieder. Eine neue Oberschule weist auf die zentrale schulische Bedeutung des Dorfes hin.

Die Wasserführung des Saubachs ermöglichte früher den Betrieb der Ober- und der Untermühle innerhalb des Ortes sowie der Öl-, Krämer- und Auenmühle auf dem 3 km langen Abschnitt bis Bad Bibra, von denen die Gebäude bis heute erhalten geblieben sind. Die Kneiselmühle – ein Fachwerkbau – mit einem oberschlächtigen Mühlrad schrotete 1982 noch gelegentlich.

Kahlwinkel gliedert sich seinem Grundriß nach in ein nördliches Gassendorf und ein südliches Sackgassendorf, an deren Berührungsstelle sich die Kirche von 1750 erhebt. Diese weist einen verschieferten westlichen Dachturm auf. Der hölzerne Kanzelaltar im Inneren stammt aus der Barockzeit. In der Nähe der Kirche befindet sich der Fachwerkbau des freistehenden Glockenstuhls. An mehreren Gehöften, so Thomas-Müntzer-Straße 7, fallen Rundbogenportale auf, wie sie auch im nahen Bernsdorf nach offenbar einheitlichem Muster um 1850 geschaffen wurden.

Der Name Kahlwinkel bedeutet einen kahlen oder kalten Winkel inmitten der ursprünglich weiter nach O ausgreifenden Finnewaldungen. Der Ort war 1506 noch selbständige Pfarrei und ist in der Reformation zum südlich gelegenen Tauhardt geschlagen worden. Für 1535 werden 13 besessene Mann angegeben. Die Einwohnerzahlen zeigen (Anhang F), daß das 1911–13 abgeteufte Kaliwerk Bernsdorf knapp 1 km südlich von Kahlwinkel keinen nennenswerten Einfluß auf die Entwicklung des Ortes ausübte.

In Kahlwinkel hat die LPG (P) Finne ihren Sitz, deren 3938 ha große landwirtschaftliche Nutzfläche (1981) sich auf die Fluren der Gemeinden Billroda, Kahlwinkel, Lossa, Saubach und Steinburg sowie auf die Bad Bibraer Stadtteile Kalbitz, Steinbach und Wallroda erstreckt. Als Hauptprodukte bauen die etwa 250 Beschäftigten Weizen, Gerste, Hafer sowie Futterpflanzen, Zuckerrüben und Raps an.

Der Kahlwinkeler Ortsteil Bernsdorf ist aus dem Jahr 1181 als *Bernhartsdorff* (Dorf eines Bernhart) überliefert und dürfte in der fränkischen Siedlungsperiode entstanden sein. An das St.-Stephan-Patrozinium der Kirche erinnert das 1575 erwähnte Stephanusholz. Auch Bernsdorf war vor der Reformation eine selbständige Pfarrei. Später kamen die Bewohner – vor dem Dreißigjährigen Krieg 10 Anspanner und 12 Hintersättler – zu dem 5 km entfernten Rothenberga wegen des gemeinsamen von Werthernschen Patronats. Das kleine Kirchenschiff stammt aus dem 17. Jh., dagegen dürfte der Unterbau des Chorturmes noch auf das Mittelalter zurückgehen. B 5

In Bernsdorf gibt es an der Hauptstraße, der jetzigen Rudolf-Breitscheid-Straße, aneinandergereihte Gehöfte mit Rundbogenportalen. In Richtung Kahlwinkel schließen sich Ställe des VEG (T) Memleben und neue Wohnhäuser an.

Bad Bibra, Kreis Nebra, **B 6**

liegt in der sehr weiten und tiefen, vom Biberbach und seinen Zuflüssen ausgeräumten Talung zwischen Finneplateau und Muschelkalkrandstufe des Bibraer Plateaus (s. B 9). Dieser Wasserlauf trägt seinen Namen erst nach der Aufnahme des Steinbaches. Während sich der untere Stadtteil nördlich des Baches gegenüber der Steinbachmündung an die Aue anlehnt, zieht der um das ehemalige Stift Bibra entwickelte obere Teil gegenüber auf den flachen Sporn zwischen dem Biberbach und dem Steinbach hinauf.

Urgeschichtlich beachtenswert ist eine Siedlung der älteren Linienbandkeramik im Bereich der mittelalterlichen Wüstung Hattstadt südöstlich von Bad Bibra, wo Schuhleistenkeile, Hacken, Getreidereibeplatten und Keramikreste gefunden wurden. Scherben der Stichbandkeramik zeigen das Fortbestehen der Siedlung bis in diese Zeit. Eine weitere Siedlung der Linienbandkeramik ließ sich durch Keramikfunde, Feuersteingeräte und Lehmbewurf der Häuser südsüdöstlich der Stadt, westlich der Straße nach Steinbach, nachweisen. Diesen beiden bandkeramischen Niederlassungen dürfte auch eine Reihe von Steingeräten zuzuordnen sein, deren genauer Fundplatz nicht überliefert ist.

In der Nähe von Bad Bibra wurde beim Eisenbahnbau ein Gräberfeld der jüngeren Bronzezeit angeschnitten. Die 2 geborgenen Gräber enthielten eine Steinpackung mit mehreren Gefäßen, bronzenen Nadeln und Ringen sowie eine Steinkiste mit Gefäßen.

Das Breviarium Lulli von 786 ist im Original nicht mehr erhalten, sondern in einer Abschrift von etwa 1150, die den Ort *Bibraho* nennt. Im 8. Jh. lag ein Dorf vor dem nordöstlichen Rand der heutigen Unterstadt an der wüsten Dorfstelle Hattstadt. 968 wird dieses Dorf als königliches Eigentum *Biberaha* = Siedlung am Biberbach genannt. Auf dem heutigen Domberg stand im Friedhofsbereich der königliche Hof (praedium), Reichsbesitz seit Karl dem Grossen und mit dem nahen Hof Steinbach der benachbart gelegenen Reichsburg Bibra (963 castellum) zugehörig.

Im Jahre 962 schenkte Kaiser Otto I. den Königshof Bibra mit Burg und Dorf dem Grafen Billing, der im Bereich des Hofes das Benediktinerkloster St. Peter und Paul gründete, wie die Bestätigungsurkunde vom 25. April 963 belegt. 968 übereignete Otto I. das Kloster dem Erzbistum Magdeburg. Noch vor 1099/1106 wurde das Kloster in das Augustinerchorherrenstift St. Justus und Klemens umgewandelt. Mit ihm ist die Entwicklung des Marktortes Bibra aufs engste verbunden. Die Grafen von Rabenswalde (s. A 12) nahmen die Vogtei über die 13 Markthöfe wahr, alles Höfe mit bevorzugtem Gerichtsstand im 12. Jh. Einer Urkunde von 1124 zufolge waren in der Stadt Slawen gegen Fron-

B 6 zins angesetzt, deren Ansiedlung im unteren Stadtteil zu suchen ist. In demselben Jahr erhielt die villa *Byberalag*, eine neue Siedlung zwischen Bach und Domberg im Bereich der heutigen Oberstadt, das Marktrecht verliehen. Reste der ehemaligen Befestigung sind im S der Stadt erhalten.

Im Ort wurde früh, vielleicht im Hinblick auf die Beliebtheit des heiligen Ägidius bei den christianisierten Slawen, eine diesem Heiligen gewidmete Kirche errichtet. Sie blieb die Gemeindekirche bis zur Auflösung des Stifts in der Reformation.

Bibras Flur ist entscheidend durch das Wüstwerden der Nachbarorte Nausitz und Neurode gewachsen. Allein durch die Aufnahme von Nausitz vergrößerte sich die Gemarkung um ein Fünftel. Auch Teile der Flur von Wartha (s. B 8) kamen zu Bibra. Der Ort zählte 1530 insgesamt 87 Höfe, als Folge der Stiftsauflösung und Aufsiedlung stieg ihre Zahl im Jahr 1622 auf 118. Obwohl Bibra bis ins 19. Jh. als Flecken und nur gelegentlich im 16. Jh. als „stad“ bezeichnet und erst 1829 formell zur Stadt erhoben wurde, hat der durch Ackerbau (Flachs) und Handwerk, beispielsweise Spinnerei, geprägte Ort eine beschränkte Ratsverfassung besessen.

Als historisch erwähnenswerte Gebäude sind die Kuranlagen und außer dem Pfarrgehöft die jetzige Stadtkirche anstelle der früheren Klosterkirche der Augustinerchorherren zu nennen. Unter Beibehaltung des gotischen Westturmes, der, wie die Minuskelinschrift an der Nordseite bezeugt, 1402 begonnen wurde, errichtete man 1868—71 einen repräsentativen neugotischen Bau. Als Besonderheiten weist die Hallenkirche hohe Seitenemporen und eine große Orgel auf. Von dem Vorgängerbau zeugen in der kreuzgratgewölbten Turmhalle noch 2 figürliche Grabsteine. Der eine stellt den 1522 gestorbenen Stiftsherren SCHUCHART dar, der andere nennt einen Grafen von Orlamünde mit Schwert und Kirchenmodell (15. Jh.). Teile eines Schnitzaltars des 15. Jh. befinden sich in der Winterkirche (10 Figuren) und im Pfarrhaus (2 bemalte Flügeltüren und einige Figuren). Zu diesem Altar gehört auch die sogenannte Madonna von Bad Bibra, die zu der Gattung der Schönen Madonnen zählt und heute in der Staatlichen Galerie Moritzburg, Halle, steht. Das stattliche zweigeschossige Pfarrgehöft aus dem 16. und 17. Jh. mit Toreinfahrt und Pforte mit darüber befindlicher Inschrifttafel und einem rechtwinklig angrenzenden Nebengebäude mit vorkragender Holzgalerie ist in den Jahren 1702—04 umgestaltet worden.

Nahe der Schichtgrenze zwischen Mittlerem und Oberem Buntsandstein entspringen die aus Mittlerem Buntsandstein kommenden eisen- und karbonathaltigen Quellen. Eine davon, der Gesund- oder Sauerbrunnen, wurde 1684—86 unter Herzog JOHANN ADOLF I. von Sachsen-Weißenfels in Stein gefaßt. Die Herzöge von Sachsen-Weißenfels nutzten auf Anraten des Arztes und „Professors der Arzneigelahrtheit in Halle“ FRIEDRICH HOFFMANN, der auch die Lauchstädter Heilquelle untersucht hatte, das Bibraer Wasser zu Kuren und hielten hier vor allem zwischen 1700 und 1750 oft wochenlang Hof.

Nachdem Bibra als „Staatsbad“ der sächsischen Hocharistokratie im 18. Jh. einen ersten Höhepunkt erlebt hatte, wurde 1874 als Zeichen bürgerlicher Aktivitäten eine Aktiengesellschaft gegründet. Aus deren Händen ging das neue Badehaus 1900 in den Besitz der Stadt über, die sich seit 1925 Bad nennen darf. In dieser Zeit ergab eine Analyse des Gesundbrunnens, dessen Wasser auch etwas radioaktiv war, folgende Mineralbestandteile in Gramm pro Liter (Popp 1907):

Kohlensäure	2,493	Chlor	0,094
Kalk	1,162	Natron	0,094
Schwefelsäure	0,336	Eisenoxydul	0,079
organ. Substanz	0,287	Kali	0,038
Magnesium	0,282	Manganoxydul	0,011
Kieselsäure	0,127	Phosphorsäure	0,005
		Aluminiumoxyd	0,003

Das heute noch vorhandene Badehaus, eine rechtwinklige zweigeschossige Zweiflügelanlage, besitzt 2 Portale mit Oberlicht und eine Tafel mit 2 Kartuschen mit einer Reiterfigur, mit dem Lamm Gottes und einem Herzen mit der Jahreszahl der Erbauung 1713. Wie der Jahreszahl am Fenstergewände des Nordflügels zu entnehmen ist, wurde das Badehaus 1798 um diesen Teil erweitert. 1874 vergrößerte man den Komplex erneut, diesmal durch ein neues Badehaus mit Badezellen und Wandelhalle. Vor diesem im Winkel gebauten Haus steht ein weiteres villenartiges Gebäude aus der ersten Hälfte des 19. Jh. Auf dieser Bachseite befindet sich eine 1777 prunkvoll gerahmte Quelle. Die Brunnennische wird von 2 Pilastern flankiert, die in einem prächtigen Architrav (Tragbalken) enden, der in der Mitte eine Schriftkartusche trägt, dem Erbauer Kurfürst Friedrich August III. von Sachsen gewidmet. Auf dem Architrav liegen 2 schräg angeordnete Kartuschen mit dem kurfürstlich-sächsischen Wappen und den Initialen, die von einem Kurhut bekrönt werden.
Gegenüber auf dem Badeplatz befindet sich der Gesundbrunnen, über dem sich ein von 8 Säulen getragener Pavillon von 1897 erhebt. Weiter westlich auf dem Bärenplatz gibt es weitere gefaßte Quellen. In der landschaftsgestalterisch veränderten Aue mit Promenadenwegen kann man noch die beiden in Stein gefaßten, mit Spruchtafeln versehenen Brunnennischen des Heilandsbrunnens und der Schwesternquelle sehen.
Mit seinen rund 2000 Einwohnern — ohne die Stadtteile Wallroda, Kalbitz und Steinbach — ist Bad Bibra zwar die kleinste der Städte im Finne-Unstrut-Gebiet, jedoch ein wichtiges Zentrum im Siedlungsnetz der Finne. Es liegt an der Finne-Eisenbahn Laucha—Kölleda (s. A 16), die von der Unstruttalbahn bei Laucha abzweigt und noch bis Bibra für den Gütertransport in Betrieb blieb. Als technische Denkmale kann man die beiden von Italienern gebauten nahe gelegenen Brücken — 12-Apostel-Brücke mit 4 Bögen, Schnecktalbrücke mit 6 Bögen — besuchen. Bad Bibra liegt außerdem im Schnittpunkt der F 176 Weißenfels—Bad Langensalza mit der F 250 Querfurt—Eckartsberga.
Verhältnismäßig breit ist das gegenwärtige wirtschaftliche Spektrum der Stadt. Es gibt einige kleine Industriebetriebe, darunter den Kreisbaubetrieb und das Molkereikombinat. Die Landwirtschaft ist mit 2 Stallanlagen der LPG (T) Altenroda (s. B 4) und dem agrochemischen Zentrum des Kreises Nebra vertreten. Den landwirtschaftlichen Sektor ergänzen die Bäuerliche Handelsgenossenschaft und Lager der volkseigenen Getreidewirtschafts-, Obst- und Gemüsegroßhandelsbetriebe.
Im dienstleistenden Bereich bestehen vor allem Einrichtungen mit überörtlicher Bedeutung, so ein Landambulatorium, eine Apotheke und mehrere Ver-

B 6 kaufsstellen für verschiedene Arten von Industriewaren. Durch diese Einrichtungen stellt die Stadt im S des Kreises Nebra ein Zentrum dar, dessen Umlandbedeutung wesentlich über den Gemeindeverband hinausreicht. Zu diesem gehören 6 weitere Gemeinden mit zusammen 11 Dörfern und 4200 Einwohnern. In Bad Bibra wohnen auch zahlreiche Pendler, die vor allem in dem Zementwerk Karsdorf, teilweise sogar in Freyburg, Naumburg und im Geiseltal arbeiten.

Als spezielle Funktion der Stadt ist das Erholungswesen zu nennen, das durch solche Einrichtungen wie Schwimmbad, internationalen Campingplatz und 2 Bungalowsiedlungen (s. B 7) sowie durch vom FDGB getragene Urlaubsquartiere gekennzeichnet ist. Die Kuranlagen mit dem Badehaus stehen seit der Einstellung des Badebetriebes 1957 der allgemeinen gesundheitlichen Betreuung der Bevölkerung zur Verfügung.

B 7 Bibertal

Einschließlich des Saubachtales ist das Bibertal mit rund 13 km Länge zwischen Kahlwinkel und seiner Mündung in das Unstruttal bei Tröbsdorf das längste der Finnetäler. Das Saubachtal bildet oberhalb vom Ort Saubach ein weites Wannental, dessen flache Hänge weitgehend von Löß und Lößderivaten (Fließ-, Schwemm- und Kolluviallöß) überkleidet sind. Nach der Einmündung des tief eingeschnittenen, bachdurchflossenen Schnecktales unterhalb von Saubach senkte sich die Hohlform zwischen Bad Bibra und Thalwinkel — jetzt Bibertal genannt — durch kräftige pleistozäne Erosion 100 m tief in das Finneplateau ein und bildet die Form eines Sohlenkerbtales. Die Unterhänge sind mit Löß bedeckt; auf den übrigen Partien bestimmen Gesteine und Verwitterungsmaterialien des Buntsandsteins die Standortverhältnisse.

Im Bibertal wie in seinen Nebentälern treten zum Teil mächtige Stufen auf, besonders eindrucksvoll im Teufelstal. An den Hängen bildeten sich Sporne mit kanzelartigen Vorsprüngen. Auenlehm über weichselkaltzeitlichen Flußschottern bedeckt die Talsohle im unteren Bibertal, das ein Auengefälle von rund 7‰ aufweist (Abb. 15).

Um Bad Bibra nimmt die Nutzung des Tales für die Wochenend- und Ferienerholung mit Wochenendhäusern rasch zu. So entstanden bisher zwischen Bad Bibra und Thalwinkel 2 Bungalowsiedlungen mit etwa 60 Häusern.

Im Hain, der sich vom Tal auf die Hochfläche in Richtung Golzen hinaufzieht, treten örtlich nasse Standorte und versauerte Böden auf. Auf ihnen stehen Hochwaldbestände aus Rotbuche und Traubeneiche. Weiterhin gedeihen auf großen Flächen Fichte und Gemeine Kiefer. Seit den sechziger Jahren erfolgt eine starke forstliche Umwandlung der Wälder. Neben Reinbeständen der Eiche erlangt die Lärche zunehmend Bedeutung. Auf bodenfrischen Standorten an Hochwaldrändern wächst in Tälern Johanniswedel (*Aruncus sylvestris*). Zerstreut kommt auch der Seidelbast (*Daphne mezereum*) vor. Auf der Sohle des Biberbachtales mit unterschiedlich breiten Mäanderbildungen breiten sich neben Auenwaldresten mit Gemeiner Esche und Erle feuchte Wiesen und Weiden, große Schilfzonen und teilweise Ackerland aus.

Im Hain bargen 2 Grabhügel aus der späten Bronzezeit bzw. frühen Eisenzeit unter anderem einen bronzenen Halsring und ein Gefäß mit Leichenbrand. B 7
Biberbachtal und Hain sind sehr wildreich. So wurde hier Damwild ausgesetzt und erfolgreich eingebürgert. Als seltene Säugetiere sei auf Baummarder und Haselmaus verwiesen. Von den zahlreichen Vogelarten treten in den Schilfgebieten im Tal Schilf- und Drosselrohrsänger sowie Rohrammer auf. Winterbeobachtungen liegen vom Eisvogel vor. Am gesamten Bachlauf siedelt die Gebirgsstelze, und ehemals existierten Brutplätze von Wiedehopf, Baumfalke und Sperber. Von den Kriechtieren sind Ringelnatter (*Natrix natrix*), Teichmolch (*Triturus vulgaris*), Grasfrosch (*Rana temporaria*), Erdkröte (*Bufo bufo*) und Wechselkröte (*Bufo viridis*) vertreten, früher lebte hier auch der Laubfrosch (*Hyla arborea*). Vor der Verschmutzung des Baches durch Molkereiabwässer zählten Forelle und im Unterlauf Aalquappe zur Lebensgemeinschaft. Eine Besonderheit der Insektenwelt ist das reiche Vorkommen des Hirschkäfers (*Lucanus cervus*, s. B 16) in einigen alten Eichenbeständen des Hains und des Teufelstals.
Das wasser- und gefällsreiche Einzugsgebiet des Biberbaches (Abb. 14; Anhang D) weist neben der Unstrut die meisten Wassernutzungen auf. Zwischen Kahlwinkel und Tröbsdorf gab es — wohl aufgrund der ausgeglichenen Wasserführung — 12 Mühlen, von denen die meisten wegen ihrer schönen Lage zu Ferienheimen umgestaltet wurden. In Bad Bibra (s. B 6) nutzen eine Molkerei und ein Fleischwarenbetrieb die Grundwasservorräte.
Dort, wo das Bibertal oberhalb von Thalwinkel eine der geologischen Spezialmulden der Finne quert, wurde ein Wasserwerk zur Gruppenwasserversorgung der umliegenden Orte und Stützung der Trinkwasserversorgung der 14 angeschlossenen Ortsteile mit einer Kapazität von fast 4000 m³ pro Tag errichtet. Das Rohwasser weist folgende mittlere Beschaffenheitswerte auf: Gesamthärte um 14°dH (deutsche Härtegrade), Karbonathärte um 12°dH, Chloride um 10 mg/l, Eisen um 2 mg/l, aggressive Kohlensäure über 10 mg/l. Insbesondere der Gehalt an Eisen und an aggressiver Kohlensäure verursacht hohe Aufbereitungskosten.

Thalwinkel, Kreis Nebra, mit **Bergwinkel** und **Golzen**, Kreis Nebra B 8

Das Gassendorf Thalwinkel erstreckt sich am Rand der Biberbachaue. Die Zwei- und Dreiseithöfe sind baulich stark verändert, doch weisen Portalschlußsteine auf eine Entstehungszeit überwiegend zwischen 1820 und 1860 hin. Die Mühle im Bibertal — 1597 bei einem Verkauf als wüst bezeichnet — stellte ihren Betrieb ein. Ihre Funktion übernahm eine Elektromühle aus den zwanziger Jahren des 20. Jh., die am Ausgang nach Bergwinkel ihren Standort erhielt.
Einen halben Kilometer östlich von Thalwinkel entfernt liegt das Burgstetel, ein nach W vorspringender Bergsporn, der von der Höhe durch 3 Abschnittswälle und -gräben abgetrennt ist. Die Entstehungszeit dieser Befestigung ist unbekannt, vielleicht gehört sie in das 8.—10. Jh. Eine Schale der spätrömischen Kaiserzeit von unbekanntem Fundplatz dürfte einem germanischen Brandgrab entnommen sein. Aus der Thalwinkeler Flur stammen verschiedene neolithische

B 8 Geräte, darunter ein Jaspisbeil und eine facettierte schnurkeramische Steinaxt.

Thalwinkel und Bergwinkel gehörten ursprünglich zur Mark Scheidungen (s. B 24), ebenso der nahe gelegene Hain (s. B 7) — auch Burgscheidunger Wald genannt — mit der in Thalwinkeler Flur aufgegangenen Wüstung Wartha zwischen Golzen und Bad Bibra. Das Dorf *Warta* (1122) oder *Warte* (1206) nimmt mit seinem Namen Bezug auf die Lage an einem Ausschauort oder Wachtturm.

Von der Mitte des 13. bis zum 14. Jh. waren Thalwinkel und Bergwinkel im Besitz der Knutonen (s. B 26), deren Gut sich „tu *Winkele*" befand. Später zinsten die Bewohner nach Burgscheidungen.

Die Kirche von Thalwinkel besitzt einen spätromanischen Chorturm, das Schiff wurde 1734 barock verändert. Im 16. Jh. Lehen des Bischofs von Naumburg, zog sie ihren Zehnt aber nicht von den Thalwinkeler Höfen ein, sondern von den Inhabern der Grundstücke in der wüsten Mark Wartha, deren Kapelle um 1113 vom Bischof Otto von Bamberg dem Kloster Aura geschenkt wurde und die noch 1540 „gangbar" war.

Der Ortsteil Bergwinkel liegt fast 100 m über der Biberbachaue am Plateaurand und läßt sich von Thalwinkel über eine steile Serpentinenstraße erreichen. Seine mittelgroßen bis großen Vierseithöfe aus der gleichen Zeit wie die in Thalwinkel umschließen einen kleinen dreieckigen Platz. An einigen von ihnen zeigen die zweiflügeligen Hoftore sehenswerte Schnitzereien und Türfüllungen. Am Nordrand des Ortes steht ein ehemaliges Vorwerk, das zusammen mit 4 benachbarten, um 1965 erbauten Schweineställen von der LPG (T) Altenroda genutzt wird.

Bergwinkel und Thalwinkel waren reine Bauernorte. Zu den größten Gütern gehörten 66 bzw. 40 ha Besitz. Ihre landwirtschaftliche Nutzfläche und die der übrigen Gehöfte wird von der LPG (P) Nebra bearbeitet (s. B 19). Eine Geflügelzuchtanlage mit der Verwaltung in dem ehemaligen Gasthof Kalter Hase (s. B 2) entstand an der Weinstraße.

Golzen liegt an der Straße Laucha — Bad Bibra auf der lößbedeckten Finnehochfläche nahe dem Abfall zur Lauchaer Unstruttalweitung. Steinbeile ohne nähere Fundplatzangabe weisen auf neolithische Besiedlung der Golzener Flur hin. Im Bereich der alten Lehmgrube, etwa 200 m südwestlich der Kirche, befinden sich 2 spätneolithische, schnurkeramische Hockergräber (Doppelgrab mit Amphore, Steinbeil, Feuersteinklinge, Knochennadel; Kindergrab) und 3 sich nach unten konisch verbreiternde Vorratsgruben einer Siedlung der frühen Eisenzeit bis Frühlatènezeit. Eine römische Silbermünze (Denar der römischen Kaiserin Faustina II., 2. Jh.) von unbekanntem Fundplatz verrät eine Begehung während der Römischen Kaiserzeit.

Der Ortsname dürfte auf das altsorbische *gola* = kahle Gegend, Heide zurückgehen. Die Einwohner gehörten einst grundherrschaftlich zum Rittergut Kirchscheidungen, die kleine Kirche ist Filial dieses Dorfes. Östlich von Golzen liegt die Quelle eines nur zeitweilig Wasser führenden Nebengerinnes zur Appel.

In die Siedlung mit ihrem quadratischen Umriß ist ein rechteckiger Dorfplatz eingebettet, der von 2 ehemaligen Großbauernhöfen mit getrennt liegenden, städtisch anmutenden Wohnhäusern beherrscht wird. Um diese herum ordnen

sich 8 große Gehöfte an. An der Südseite des Platzes steht die Kirche von 1722. Ihren mittelalterlichen Chorturm krönt ein späterer Fachwerkaufsatz. Von der Inneneinrichtung sind der Taufstein aus dem 16. Jh. und ein Lesepult aus dem 18. Jh. zu nennen. B 8
An der Straße von Golzen zum Haltepunkt der früheren Finnebahn schließen sich neue Wohnhäuser sowie ein Rinderstall der LPG (T) Vereintes Bauernland an. Die Flur wird von der LPG (P) Burgscheidungen bewirtschaftet.

Bibraer Plateau **B 9**

Im S und O wird das Bibraer Muschelkalkplateau (Abb. 2) vom Hasselbachtal begrenzt, nach N fällt es mit einer steilen Schichtstufe (s. C 3, **Abb.** 8) 80--100 m tief zu der niedrigen östlichen Finneabdachung und der Unstrutaue bei Laucha ab. Von Krawinkel aus schneiden sich das Borntal (s. B 12), von Balgstädt aus der Hirschrodaer Grund als periglaziäre Trockentäler in das Plateau ein.
Geologisch stellt das Bibraer Plateau die Fortsetzung der Muschelkalktafel des Querfurt-Gleinaer Plateaus (s. C 6) dar. Es wurde durch das sich einschneidende Unstruttal ebenso von dem Querfurt-Gleinaer Plateau abgetrennt, wie die einst dem heutigen Hasselbachtal folgende Ilm (s. C 26) das Bibraer vom Kösener Plateau abschnitt. Das deltaförmige Auseinanderstreben der Schichtstufen beiderseits der Unstrut bei Laucha hängt mit der Eintiefung des Flusses in die nach WNW aufsteigenden Triasschichten zusammen: Früheres Durchteufen der Grenze zwischen Unterem Muschelkalk und Oberem Buntsandstein bedingte das zeitigere Einsetzen der Schichtstufendynamik und die stärkere Zurückverlegung der Stufen im flußaufwärtigen Bereich. Dasselbe Phänomen läßt sich auf der Finne bei Burgheßler — 7 km südöstlich von Bad Bibra — beim Eintritt des ehemaligen Ilmtales, des heutigen Hasselbachtales, in die Muschelkalktafel beobachten.
Der Naturraumcharakter des weitgehend bewaldeten Bibra-Plößnitzer Stufenhanges als Rand des Bibraer Plateaus entspricht überwiegend dem von Karsdorf-Dorndorf (s. C 3), aber mit dem Unterschied, daß hier auf der Nordexposition die geländeklimatische Situation abweicht und dadurch Variationen in der Vegetationsausbildung bestehen. Außerdem tritt eine — auch höher den Hang hinaufreichende — Bedeckung mit Lößschleiern in stärkerem Maße auf.

Naturschutzgebiet Forst Bibra **B 10**

Das NSG Forst Bibra erstreckt sich am Schichtstufenhang östlich von Bad Bibra bis hinauf zur Hochfläche der ebenen Muschelkalktafel. Am Hangfuß reicht es in den Bereich des Rötsockels mit seinen Gipslagern hinein. Der Stufenhang ist im wesentlichen nach N bis NW gerichtet und wird durch eine Vielzahl von Hangtälchen modifiziert. (Trocken-)Täler, wie das Hornissental, sind tiefer in den Plateaurand eingeschnitten und verzweigen sich. Daraus resultiert ein recht differenziertes Relief, das die Voraussetzung für ein vielgestaltiges Standorts-

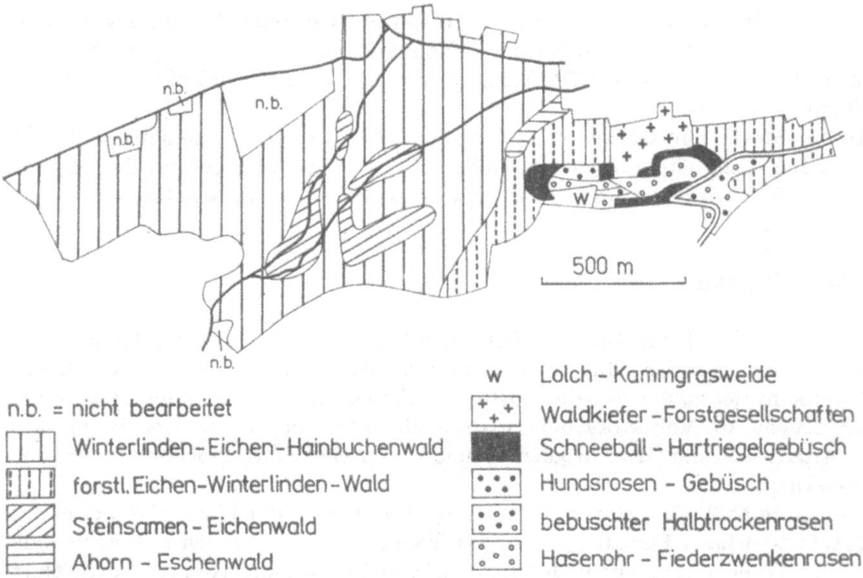

Abb. 24. **Vegetation des NSG** Forst Bibra (Entwurf R. Schubert)

gefüge schafft. Das Klima des NSG ist mit einem mittleren jährlichen Niederschlag von 530 bis 560 mm mäßig trocken.

Das Gebiet weist eine reiche Mischung von submediterranen und südlich-kontinentalen Florenelementen auf. Die Vegetationsausstattung (Abb. 24) reicht von Laubwaldgesellschaften mit mittleren Nährstoff- und Bodenwasseransprüchen über Trockenwälder und Gebüsche bis hin zu Halbtrockenrasen und Trockenrasen. Die Laubwaldgesellschaften repräsentieren naturnahe Vegetationsausschnitte, während die Halbtrockenrasen und Trockenrasen durch Beweidung entstanden sind.

Auf tiefgründigen Standorten der Hochfläche stockt ein reicher Eichen-Hainbuchen-Wald, der auf Schatthängen in einen Perlgras-Buchen-Wald übergeht. Charakteristische Arten des Buchenwaldes sind Einblütiges Perlgras (*Melica uniflora*), Waldsanikel (*Sanicula europaea*) und Bergweidenröschen (*Epilobium montanum*). Auf flachgründigen, nordexponierten Oberhanglagen und auf dem Plateau breitet sich der Orchideen-Buchen-Wald aus. In dieser Gesellschaft wachsen Orchideenarten, wie Bleiches Waldvöglein (*Cephalanthera damasonium*) und Rotbrauner Frauenschuh (*Cypripedium calceolus*). Flachgründige Plateaustandorte mit stärkerer Erwärmung werden vom Steinsamen-Elsbeeren-Wald bestockt. Darin treten als charakteristische Elemente Rotblauer Steinsame (*Lithospermum purpurocaeruleum*), Weiße Schwalbenwurz (*Cynanchum vincetoxicum*), Blutroter Storchschnabel (*Geranium sanguineum*) und Pfirsichblättrige Glockenblume (*Campanula persicifolia*) auf.

An den Bestandsrändern bestimmen beispielsweise Weißer Diptam (*Dictamnus albus*), Schwarze Platterbse (*Lathyrus niger*) und Gemeiner Salomonssiegel (*Polygonatum odoratum*) die Bodenflora. An den Waldrändern stellen sich Gebüsche ein, sie siedeln auch gruppenweise und verstreut in den Trockenrasen. Mit den vorherrschenden Straucharten Wolliger Schneeball (*Viburnum lantana*), Liguster (*Ligustrum vulgare*), Roter Hartriegel (*Cornus sanguinea*), Schlehe (*Prunus spinosa*), Weißdorn-Arten (*Crataegus monogyna, C. oxyacantha*) und verschiedenen Rosen (*Rosa canina, R. rubiginosa*) rechnet der Botaniker die Bestände zum Hartriegel-Schneeball-Gebüsch. B 10

Floristisch reich sind die Halbtrockenrasen, die dem Hasenohr-Fiederzwenken-Rasen angehören. Sie gedeihen auf flachgründigen feinerdereichen Rendzinen, die durch einen Lößschleier beeinflußt sind. Aus der großen Gruppe der Halbtrockenrasenarten sei auf Stengellose Kratzdistel (*Cirsium acaule*), Sichelhasenohr (*Bupleurum falcatum*) und Fransenenzian (*Gentianella ciliata*) verwiesen. Es existieren im NSG auch Ausbildungen der Halbtrockenrasen mit Aufrechter Trespe (*Bromus erectus*), Taubenskabiose (*Scabiosa columbaria*) und Schopfhufeisenklee (*Hippocrepis comosa*). An frischeren Standorten tritt die Blaugrüne Segge (*Carex flacca*) auf.

Auf den steilen Muschelkalkhängen siedeln Trockenrasen, in denen das Blaugras (*Sesleria caerulea*) fehlt, dagegen die Ästige Graslilie (*Anthericum ramosum*) vorherrscht. Weitere Arten sind Gelbes Sonnenröschen (*Helianthemum nummularium*) und Echter Gamander (*Teucrium chamaedrys*). Als floristische Besonderheiten verleihen auch Echte Kuhschelle (*Pulsatilla vulgaris*) und zahlreiche Orchideenarten, wie Dreizähniges Knabenkraut (*Orchis tridentata*), Kleines Knabenkraut (*Orchis morio*) und Bienenragwurz (*Ophrys apifera*), dem Reservat einen besonderen Wert.

Ehrenamtliche Naturschutzhelferkollektive und Schülerarbeitsgemeinschaften pflegen das NSG. Ihr Hauptanliegen besteht in dem Zurückdrängen der Gebüsche. Zur besseren Erschließung des Gebietes für Besucher wurde 1980 ein Lehrpfad angelegt. Er schuf die Voraussetzungen für ein ordnungsgemäßes und informatives Begehen des Reservats und verlangt andererseits von den Besuchern, in Anerkennung der geleisteten Arbeit und der Respektierung der Naturschutzgesetze, ein diszipliniertes Verhalten.

Ein interessantes Phänomen im NSG Forst Bibra sind die Blattminen, die in den Jahren von 1977 bis 1980 von Hermann Zoerner, Dessau, erfaßt wurden. Als Blattminen (Abb. 25) bezeichnet man äußerlich sichtbare Fraßgänge von Insektenlarven im Inneren von Blättern oder der Stengelrinde. Aus dem umfangreichen Material kann im Anhang E nur eine kleine Auswahl vorgestellt werden. Die Wiedergabe erfolgt alphabetisch nach den Wirtspflanzen. Zur besseren Orientierung werden hier die deutschen Namen der öfter vorkommenden Minierer verzeichnet, und zwar die der Familiennamen: *Coleophora* — Sackträger-Miniermotte, *Nepticula* — Zwergmotte, *Lithocolletis* und *Parornix* — Blattütenmotte, *Tischeria* — Schopfstirnmotte. Bei allen Arten mit der Gattungsendung *-myza* und *-myia* handelt es sich um Minierfliegen. Bezeichnend für die Kenntnislücken auf entomofaunistischem Gebiet ist beispielsweise, daß Zoerner bei der Bearbeitung der Blattminenfauna der Nachweis von 6 neuen Minierfliegenarten gelang. Von diesen findet im Anhang nur die an der Straußwucherblume (*Chrysanthemum corymbosum*) Erwähnung.

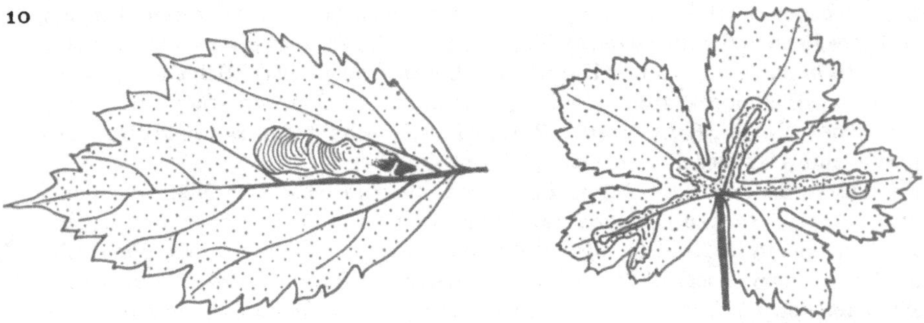

Abb. 25. links: Teilblatt vom Christophskraut (*Actaea spicata*) mit Platzmine von *Phytomyza actaeae* (Minierfliege)
rechts: Grundblatt vom Sanikel (*Sanicula europaea*) mit Gangmine von *Phytomyza brunnipes* (Minierfliege); Entwürfe H. ZOERNER

B 11 Hirschroda, Kreis Nebra, **Plößnitz,** seit 1959 Stadtteil von Laucha, und **Krawinkel,** seit 1978 Ortsteil von Golzen

Auf dem Rand des Bibraer Plateaus nahe der Schichtstufe liegen diese 3 Dörfer auf nur 4,5 km Entfernung nebeneinander. Im nördlichen Randbereich des Plateaus zwischen Krawinkel und Hirschroda bezeugen Geräte- und Gefäßfunde die Anwesenheit neolithischer und Grabfunde das Dasein bronzezeitlicher Siedler. Nennenswert ist das Hockergräberfeld der frühbronzezeitlichen Aunjetitzer Kultur im Flurteil Oppe, 300 m südwestlich der früheren Hirschrodaer Schule. Eine vierhenkelige Amphore mit Tannenzweigornament aus einem dieser Gräber dürfte der schnurkeramischen Kultur zuzuordnen sein. Aufgrund hoher Funddichte lassen sich in der Hirschrodaer und Krawinkeler Flur je eine frühneolithische Siedlung vermuten.
Das Straßendorf Hirschroda weist zwei Verbreiterungen im Verlauf seiner Hauptstraße auf; die talaufwärts gelegene öffnet sich seitlich hin zur Kirche, die abseits und erhöht auf einem Rundteil steht. Das Kirchenschiff stammt aus dem 18. Jh., dagegen sind Chorturm mit Apsis und Taufstein romanisch. Der Name des Ortes – *Heroldisrode* (um 1400), *Hersrode* (1540) – bedeutet Dorf eines Herold und wurde später zu Hirsch umgeformt. Im Mittelalter selbständige Parochie, kam Hirschroda vor 1495 als Filialkirche zu Laucha. Bis 1918 blieb der Ort sachsen-weimarisch. In die Lehnsgerechtsame und -zinsen teilten sich mindestens 7 Feudalgeschlechter und Institutionen. Das Dorf zählte 1550 insgesamt 28 besessene Mann.
Die nahezu geschlossenen Gehöftfronten längs der Straße setzen sich aus giebelständigen Wohn- und Wirtschaftsgebäuden, aus traufseitigen Torhäusern bzw. aus oftmals überdachten Toreinfahrten zusammen. Beim Hof Nr. 27 blieb unmittelbar neben der Einfahrt eine Rundbogenpforte von 1819 erhalten. Als Beispiele für Torhäuser aus dem 19. Jh. seien die Nr. 23 und 46 genannt;

das Torhaus Nr. 43 aus dem Jahre 1851 weist eine in Farbe und Schmuckformen gelungene Holztor-Tür-Kombination auf. Mehrere Scheunen und bei dem kleinen Häusleranwesen Nr. 31 die Giebel bestehen aus Stampflehm. B 11

Den Feldbau auf der Flur Hirschroda betreibt die LPG (P) Kleinjena, Kreis Naumburg, die insgesamt rund 5000 ha bewirtschaftet und im Ort eine große, 1968 erbaute Lagerhalle nutzt. Um 1972 legte die damalige örtliche Genossenschaft Weinpflanzungen an den südexponierten Hängen in Richtung Laucha an. Unweit der Lagerhalle betreut die LPG (T) Unstruttal Balgstädt (s. C 17) Milchkühe in einem neuen Stall.

Vom Gassendorf Plößnitz westlich Hirschrodas reicht der Blick über das Unstruttal hinüber zum Zementwerk Karsdorf und zu den Forsten an der Steinklöbe. Der slawische Ortsname dürfte auf einen — heute hier episodisch auftretenden — Bach hinweisen (zu obersorbisch *plusnyć* = plätschern). Die Einwohner litten früher an Wassermangel und mußten dann ihr Trinkwasser vom 2 km entfernten Krawinkel her holen. Der Ort gehörte ehemals grundherrschaftlich zum Rittergut Kirchscheidungen.

Die Gehöfte reihen sich eng aneinander und bilden geschlossene Fronten zur Straße. Den Jahreszahlen ihrer Portalschlußsteine nach zu urteilen, stammen sie von 1849, 1855, 1866 bzw. 1877. Die spätromanische, gut erhaltene Kirche mit querrechteckigem Chorturm und Satteldach zeigt eine halbkreisförmige Apsis mit einem gemauerten, kegelförmigen Dach, auf dessen Spitze die Figur eines hockenden Menschen angebracht ist, der nach O schaut. In der Apsis öffnet sich ein kleines spitzbogiges Fenster, ein weiteres, zugemauertes sieht man an der Nordseite der Schiffswand, in der ein rundbogiges Portal mit einer Tür vom Anfang des 19. Jh. steht. Die anderen, größeren Fenster wurden im 16. Jh. erneuert. Im Inneren ist die Kirche flachgedeckt, besitzt eine dreiseitige hölzerne Empore und einen schlichten, klassizistischen Altar.

Krawinkel, ein typisches Gassendorf, ist nach Lage, Namen und Siedlungsgrundriß frühestens um die Wende des 13. Jh. gegründet worden. Am Gasthof Zur Eiche grub man eine kleine Turmhügelburg des 12./13. Jh. aus. Urkundlich kommt *Crawinkil* (Ort im Krähenwinkel oder -tal) 1351 vor, als das Stift Bibra hier von den Vögten von Weida Güter erhielt. 1371 übereigneten die Edlen von Bayer-Naumburg (heute Beyernaumburg bei Allstedt) dem Stift einen Teil der Gerichtsbarkeit; andere Gerechtsame hatten heimische Grundherren inne. Von den 21 Haushaltungen im Jahre 1622 standen 7 unter dem Amt Eckartsberga als Rechtsnachfolger des Stiftes Bibra. 1822 gehörten die Einwohner zu drei verschiedenen Gerichtsbarkeiten.

Das Siedlungsbild von Krawinkel wird von Gehöften bestimmt, deren Portalschlußsteine Erbauungsjahre aus der ersten Hälfte des 19. Jh. zeigen. Von der Dorfstraße führt ein Weg zur Kirche am nördlichen Ortsrand. An den romanischen Chorturm mit Apsis grenzt das etwas breitere Schiff an. Außen sind Grabsteine aus dem 17. Jh. erhalten.

B 12 Borntal

Das Borntal bei Krawinkel setzt landschaftlich das NSG Forst Bibra (s. B 10) im O fort. Allerdings ist hier die Muschelkalktafel mächtiger, so daß am Oberhang der Eintiefung an den Plateaurändern auch Mittlerer Muschelkalk in geringer Mächtigkeit auftritt. Das Borntal wird durch steile Hänge mit südlicher Exposition, relativ feuchten Talboden und ehemalige Kalksteinbrüche und Abraumhalden sowie durch zahlreiche einmündende Seitentäler — einige mit mehreren Stufen scharf eingeschnitten — standörtlich reich gegliedert. Diesem Mosaik entsprechen Trockenrasen mit vielfältigen Übergängen zu Gebüschformationen, ferner Staudenfluren, Trockenwälder und Laubmischwälder mit mittleren Ansprüchen an Boden und Klima. Forstlich begründete Nadelholzbestände, meist mit Gemeiner Kiefer, vergrößern die landschaftliche Abwechslung des Borntales.

Zur Beschreibung des Born- und Biberbachtals (s. B 7) hat Rudolf Wendling, Bad Bibra, botanisches Material beigetragen. Auf den Abraumhalden und den Sohlen der ehemaligen Steinbrüche siedeln initiale Pflanzengesellschaften, also Pionierarten. Besonders auffällig ist das Vordringen der Weißen Waldrebe (*Clematis alba*) auf den Muschelkalkschotterhalden, die von Natur aus auf Bergsturzflächen des mittleren Saaletales, im Eichsfeld und in Südthüringen auftritt. Auf den Steinbruchsohlen breiten sich konkurrenzschwache Pflanzenarten aus, zu denen auch verschiedene Orchideen zählen. Besonders häufig kommt hier das Helmknabenkraut (*Orchis militaris*) vor. Die Entwicklung der übrigen Vegetation, insbesondere von Gehölzen, schränkt die Entfaltung der Orchideen jedoch stark ein, so daß ihre Anzahl heute zurückgeht.

Im Borntal kann der Naturfreund neben den bereits erwähnten Orchideen folgende weitere geschützte Pflanzenarten beobachten: Seidelbast (*Daphne mezereum*), Akelei (*Aquilegia vulgaris*), Silberdistel (*Carlina acaulis*), Gemeine Küchenschelle (*Pulsatilla vulgaris*), Diptam (*Dictamnus albus*), Frühlingsschlüsselblume und Hohe Schlüsselblume (*Primula veris* u. *P. elatior*), Leberblümchen (*Hepatica nobilis*) und Fransenenzian (*Gentianella ciliata*). Besonders hervorzuheben sind die mächtigen Exemplare der Elsbeere auf den warmen Hanglagen. Bezeichnend für weitere Waldstandorte sind Bingelkraut (*Mercurialis perennis*), Christophskraut (*Actaea spicata*), Sanikel (*Sanicula europaea*) und Einbeere (*Paris quadrifolia*).

In dem wildreichen Borntal tritt verbreitet Schwarzwild auf. Bemerkenswert sind das Vorkommen von Wespenbussard und ein ehemaliger Brutplatz des Baumfalken. In der warmen Gebüschzone der Hänge haben Sperbergrasmücke und Nachtigall ihre Lebensräume. Von den Kriechtieren sind Schlingnatter (*Coronella austriaca*), Ringelnatter (*Natrix natrix*) und Zauneidechse (*Lacerta agilis*) zu nennen. In den Wasserlöchern der Steinbrüche siedelt der Bergmolch (*Triturus alpestris*). Unter den Insekten trifft man den Schwalbenschwanz (*Papilio machaon*) selten an.

Das durch die Unstrut antezedent, das heißt entgegen der Hebung und Aufwölbung der Buntsandsteintafel um annähernd 100 m tief eingeschnittene, landschaftlich sehr reizvolle Engtal zwischen Memleben und Nebra trennt das Ziegelrodaer Plateau im N vom Finneplateau im S. Auf diesen Talabschnitt wird auch der Name Steinklöbe angewendet, ursprünglich eine Forstortbezeichnung (s. B 14) westlich der Kleinwangener Schanze.
Bis zur Einmündung des Wangener Grundes (s. B 17) bildet der Untere Buntsandstein mit seinen simsartig herauswitternden Rogensteinbänken die Talhänge, an deren oberen Partien der Mittlere Buntsandstein nur geringmächtig darüberlagert. Flußabwärts von Kleinwangen baut der Mittlere Buntsandstein infolge der nach O wie auch nach N einfallenden Schichten die Hänge auf. Die linksseitigen Talhänge lassen den günstigsten Einblick in die Gliederung des Unteren und Mittleren Buntsandsteins zu (HOPPE u. SEIDEL 1974; RADZINSKI 1967; Anhang A), deren Gesteine meist schluffig-tonig sind. Die oolithischen, d. h. aus eiförmigen kleinen, konzentrisch-schaligen Kugeln bestehenden Kalksand- und Kalksteine der eingelagerten Rogensteinbänke weisen auf Phasen mariner Sedimentation in Küstennähe hin. Die Anreicherung von Muschelkrebsen (*Konchostraken*) in den Tonsteinen der Bernburg-Folge hingegen zeigt brackig-limnisches Milieu an, also ein Gemisch von Salz- und Süßwasser. Insgesamt bezeugt die zyklische Folge des Unteren Buntsandsteins überwiegend ein küstennahes Flachrelief mit Seen unter trockenem Klima. Ausschließlich terrestrisch sind die meist sandig ausgebildeten zyklischen Gesteinsfolgen des Mittleren Buntsandsteins mit ihren Bausandsteinbänken, die zugleich als wesentliche Stufenbildner der Schichtstufe (s. Seite 21) auftreten. Die Solling-Folge des Oberen Buntsandsteins liegt in der sogenannten Chirotherien-Sandstein-Fazies vor. Diese hellen gebänderten und gefleckten, dickbankigen Sandsteine enthalten durch Auslaugung eines unregelmäßig verteilten karbonatischen Bindemittels oft schwammartig kleine Hohlräume. An ihrer Basis breiten sich geröllführende Horizonte aus. Der Chirotheriensandstein ist besonders bei Nebra aufgeschlossen. Sein Name wird von handförmigen Wirbeltierfährten abgeleitet, die aber im Unstrutgebiet noch nicht nachgewiesen wurden.
Kilometerlange Steinbrüche zu beiden Seiten der Unstrut künden zwischen Memleben und Nebra vom jahrhundertelangen Abbau des Sandsteins. Sie versteilen die Hänge besonders an der Nordseite. Die erste bekannte Nennung der Brüche liegt von 1162 vor. Zu den ältesten zählen die Bausandsteinbrüche von Sittenbach (zuerst erwähnt 1150; BERGNER 1909) und der Wüstung Odesfurt (s. A 6) nördlich von Memleben. Neben dem Oberen Bausandstein für Werk- und Mühlsteine und dem Nebraer Bausandstein für Werk-, Ornament- und Bildhauersteine wurde der weißgraue Kalksandstein, auch Rogenstein genannt, für Werk- und Pflastersteine gewonnen (HEINZELMANN 1963). Der Abbau beruhte im wesentlichen auf Handarbeit, da durch Sprengungen die Gesteinsblöcke zerstört worden wären.
Bis zur Schiffbarmachung der Unstrut (s. A 1.2) hatten die Steinbrüche überwiegend lokale Bedeutung. Die besseren Absatzmöglichkeiten danach führten zu einem großen Aufschwung dieses Industriezweiges. In den Jahren 1880–86

B 13 wurden jährlich 30000 bis 35000 t Bruchsteine unstrutabwärts transportiert, in den Steinbrüchen verdienten sich bis zum ersten Weltkrieg etwa 1000 Arbeiter ihren Unterhalt. Danach ging der Betrieb rasch zurück. Die letzten Brüche bei Nebra, Wangen und Memleben wurden zwischen 1958 und 1965 aufgelassen. Als Ursachen für die Aufgabe dieses Erwerbszweiges sind die Verwendung von Stahlbeton ebenso zu nennen wie die geringe Rentabilität der schwer zu mechanisierenden Arbeit, ferner die veränderte Arbeitskräftesituation durch die Aufnahme des Kalibergbaus und die Transportprobleme nach dem Rückgang der Unstrutschiffahrt.
Am Ausgang des Wangener Grundes und des Burgtales fällt eine sich linksufrig deltaförmig weitende Fläche mit geringer Neigung zur Unstrut bis Kleinwangen ab. Ihr zentraler Bereich ist mit Löß bedeckt, und am höher liegenden Rand weist sie Reste elsterkaltzeitlicher Geschiebemergel auf. In dieser Weitung befinden sich westlich von Kleinwangen die Unstrutschotter der Wangener Terrasse. Die zeitliche Datierung ist für die Altersbestimmung der in ihnen gefundenen altsteinzeitlichen Artefakte wichtig (s. B 15). Jüngere Untersuchungen weisen auf ein wahrscheinlich spätelsterkaltzeitliches Alter der Wangener Terrasse hin (Steinmüller 1982). In früheren Arbeiten wurde die Entstehung der Terrasse in die Wende Holsteinwarmzeit/Fuhnekaltzeit (Mania 1970, Ruske 1973) bzw. in die frühe Saalekaltzeit eingestuft (Kugler 1961, Schneyer 1961, Steinmüller 1978).
Gegenüber der Mündung des Wangener Grundes und in gleicher (herzynischer) Richtung wie jener verlaufend, öffnet sich rechts der Unstrut bei Großwangen der Ausgang des von der Finne kommenden Schwalbentales, das mit Löß und Geschiebemergel bedeckt ist. Zwischen Unstrut- und Schwalbental lagern in 80 m Höhe über der Unstrut auf der Altenburg (s. B 15) die Reste der altpleistozänen präelsterkaltzeitlichen Unstrutterrasse.
Die geländeklimatische Asymmetrie des trockenwarmen Wangener Tales mit einer Jahresmitteltemperatur von etwa 8,8 °C und knapp 500 mm Niederschlag bedingt die deutlich unterschiedliche Vegetationsausbildung an seinen Hängen. Den mit Laubmischwald bewachsenen nordexponierten Hängen stehen die südexponierten mit lichtem Trockenwald und Trockenrasen gegenüber (s. B 14).

B 14 Naturschutzgebiet Steinklöbe

Das NSG liegt an der südexponierten linksseitigen Flanke des Wangener Unstrutengtales 2 km nordöstlich Memlebens. Den geologischen Untergrund bilden am Plateaurand der Mittlere, an der Steilwand (Bild 9) zur Unstrutaue der Untere Buntsandstein mit seinen Sandsteinbänken, Schiefertonschichten und kalkreichen Rogensteinlagern. Auf den Gesimsen der harten Rogensteinbänke wächst eine xerotherme (trockenwarme) Vegetation. Neben den klimatischen Verhältnissen dieser Lagen ist das geringe Wasserdargebot auf dem stark durchlässigen Untergrund ein entscheidender Faktor für das Gedeihen bestimmter Pflanzen.
Das NSG zählt zum pflanzengeographischen Bezirk Helme-Unterunstrut-Land, in dem submediterrane und südlich-kontinentale Arten reich entfaltet sind. Hier

(MEUSEL 1937/39; SUCHODOLETZ 1973) dominieren in den wärmeliebenden Pflanzengemeinschaften (Abb. 26) subkontinentale Arten, wie Frühlingsadonisröschen (*Adonis vernalis*), Zottige Fahnenwicke (*Oxytropis pilosa*), Violette Königskerze (*Verbascum phoeniceum*), Weichhaariges Federgras (*Stipa dasyphylla*) und Stengelloser Tragant (*Astragalus exscapus*). Wolliger Schneeball (*Viburnum lantana*), Kornelkirsche (*Cornus mas*), Hufeisenklee (*Hippocrepis comosa*) und Edelgamander (*Teucrium chamaedrys*) vertreten das submediterrane Element. B 14

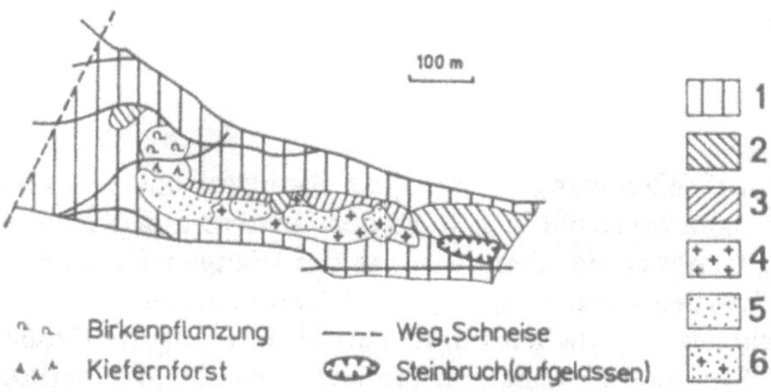

Abb. 26. Vegetation des NSG Steinklöbe (nach SUCHODOLETZ 1973)

1 Winterlinden-Eichen-Hainbuchen-Wald
2 Fingerkraut-Eichen-Wald
3 Steinsamen-Eichen-Wald
4 Trockengebüsche
5 Trockenrasen
6 Trockenrasen mit Gebüschen

Auf der Hochfläche gedeihen Hainsimsen-Traubeneichen-Buchen-Wälder (s. B 17) und an den Hängen Linden-Eichen-Hainbuchen-Wälder, die auf wärmeren Standorten in kleereiche Eichenwälder mit Weißem Fingerkraut (*Potentilla alba*) übergehen. An der Hangschulter, im Übergang zu den offenen Xerothermrasen, wächst ein trockenwarmer Buschwald. Die Waldmantelgebüsche werden von Liguster- und Schneeballgesellschaften gebildet. Besonders reich an Pflanzenarten sind die Staudensäume, in denen der Diptam (*Dictamnus albus*) große Flächen einnimmt. Die Saumgesellschaften zählen entweder zum Storchschnabel-Haarstrang-Saum oder zum Storchschnabel-Klee-Saum.

Die subkontinentalen Halbtrockenrasen und Trockenrasen werden in ihrem Grundbestand von Schwingel(*Festuca*)- und Federgras(*Stipa*)-Arten sowie von Seggen(*Carex humilis* = Erdsegge)-Arten aufgebaut. Die Halbtrockenrasen gehören pflanzensoziologisch zum Schwingel-Fiederzwenken-Rasen.

Die Botaniker rechnen die Federgrasarten zwei verschiedenen Assoziationen zu: die auf karbonatreichen Standorten wachsenden Bestände dem Gamander-Federgras-Rasen und die stark mit Saumarten angereicherten Bestände dem Storchschnabel-Federgras-Rasen.

In den Trockenrasen wies HEINZ SCHIEMENZ (1969 a u. b) die Asseln *Porcellio montanus* und *Trachelipus balticus*, die Doppelfüßer *Glomerius hexasticha* und *Heterporatia bosniensis* sowie den Laufkäfer *Carabus problematicus* und die Heu-

B 14 schrecken *Planeroptera falcata, Platydeis denticulata, Nemobius sylvestris, Stenobothrus nigromaculatus, Chorthippus vagans* und *Gomphocerippus rufus* nach. Ferner leben dort die Zikaden *Kelesia haupti, Jassidaeus lugubris, Enrysa linaeta, Stenocranus minutus* , *Cicadetta montana, Ceropis sanguinolenta, Neophilaenus albipennis, Ideocerus notanus, Empoasca decipiens* f. *affinis, Arboridia parvula, A. pusilla, A. sibillina, Psammotettix helvolus, Jassargus obtusivalis, Paluda vitripennis, Thamnotettix dilutior, Mocydiopsis longicauda* und *Platymedopius undatus.*

B 15 **Wangen,** Kreis Nebra,

setzt sich aus dem Gassendorf Kleinwangen und dem Sackgassendorf Großwangen zusammen. Kleinwangen erstreckt sich links der Unstrut auf dem mit Lößmaterial überkleideten Flachhang vor dem Ausgang des Wangener Grundes und Großwangen am gegenüberliegenden Ausgang des Schwalbentales.
Zahlreich sind die ur- und frühgeschichtlichen Funde bei Kleinwangen. Große Bedeutung erlangte der Fundplatz altpaläolithischer Feuersteinartefakte (Abb. 27) rund 800 m westlich von Kleinwangen auf der Wangener Terrasse (s. B 13). Etwa 300000—350000 Jahre alt, sind diese vergleichbar mit denen von Memleben (s. A 6) und Bilzingsleben. Jungpaläolithische Funde, vor allem Wildpferdknochen, stammen aus der Lehmgrube westlich des Bahnhofs Nebra. Eine Scherbe der Stichbandkeramik südwestlich der Schanze und eine der schnurkeramischen Kultur von unbekanntem Fundplatz zeigen die Anwesenheit von Menschen im Neolithikum an. Ein Gräberfeld der Glockenbecherkultur liegt am nördlichen Dorfrand.
In Richtung auf die Schanze zu wurde ein 2,5 m × 1,5 m großes Steinplattengrab mit einem west-östlich gestreckten Skelett der jüngeren Bronzezeit aufgedeckt und unweit davon eine kleine Bronzespirale gefunden. Bemerkenswert ist der Fund einer latènezeitlichen schweren Pferdetrense auf einem Feld von Kleinwangen in Richtung zum NSG Steinklöbe.
Ein mittelalterlicher Burghügel — auf alten Karten als Schanze bezeichnet — mit Funden aus dem 12./13. Jh. liegt 1,5 km nordwestlich von Kleinwangen und reicht in die Gemarkung Vitzenburg hinein. Er ist von einem Graben umgeben, an den sich im S drei rechteckige Burgteile, jeweils mit Wall und Graben, anschließen. Östlich davon befinden sich Reste einer größeren, wohl älteren Anlage; nördlich davon weist das Burgtal mit seinem Namen auf sie hin.
Auf der Großwangener Unstruttalseite sind aus dem Neolithikum Steingeräte ohne Fundplatzangabe bekannt. Aus einem Steinbruch stammt eine verzierte Bronzelanzenspitze der jüngeren Bronzezeit. Südwestlich des Ortes liegen 80 m hoch über der Unstrut die Reste der über 17 ha großen Altenburg oder Schanze. Die Ausmaße der Hauptburg betragen 300 m × 150 m; westlich vorgelagert sind 3 Abschnittswälle und -gräben. Östlich der Hauptburg befindet sich eine noch etwas größere Vorburg mit einem Friedhof, dessen Entstehungszeit fraglich ist. Die Burganlage könnte im 8./9. Jh., spätestens im 10. Jh. entstanden sein.

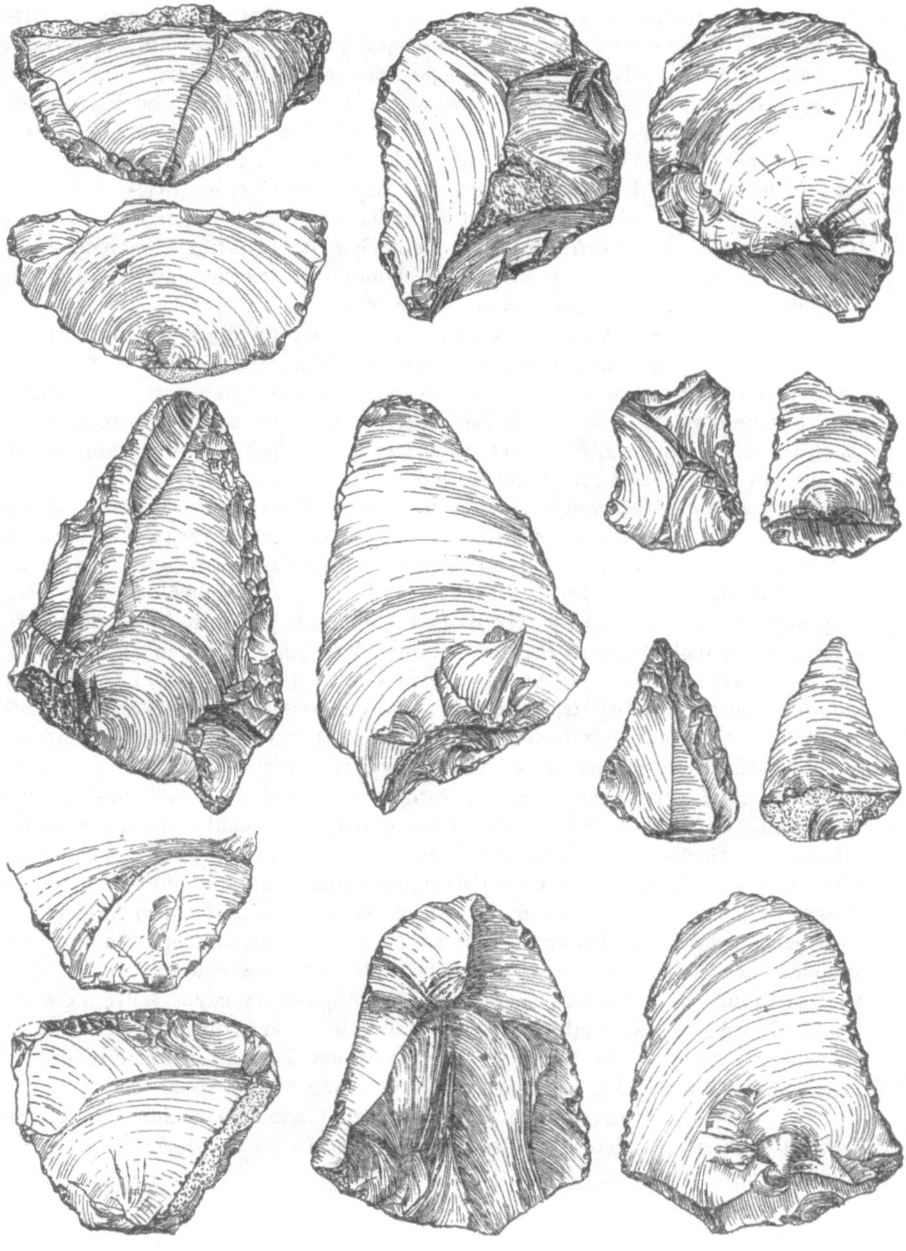

Abb. 27. Wangen, Feuersteinartefakte des Altpaläolithikums (Clactonien), etwa 2:3 (aus TOEPFER 1968)

B 15 Der Name der heutigen beiden Orte wie auch einer Wüstung Kleinwangen tritt erstmals im Hersfelder Zehntverzeichnis 830/850 als *Uuangun* auf (1120 *Wangen*) und spricht die Lage der Siedlungen auf den landwirtschaftlich nutzbaren flachen Hängen an (altsächsisch *wang* = Feld, Wiese). Folgende Flurnamen sind auf Kleinwangener Seite bekannt: Bock, Schatzgrube, Alter Ritter, Herrscherberg sowie Heiliges Grab mit Inschriften auf einem Sandsteinblock aus dem frühen 19. Jh. Kleinwangen war der östlichste Ort des Friesenfeldes (s. Seite 31) und des halberstädtischen Archidiakonats Kaltenborn. Von den 13 besessenen Mann des Dorfes zogen im Deutschen Bauernkrieg 4 mit gegen das Kloster Reinsdorf, weitere 4 waren beim Haufen in Frankenhausen. In Großwangen lebten 1525 insgesamt 16 besessene Mann.

Die Kirche von Kleinwangen ist älter als die von Großwangen. Sie besteht aus dem Schiff mit einem eingezogenen rechteckigen Chorabschluß, über dem sich der Turmaufsatz mit einem Zeltdach befindet. Die Innenausstattung stammt wohl aus dem 17. Jh. Ein an der Südseite außen eingemauerter Grabstein der Ehefrau von Hans Gerberg (gest. 1598) deutet an, daß hier schon eine ältere Kirche mit einem Friedhof gestanden hat.

Die Kirche von Großwangen wurde nach den Plänen des Pfarrers Georg Heinrich Zincke 1711/12 errichtet. Sie besteht aus einem rechteckigen Schiff mit zweireihigen Fenstern und mit eingezogenem Chorturm. Das Innere ist durch doppelgeschossige Emporen und eine flache, tonnengewölbte Holzdecke ausgestaltet. Ein Kanzelaltar, ebenfalls aus dem 18. Jh., mit Weinlaubsäulen, Akanthusschmuck, Bandelwerk und Strahlenglorie schmückt den Chor.

Die Bewohner beider Orte lebten bis Anfang des 20. Jh. von der Landwirtschaft und der Steinbruchindustrie, und seitdem gibt ihnen der Kalibergbau Verdienstmöglichkeiten, dessen Großwangener Schächte in unterirdischer Verbindung mit dem Kaliwerk Roßleben (s. A 8) stehen. Die Ansiedlung von Bergleuten führte zur baulichen Erweiterung und Verdichtung der Dörfer sowie zum Ausbau vieler Gehöfte für Wohnzwecke. So entstand 1919 die Blockhaussiedlung an der Straße von Großwangen nach Memleben. Kleinwangen vergrößerte sich um 1900 in Richtung Roßleben durch Arbeiterwohnhäuser und durch ein villenartiges Gebäude, im Volksmund Verwaltung genannt. Um die Kommunikation zwischen beiden Ortsteilen zu verbessern, errichtete man im Zuge des Unstrutausbaus nach 1960 eine Brücke oberhalb der früheren Personenfähre.

Eine Siedlung aus 4 Wohnblocks entstand Anfang der sechziger Jahre nahe der Grube ‚Georg' des Kalikombinats (s. A 8) südöstlich von Großwangen. In diesem Werkteil richtete man die Grubenrettungsstelle ein. Die nahen Schächte dienen zum Einfahren der Bergleute und zur Bewetterung.

An der Straße von Wangen nach Nebra steht ein Gedenkstein, der an einen am 7. April 1945 ermordeten Häftling des KZ Dora-Mittelbau bei Nordhausen erinnert.

Vogelherd B 16

Auf einem schmalen, niedrigen Sandsteinsporn gegenüber von Nebra liegt das Flächennaturdenkmal Vogelherd, dessen alte Eichenbestände in erster Linie der Lebensraum des Hirschkäfers (*Lucanus cervus*) sind. Eichen stellen wohl den bevorzugten Brutbaum dieses größten heimischen Käfers dar, aber auch andere Arten, so alte Obstbäume, werden von ihm akzeptiert. Der Hirschkäfer gehört zur Familie der Schröter, die mit etwa 1200 Arten weltweit verbreitet ist, von der es in Mitteleuropa jedoch nur 7 Arten gibt. Die Larvenentwicklung des Hirschkäfers dauert mindestens 5 Jahre, die Verpuppung kann erst im siebenten oder achten Jahr erfolgen. Das Unstrutgebiet stellt einen der Schwerpunkträume des Vorkommens dieses Käfers in der DDR dar (Kühnel u. Neumann 1981). Nach der heutigen Kenntnis ist die Art in der DDR nicht als vom Aussterben bedroht zu bezeichnen.

Ziegelrodaer Plateau und **Forst** B 17

Nordöstlich an die Unstrutniederung schließt sich das Ziegelrodaer Buntsandsteinplateau an. Bei Ziegelroda erreicht es knapp 300 m Höhe ü. NN, nahe dem Tal nur noch Höhen bis 250 m. Ursachen für diesen Unterschied sind die stärkere Abtragungsintensität und die einsetzende Absenkung durch Auslaugung am Rand der Unstrutniederung (s. A 2). Vom Wangener Unstruttal ausgehend, schnitten sich das Trockental des Wangener Grundes und dessen Nebentälchen in das Plateau ein und bewirkten seine dichte und bis 100 m tiefe Zertalung. Die Trockentäler führten in den pleistozänen Kaltzeiten regelmäßig Wasser (s. Seite 20), und die Richtungen ihrer Laufabschnitte lehnen sich an herzynisch und erzgebirgisch streichende Störungen an. Im gesamten Gebiet fehlen heute ständig wasserführende Bäche.
Der nach NO in die Schmon-Reinsdorfer Talung überleitende flache, ackerbaulich genutzte Abhang des Plateaus ist mit Löß bedeckt, auf dem Lößfahlerden und Lößpararendzinen entwickelt sind (s. Anhang B). Die hängigen Hochflächen zeigen (Deck-)Lößfahlerden und -staugleye (s. A 16) auf geringmächtigen Lößdeckenresten. Ansonsten dominieren auf den stärker hängigen Bereichen, so den Talhängen und südwestlichen Schichtstufen- und Abbiegungshängen, Bergsalm-Braunerden und Berglehm-Pararendzinen (s. C 3) auf dem mehr oder weniger schwach lößbeeinflußten Verwitterungs-, Solifluktionsschutt- und Fließerdematerial des Buntsandsteins. An den talseitigen Rändern des Plateaus sind, wie an der Hohen Schrecke und der Finne, die Sandsteinschichtstufe bei Wangen und die Auslaugungsabbiegungsstufe bei Roßleben ausgebildet (s. A 9).
Große Bereiche des Plateaus tragen Laub- und Nadelwaldbestände, Ziegelrodaer Forst genannt. Nordöstlich von Roßleben breitet sich darin die seit den dreißiger Jahren dieses Jahrhunderts entstandene, etwa 750 ha große Schadensfläche der Rauchblöße aus. Der Salzstaub- und Schwefeldioxideinwirkung im Leebereich des Kaliwerkes (s. A 8) wird heute mit der Veränderung der Baumartenzusammensetzung, so durch Einführung von Lärche und Schwarzkiefer, und Verringerung der Schadstoffemission begegnet.

B 17 Pflanzengeographisch gehört das Waldgebiet des Ziegelrodaer Forstes dem Übergangsbereich zwischen dem Traubeneichen-Hainbuchen-Wald der trockeneren Gebiete im O und dem mit der Hohen Schrecke einsetzenden mehr subatlantischen Rotbuchenwald im W an. Dieser ist vegetationsgeographisch interessant und gut untersucht (MEUSEL 1937/39). Der in seinem Bodenwuchs ziemlich arme und gleichförmige Wald mit einer nur wenig entwickelten Strauchschicht wird von der Traubeneiche und der Rotbuche beherrscht, stellenweise tritt auch Winterlinde hinzu. Charakteristisch sind auch Buchen- und Buchen-Traubeneichen-Bestände, in denen regelmäßig die Schmalblättrige Hainsimse (*Luzula luzuloides*) vorkommt.

Die Verteilung der Bodenpflanzen in diesen Wäldern wird wesentlich von der Mächtigkeit der Laubauflage bestimmt. Unter dieser bildet sich eine meist lockere Humusschicht aus, die stellenweise rohhumusartigen Charakter annehmen kann. Vorherrschend wurzeln hier Schlängelschmiele (*Deschampsia flexuosa*) und Heidelbeere (*Vaccinium myrtillus*), die gegen starke Laubauflagen unempfindlich sind. Dagegen treten Schmalblättrige Hainsimse, Waldreitgras (*Calamagrostis arundinacea*) und Verschiedenblättriger Schwingel (*Festuca heterophylla*) nur dort auf, wo ihre Wurzeln durch die Laubdecke hindurch in den sandig-lehmigen Boden vordringen können. In den Beständen mit einem höheren Traubeneichen- und Winterlindenanteil in der Bestockung finden wir auch Waldrispengras (*Poa chaixii*). Als weitere Arten sind einige Rhizomgeophyten (Rhizom = bewurzelter unterirdischer Sproß) anzutreffen, wie Maiglöckchen (*Convallaria majalis*), Schattenblümchen (*Maianthemum bifolium*) und Weißes Windröschen (*Anemone nemorosa*). Allein der Eichenfarn (*Gymnocarpium dryopteris*) kann stellenweise größere Flächen überziehen.

Von den Moosen wachsen nur Arten, die, wie *Polytrichum formosum*, mit kräftigen aufrechten Sprossen die Laub- und Streuschicht durchbrechen können. Die auf sauren Standorten sonst verbreitet vorkommenden plagiotropen (horizontal wurzelnden) Kammoose, wie *Pleurozium schreberi*, fehlen, da sie bei der starken Auflage aus schwach bis nicht humifiziertem Laub nicht gedeihen können.

Am südwestlichen und südlichen Rand des Ziegelrodaer Forstes mit hohem Anteil kalkliebender Flora entfalten sich besonders die thermophilen Florenelemente. Zu ihnen zählen beispielsweise Wenigblütige Gänsekresse (*Arabis pauciflora*), Goldhaaraster (*Aster lynosyris*), Graue Skabiose (*Scabiosa canescens*), Nacktstengelschwertlilie (*Iris aphylla*), Waldwindröschen (*Anemone sylvestris*), Rauher Alant (*Inula hirta*), Berggamander (*Teucrium montanum*) und Dreizähniges Knabenkraut (*Orchis tridentata*).

Der östliche, waldfreie Bereich des Plateaus heißt Ronneberge. Ihr Name enthält entweder althochdeutsch *(h)rona, rono* für umgestürzten oder dürren Baumstamm oder eine ablautende Form Ronne zu Rinne = Eintiefung. Die Ronneberge zeichnen sich durch einen außerordentlichen Reichtum an Zeugen ur- und frühgeschichtlicher Besiedlung aus. Auch der angrenzende südliche und westliche bewaldete Abschnitt vermittelt einen Eindruck von der Dichte der Bodendenkmäler. So liegen heute noch nördlich und östlich von Kleinwangen 6 Gruppen mit rund 70 Grabhügeln, die neolithische und bronzezeitliche, vielleicht sogar früheisenzeitliche Bestattungen bergen dürften. Auch in dem südlichen Teil des Ziegelrodaer Forstes — der südwestliche Bereich wird in der alten Literatur auch Wendelsteiner Forst genannt — befanden sich Grabhügel aus den gleichen Epochen. KEFERSTEIN (1846) nennt eine Vielzahl von Hügeln, viele davon mit Steinkreisen versehen. Durch ihr frühes Bekanntwerden wurden die Grabhügel zum großen Teil im 19. Jh. — vor dem Einsetzen einer exakten wissenschaftlichen Bodendenkmalpflege — ausgeraubt, zerstört oder unsachgemäß geöffnet. B 17

Auf den Ronnebergen dürfte die vom Thüringerherzog RADULF 641 gewonnene Schlacht stattgefunden haben, und zwar nahe der ehemaligen Schäferei Rodeland, wie es die von SECKENDORFFschen Geländeaufnahmen und Aufzeichnungen von 1822 besagen. Der erfolgreiche Aufstand RADULFS gegen den jungen Frankenkönig SIGIBERT III. und dessen Hausmeier GRIMOALD führte dazu, daß die fränkische Oberherrschaft über Thüringen danach von RADULF nur noch formell anerkannt wurde. Ausführlich berichtete später der Scholastiker FREDEGAR über die Schlacht auf den Ronnebergen.

Nebra-Lauchaer Unstruttal B 18

Das bis 3 km breite Nebra-Lauchaer Unstruttal (Abb. 2) ist zwischen die Muschelkalkstufenhänge des Querfurt-Gleinaer Plateaus im N und den flachen Abhang des Finneplateaus sowie die Muschelkalkstufe des Bibraer Plateaus im S eingesenkt und im wesentlichen an den breitflächigen Ausstrich des Oberen Buntsandsteins angelehnt. Bei Nebra und im steilhängigen Talstück zwischen Wennungen und Kirchscheidungen ist die Aue in den liegenden Mittleren Buntsandstein eingetieft. Von N mündet die der westlichen Muschelkalkrandstufe des Querfurt-Gleinaer Plateaus folgende Schmon-Reinsdorfer Talung in das Unstruttal.

Die Gesteinsausstriche am Hang und der Aufschluß beim Zementwerk Karsdorf vermitteln einen guten Einblick in die Schichten des Oberen Buntsandsteins und des Muschelkalks (HOPPE u. SEIDEL 1974; Abb. 31). Der Obere Buntsandstein (Röt) stellt mit seinen küstennahen terrestrischen schluffig-tonigen sowie mit limnischen und marinen (Anhydrit, Dolomit) Gesteinen den Übergang zum Muschelkalk her. Die Anhydrite und Salze des Röts verursachen die Auslaugungserscheinungen im Nebra-Laucher Gebiet (s. Seite 12), die Röttone sind für die Schichtstufenentwicklung (s. C 3) wichtig.

Der Mittlere und der Obere Muschelkalk stehen nur in durch die Abtragung reduzierten Profilen im Kern der Muschelkalkmulden an. In den früheren Schaumkalkbrüchen (s. C 16) des unteren Unstruttales werden an manchen Stellen die basalen Schichten des Mittleren Muschelkalks sowie die Dolomite und dolomitischen Kalksteine (Unteres Karbonat nach RADZINSKI 1971) angetroffen.

Seine quartäre Ausformung und differenzierte Gestaltung verdankt das Nebra-Lauchaer Unstruttal dem Zusammenwirken mehrerer Vorgänge. Die Unstrut verlagerte ihren Lauf während des Eintiefungsprozesses seit dem Altpleistozän (s. Seite 15) in Richtung des Schichtfallens nordostwärts. Seit der Cromerwarmzeit erfolgte dieser Prozeß in Verbindung mit der intensiven pleistozänen Abtragung des Rötsockels der Muschelkalkschichtstufen und deren Zurück-

B 18 verlegung. Die Einsattlung zwischen den Buntsandsteinhöhen um Burgscheidungen und dem Karsdorf-Dorndorfer Schichtstufenhang macht diese intensive Abtragung des Röts besonders deutlich. Zeitweilige Aufschlüsse während des Baus der Teile II und III des Zementwerkes Karsdorf im Rötbereich linksseitig der Unstrut schnitten unter dem Löß und der lößhaltigen Fließerde mächtige weichselkaltzeitliche Solifluktionsschuttdecken aus Kalkschutt über Rötfließerde (Basissedimente im Sinne von ALTERMANN, HAASE, LIEBEROTH, RUSKE 1978) noch in mehr als 1 km Entfernung vom Muschelkalkausstrich auf. Die Schuttdecken weisen auf den kräftigen Materialtransport hin, wobei der bei dem Erdfließen besonders mobile tonreiche Röt den Kalkschutt trug. Verebnungen in 15—25 m Höhe über der Aue sowie Unstrutkiese und -sande im gleichen Niveau bei Karsdorf, Wennungen, Kirchscheidungen und Dorndorf (Abb. 8) bezeugen die in diesem Talbereich breitflächig ausgeprägte und erhaltene frühsaalekaltzeitliche Hauptterrasse des Unstruttales. Die Ausbildung dieses alten Talbodens im Rötbereich weist auf die Mitwirkung kaltzeitlicher kräftiger Seitenerosion während der Schottersedimentation bei dem Ausräumen der Weitung hin. Am Katzelberg östlich von Nebra treten rund 38 m über der heutigen Talaue Schotter der frühelsterkaltzeitlichen Unstrut auf.

Weitere Zeugen der elsterkaltzeitlichen Vergletscherung sind die Grundmoränenreste am Talhang ostsüdöstlich von Nebra sowie die Schmelzwassersande und -kiese darunter. Zur Zeit des saalekaltzeitlichen Hauptvorstoßes der Gletscher führten aus dem Schmon-Reinsdorfer Tal strömende Schmelzwässer Kiese und Sande mit einem hohen Anteil nordischen Materials dem Unstruttal zu. Feine Sande (Schmoner Sande nach SCHNEYER 1961) wurden bei Karsdorf am Talrand abgelagert und in die Aufschotterung der Unstruthauptterrasse eingebracht, woraus sich der relativ hohe Anteil an nordischem Material in den Unstrutkiesen der Hauptterrasse bei Wennungen (Abb. 9) erklärt. Weiter talabwärts setzten sich im Lauchaer Raum Bändertone ab (s. C 16).

Das Profil der Kiesgrube (Abb. 28) am flach ansteigenden Talhang nördlich von Wennungen zeigt die genannten Hauptterrassenschotter der Unstrut mit einem hohen Anteil an Schmelzwassermaterial. Diese sind von einer mächtigen Folge durch interglaziale und interstadiale Bodenbildungen gegliederter lößartiger Sedimente überlagert. Zu den Böden zählt die gut entwickelte Fahlerde der Eemwarmzeit; das Denekampinterstadial (Paudorfinterstadial) der Weichselkaltzeit wird durch eine schwach ausgeprägte Verlehmung markiert. Humuszonen treten als Zeugen beginnender schwarzerdeähnlicher Bodenentwicklung in kühlen frühweichselglazialen Interstadialen auf und sind durch frostbestimmte Kaltphasen mit Eiskeilbildung getrennt.

Mit den Salz- und Anhydritlagern des Röts sind Formen des unterirdischen Karstes verbunden. Bei der Verkarstung der Gips- und Anhydritgesteine entstanden kleine Kavernen und Höhlen, die zu Senkungen und Erdfällen an der Erdoberfläche führten. Diese Gipskarstformen werden häufig durch die quartären Terrassenschotter und Hangsedimente verdeckt. Die älteren holozänen und die pleistozänen Erdfälle sind mit einer stark verdichteten, grobklastischen Brekzie (Trümmergestein) verhüllt.

Die genannten Auslaugungsformen beeinträchtigen stark die Bebauungsmöglichkeit der Rötzone. So ergaben sich für die Errichtung des Zementwerkes

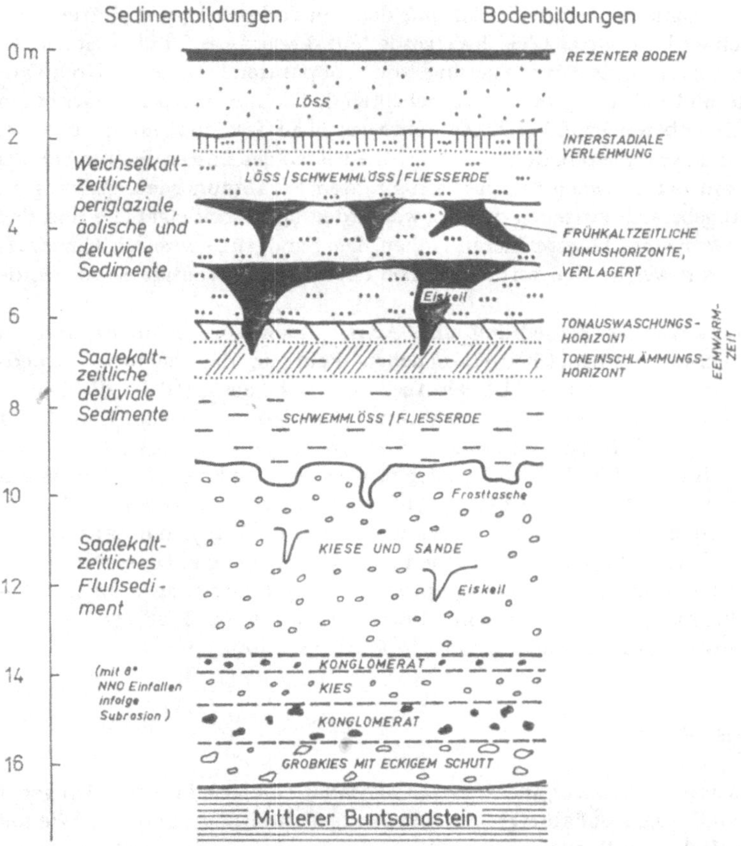

Abb. 28. Pleistozänprofil der Grube Wennungen (Entwurf H. KUGLER nach SCHNEYER 1961)

Karsdorf Schwierigkeiten, die ingenieurgeologisch erkannt und bautechnisch überwunden wurden. Die einzelnen Bauteile wurden gegeneinander beweglich gehalten und durch Kiespolster gegen ungleichmäßige Setzungen gesichert. Absenkungen, Ein- und Abbrüche am Rand der Muschelkalktafel über Auslaugungshöhlungen im Röt wirkten bei der quartären Rückverlegung der Muschelkalkschichtstufe mit. Die Hauptterrasse der Unstrut wurde in den Auslaugungsbereichen wie bei Dorndorf um rund 10 m nachträglich abgesenkt. Das minimale Talbodengefälle im Reinsdorf-Lauchaer Raum (Abb. 15) und die bis 1 km breite Aue weisen auf die leichte Ausräumbarkeit der Rötgesteine und zusammen mit dem hohen Grundwasserstand auf die Auslaugungsprozesse hin. Die flachen, weit ausgreifenden Randhänge der Talung um Laucha zeigen die durch die Auslaugung bedingte Abbiegung des Untergrundes an.

Die Auen bei Laucha weisen als Bodenformen Auenschluffvega und Auenschluffgley (s. A 2) auf und sind ebenso wie die überwiegend flachen Talhänge land-

B 18 wirtschaftlich genutzt. Auf dem Löß und den Lößderivaten (s. B 7) treten im Nebra-Lauchaer Unstruttal Lößschwarzerde und -griserde auf, die in Bereichen mit bodenerosiver Materialumlagerung von Lößpararendzina und Kolluvialschwarzerde und -schwarzgley unterbrochen sind. Die hier typischen Griserden zeigen aus den oberen Profilbereichen ausgewaschene Ton- und Humuspartikel im Unterboden, vor allem in den feinen Trockenrissen des Lösses. Sie bezeichnen zusammen mit den schwach tondurchschlämmten Parabraunerden (Anhang B) den Übergangsbereich zwischen den Schwarzerden der Trockengebiete und den Fahlerden der niederschlagsreicheren Höhen. Die Sandgrube westlich Karsdorfs schließt eine auf weichselkaltzeitlichem Löß entwickelte mächtige Schwarzerde auf.

Der früh einsetzenden Besiedlung und Ackernutzung des Raumes mußten zuerst der lichte Traubeneichen-Hainbuchen-Wald auf den flachen Talrandhängen und später der Eschen-Ulmen-Auenwald weichen. Groß ist die Dichte der jungsteinzeitlichen Siedlungen (Abb. 11) in dieser Talweitung, und das Netz der heutigen Orte war im wesentlichen im 10. Jh. festgelegt. Bei Nebra (s. B 19) und Karsdorf (s. B 22) bestanden mittelalterliche Übergänge der Weinstraße über die Unstrutaue (Abb. 12). Die aus Burgen entstandenen Wohnschlösser Vitzenburg, Nebra und Burgscheidungen (s. B 24), die Sakral- und Profanbauten und die mittelalterlichen Stadtbefestigungen von Nebra (s. B 19) und Laucha (s. C 1) sowie die typisierten Portalgestaltungen an Bauernhöfen in Wennungen (s. B 23) und Kirchscheidungen (s. B 26) prägen das Unstruttal zwischen Nebra und Laucha in kunsthistorischer Sicht.

B 19 **Nebra,** Kreis Nebra,

liegt rechtsseitig der Unstrut und 20 bis 40 m erhöht dort, wo das enge Wangener Unstruttal in die sich flußabwärts anschließende Talweitung übergeht. Wie auf den Flächen links der Unstrut tritt auch im Nebraer Raum eine Fülle wichtiger Zeugen ur- und frühgeschichtlicher Besiedlung auf. Dabei erweist sich das Gelände der Altenburg, das heißt der Bereich des heutigen Erholungszentrums im N der Stadt zwischen Terrassencafé und Sportanlagen, als besonderer Schwerpunkt. Von einem rund 50 m² großen jungpaläolithischen Jägerzeltlager des Magdalénien (etwa 11000 v. u. Z.) wurden ungefähr 60 Pfostengruben mit Steinverkeilung sowie Kultgruben in den Zelten aufgedeckt. Diese bargen zwei aus Elfenbein und eine aus Rengeweih geschnitzte, stilisierte, etwa 7 cm lange Venusstatuetten. Die Kulturschicht und die darunterliegenden Gruben waren angefüllt mit zerschlagenen Knochen von Wildpferd, Ren, Schneehase, Schneehuhn, mit durchlochten Eckzähnen des Eisfuchses, mit zahlreichen Feuersteinartefakten, so Abschlägen, ferner 1700 weißpatinierten Geräten wie Stichel, Doppelstichel, Stichelkratzer, Bohrer und Rückenmesser und mit Geräten aus Knochen, Geweih und fossilem Elfenbein. Der kulturhistorische Wert dieser Funde erweist sich genauso bedeutend wie die Aussage über die spätweichselkaltzeitliche Umwelt dieser Jägersippe.

Verschiedene Einzelfunde in der Stadt und ihrer Umgebung machen eine jungsteinzeitliche Besiedlung wahrscheinlich. Ebenfalls im Altenburggelände wurde eine befestigte jung- bis spätbronzezeitliche Siedlung mit Sohlgraben und Holz-Erde-Wall aufgedeckt. Abfall- und Vorratsgruben bargen verkohlte Früchte von Gerste, Emmer, Linse, Erbse und Ackerbohne als Zeugen frühen Feldbaus, und es fanden sich Nachweise eines wahrscheinlich kultischen Kannibalismus. B 19

Am Nordabhang der Altenburg kam ein germanisches Gräberfeld der spätrömischen Kaiserzeit mit Urnengräbern, Leichenbrand, Körpergräbern und vielen Grabbeigaben zum Vorschein. 2 im Nebraer Raum gefundene römische Denare (TRAIANUS 98—117, MARCUS AURELIUS 161—180) weisen auf Verbindungen zu Rom hin.

Der Name des Ortes Nebra tritt 876 als *Neueri* und im selben Jahrhundert als *Nebure* (Namenform etwa 1150 niedergeschrieben) auf; 1323 schrieb man *Nebire*. Die Bezeichnung läßt sich eventuell als Ort an der Enge mit Bezug auf das alteuropäische Adjektiv *nēbh-ri*, *nōb-ri* (eng, schmal) deuten, womit das Engtal der Unstrut oder eine schmale Stelle des Flusses gemeint sein kann.

Bei Grabungen wurde auf der Altenburg ein Spitzgraben festgestellt, der Rest einer Anlage des 9.(?)—13. Jh. Dieser sowie die Flurnamen Altenburg, Alter Gottesacker, Alte Stadt und Auf dem alten Markt weisen auf eine von der heutigen abweichende Lage der Burg und den wohl um 1250/60 zur Stadt erhobenen Ort Nebra bis ins Hochmittelalter talwärts zwischen der Altenburg und einer Slawensiedlung hin. Auf einen ehemaligen fränkischen Königshof Nebra und später dort sitzende Edle von Lobdeburg, Schenken von Nebra, Edle von Querfurt und erzbischöflich magdeburgische Lehnsträger bezügliche Quellen beziehen sich wohl auf diese alte Stadt. Bis 1543 wird von der noch bestehenden Kirche des alten Nebras berichtet. Vieles spricht dafür, daß diese Stadt während der Belagerung durch Landgraf FRIEDRICH DEN ERNSTHAFTEN, gleichzeitig Markgraf von Meißen, 1341 völlig niedergebrannt und bald darauf an ihren heutigen, gegen die Ausuferungen der Unstrut geschützten Platz verlegt wurde.

Anlaß dieser Auseinandersetzungen (s. A 12) war der Landfriedensbruch HEINRICHS, des Schenken von Nebra. In späterer Zeit führten Streitigkeiten wegen der Teilung des wettinischen Grundbesitzes zum thüringischen Bruderkrieg, in dessen Verlauf Nebra 1446 von Verbündeten des Kurfürsten FRIEDRICH II. von Sachsen erneut erobert wurde. Der Kurfürst belehnte daraufhin die Familie von Nißmitz mit Nebra, in deren Besitz die Stadt bis 1718 blieb und die auf der Burg bis zu deren Zerstörung durch die Schweden im Jahre 1644 gewohnt hat.

Die heute noch zum größten Teil erhaltene Ruine geht auf eine Burg des 15. Jh. mit Wohnturm und Palas zurück. In spätgotischer Zeit war sie in ein wohnliches Schloß umgestaltet worden, worauf die Vorhangbogenfenster im Wohnturm hinweisen. Bemerkenswert ist das qualitätsvolle rundbogige Diamantquaderportal an der Westseite des polygonalen Treppenturms aus der zweiten Hälfte des 16. Jh. Aus Nebraer Sandstein errichtet ist das neue Schloß von 1874 westlich des Marktes.

Die Achse des mittelalterlichen Stadtkerns wird deutlich bestimmt durch den Verlauf des alten Verkehrsweges von der Finne nach Querfurt. Die frühere Unstrutbrücke nahe dem Gehöft der ehemaligen Grabenmühle 1 km nördlich von Nebra ist 1207 bezeugt. Auf die Hauptachse des späteren Nebras, die heutige Karl-Marx-Straße, sind der langgestreckte, kleine Markt- und Kirchenplatz ebenso rechtwinklig ausgerichtet wie die Nebenstraßen. Die Geländeform bedingt

B 19

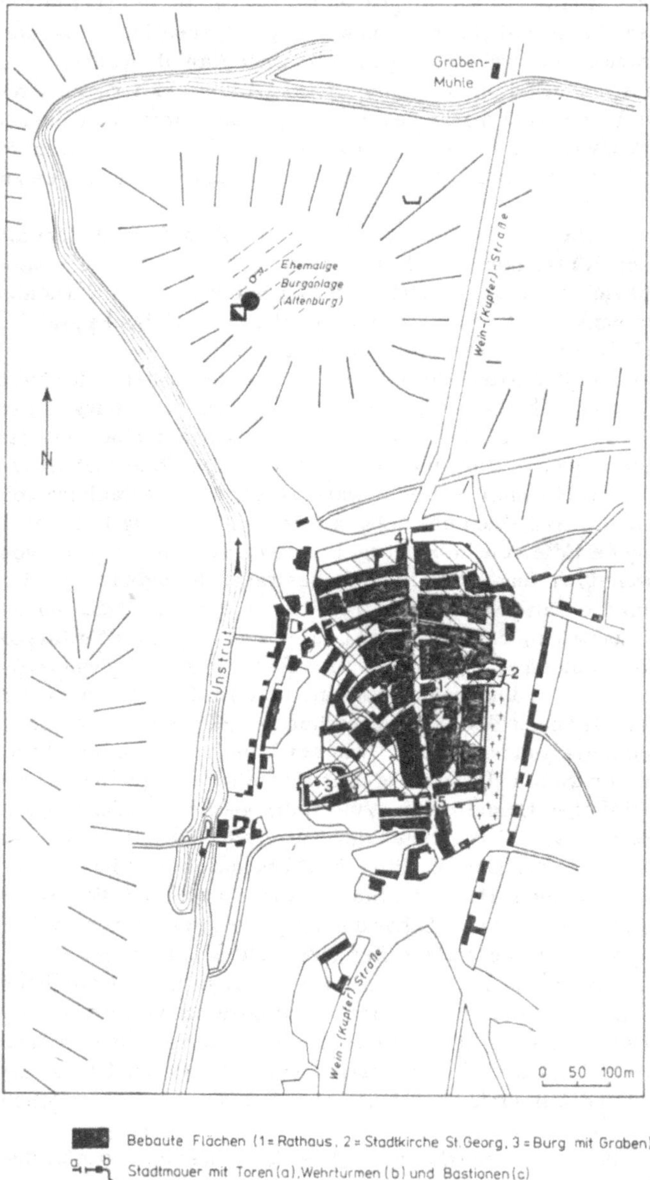

Bebaute Flächen (1 = Rathaus, 2 = Stadtkirche St. Georg, 3 = Burg mit Graben)

Stadtmauer mit Toren (a), Wehrtürmen (b) und Bastionen (c)
4 = Unteres Tor, 5 = Oberes Tor, 6 = Pfarrtor

Stadt im 14. Jh. (a = ältere Oberstadt, b = jüngere Unterstadt)

Burganlage und Siedlung im 13. Jh.

Altsteinzeitlicher Rastplatz (Magdalénien)

Jungbronzezeitliche Siedlung — Germanisches Gräberfeld (3./4. Jh.)

den nach S sich verjüngenden Umriß der Stadt. Deutlich läßt der Grundriß (Abb. 29) den birnenförmigen Stadtkern in der Umgebung des Marktes erkennen. Die Stadtmauer, von der noch Reste vorhanden sind, umschloß nach Erweiterung des Mauerringes auch die Unterstadt, die sich Anfang des 14. Jh. nördlich hangabwärts vom Kern entwickelte (August 1961). Im S und W kamen im 14./15. Jh. weitere Vorstädte hinzu. Nebra brannte 1472 gänzlich, 1641 teilweise und 1655 bis auf einige Häuser ab. B 19

Von einem gewissen Wohlstand der Stadt des 16. Jh. zeugen mehrere schöne Portale an Bürgerhäusern. Am Haus Markt 2 blieb das spätgotische Sitznischenportal in Kielbogenform mit sich kreuzendem Stabwerk und Wappenschild und Sitzkonsolen von 1522 erhalten (Bild 10). Weitere Portale befinden sich in der Karl-Marx-Straße, der ehemaligen Breiten Straße. Das Haus Nr. 31a mit Renaissancefenstergewänden besitzt ein rechteckig begrenztes Portal mit Rundbogenarchivolte (Archivolte ist eine Bogenleiste) an Wülsten und Kehlen und einer angedeuteten Sitznische mit Muschelabschluß vom Ende des 16. Jh. Über dem Portal sind 2 Bauinschriftenplatten eingelassen, eine von 1611 und die andere mit 2 Barockkartuschen. Ein rundbogiges Sitznischenportal mit italienischer Dekoration in der Archivolte weist das Bürgerhaus Nr. 40 auf. 4 verschiedene antike Ornamentfriese schmücken die Archivolte. Den äußersten Bogen bildet ein Zahnschnittfries, ein ionischer Schmuckleistenfries schließt sich an, darauf folgt ein mit Dreiecken gefüllter Zahnschnittfries, der von einem Diamantfries begrenzt wird. Gerahmt wird das Portaloberteil durch flache Pilaster mit verziertem Sockel. Sie stehen auf Wappenschilden und flankierten ursprünglich noch eine Attika, einen Dachaufsatz.

Das größte erhaltene Bauwerk ist die 1415 begonnene Stadtkirche St. Georg, die einen massiven, quadratischen Westturm aufweist. Der Turm zeigt an der Südseite eine Heiligenfigur auf einer Kopfkonsole, die, wie zu dieser Zeit üblich, ein Porträt des Bildhauers ist. Das ungewöhnlich schmuckreiche Hauptportal (Bild 11) an der Westseite besitzt im Tympanon die Darstellung des Kampfes vom heiligen Georg mit dem Drachen. Der qualitätsvollen Arbeit dieses wohl höher geplanten Turmes zufolge läßt sich dieses Bauwerk in den Umkreis der Steinmetzen der Moritzkirche von Halle einordnen. In dem kleinen Kirchenschiff — wahrscheinlich nach dem Brand 1666 errichtet — finden wir zahlreiche Grabdenkmäler der Familie von Nißmitz, von denen die beiden barocken des Meisters C. P. von 1671 (Doppelepitaph von Christoph von Nissmitz, gest. 1670, und seiner Gemahlin Ursula geb. Brandt, gest. 1669) und von 1678 (Einzelepitaph von Christian von Nissmitz) zu erwähnen sind, da sie eine formale Adaption der beiden bedeutendsten Epitaphien von Angehörigen der Familie von Wiehe in Burgscheidungen darstellen (s. B 24; Speler 1975). Abschließend sei noch ein Epitaphgemälde mit einer vielfigurigen Predigerfamilie genannt, das eine Ansicht des Unstruttales aus der zweiten Hälfte des 16. Jh. zeigt. Links erkennt man die Stadt Nebra mit dem 1563 erbauten Reinsdorfer Torturm und dem Kirchturm.

←

Abb. 29. Karte von Nebra um 1720 (nach August 1961, ergänzt mit Angaben von B. u. E. Schmidt)

B 19 Bis zum Ende des 19. Jh. blieb Nebra eine kleine Ackerbürgerstadt, deren Bewohner sich ihren Unterhalt vor allem in der Steinbrecherei, Schiffahrt und im Fuhrwesen sowie in der Strumpfwirkerei, Bierbrauerei und durch Acker- und Weinbau verdienten. Der Bau der Eisenbahnlinie erfolgte 1889 (s. C 1). Von dem Bahnhof links der Unstrut führt eine Brücke zur gegenüberliegenden Stadt. Auf ihren Strompfeilern mit gußeisernem Schmuckgeländer liegen 2 Sandsteinlöwen. Nahe der Brücke steht die ehemalige Mühle mit 2 Inschriften, von denen die eine auf einen Brand von 1701 Bezug nimmt.

Nebra ist der Geburtsort von Hedwig Courths-Mahler (1867–1950), deren Name zum Symbol der Kitschromane wurde, von denen sie über 200 schrieb.

Ein Gedenkstein an der Otto-Bratfisch-Straße hält die Erinnerung an Otto Bratfisch wach, der als Teilnehmer an den Märzkämpfen am 28. März 1921 von reaktionären Kräften ermordet wurde.

Anläßlich der demokratischen Verwaltungsreform wurde die Stadt Nebra am 28. August 1952 zum Zentrum des neu geschaffenen Kreises Nebra erhoben, dem Orte der alten Kreise Querfurt, Eckartsberga und Naumburg angehören. Die Stadt ist zwar nach Freyburg die zweitgrößte im Kreis, jedoch zählt Karsdorf etwa genausoviel Einwohner, und das unstrutaufwärts gelegene Roßleben im Kreis Artern ist als Industriegemeinde fast doppelt so groß. Darin drückt sich die siedlungsstrukturelle Grundproblematik des gesamten Gebietes aus: In den industriell schwach entwickelten ehemaligen Randgebieten größerer Landkreise konnte kaum eine Stadt über den Status einer kleinen Landstadt mit zumeist nur unbedeutendem Einfluß auf das Umland hinauskommen, wobei häufig zugleich eine gewisse Teilung wichtiger städtischer Funktionen eintrat.

Die neugeschaffene Funktion als Kreisstadt wirkte für Nebra zugleich als wichtigster Entwicklungsimpuls. Sie verhinderte weitestgehend die sonst für die kleinen, industriearmen Landstädte typische Verminderung der Einwohnerzahl und führte seit 1975 zu einem Bevölkerungswachstum, zu wesentlichen Verbesserungen vor allem auf dem Gebiet der umlandwirksamen Leistungen.

Die wirtschaftliche Basis wird im Bereich der Produktion eindeutig von der Landwirtschaft bestimmt. In dem Gebäude Hauptstraße 34 mit einem Türschlußstein von 1802 hat die LPG Pflanzenproduktion Karl Marx ihren Sitz. Ihre 240 Werktätigen bauen auf einer Fläche von rund 3400 ha vor allem Getreide, speziell Weizen und Gerste, Zuckerrüben, Kartoffeln und Feldfutter an. Daneben spielen Hülsenfrüchte, Ölfrüchte, Obst und Gemüse eine gewisse Rolle. Die landwirtschaftliche Nutzfläche umfaßt die Gemarkungen der Städte Nebra und Bad Bibra sowie der Gemeinden Altenroda, Thalwinkel und Wangen; außerdem zählen die Fluren der Karsdorfer Ortsteile Wennungen und Wetzendorf dazu. Die etwa 110 Werktätigen der LPG Tierproduktion Unstrut betreiben vor allem Rinder- und Schweinehaltung, wobei die Milch- und die Läuferproduktion hervorzuheben sind. Daneben gibt es noch eine größere Anzahl Schafe. 4 Gärtnereien ergänzen das Spektrum der landwirtschaftlichen Produktion.

Industrie und Bauwesen waren 1981 mit je einem Kleinbetrieb vertreten: einem Betriebsteil des VEB Drahtseilwerk Rothenburg mit 26 Arbeitskräften und dem VEB (K) Bau mit etwa 70 Arbeitskräften. Sie verteilen sich zusammen mit dem VEB Kfz-Instandsetzung auf zwei kleine Industriegelände, die sich zwischen

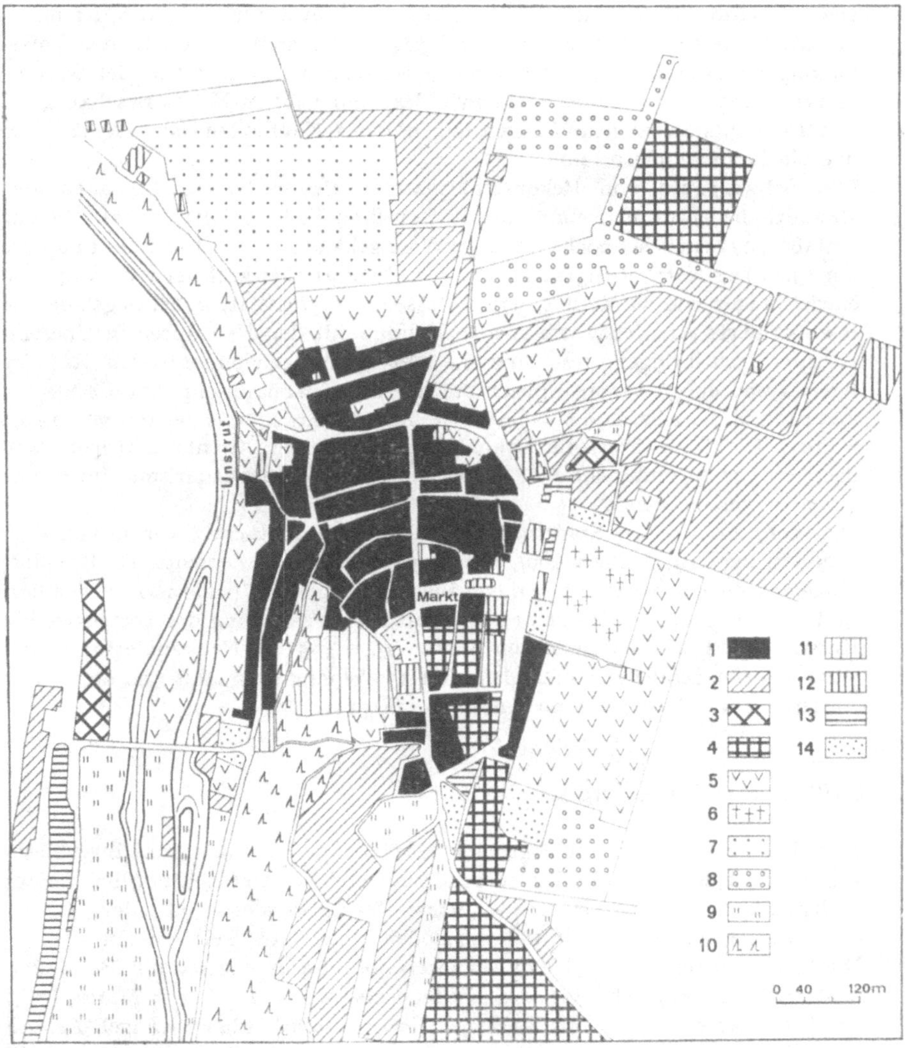

Abb. 30. Flächennutzungskarte von Nebra (nach LIEBSCHER 1976)

1 Geschlossene Wohnbebauung
2 Lockere Wohnbebauung
3 Industriefläche
4 Landwirtschaftliche Produktionsanlage
5 Kleingärten, Gärtnerei
6 Friedhof
7 Sportanlage
8 Obstkultur
9 Wiese
10 Wald
11 Verwaltungseinrichtung
12 Sonstige soziale Infrastruktur
13 Verkehrs- und Lagergelände
14 Baugelände

B 19 Unstrut und Eisenbahn neben dem Bahnhof bzw. hinter dem Omnibusbahnhof am Rand der Altstadt befinden (Abb. 30).

Der bei weitem bedeutendste Wirtschaftszweig der Stadt ist jedoch der nichtmaterielle Bereich, in dem Einrichtungen des Gesundheitswesens, der Volksbildung, des Handels und anderer Zweige der sozialen Infrastruktur den Schwerpunkt bilden. Hier arbeiten etwa 70% der rund 1 300 in Nebra Beschäftigten. Seit 1970 entstanden neue Einrichtungen, wie 2 Kaufhallen, ein Schwimmbad und ein Landambulatorium.

Den Schwerpunkt von Rekonstruktionsmaßnahmen bildete vor allem das altstädtische Zentrum Nebras, das den größten Teil der Altbauwohnsubstanz umfaßt. 1971 entfielen noch 60% aller Wohngebäude der Stadt auf die Baujahre vor 1900. Der Kern ist zugleich aber auch Standort aller wichtigen Versorgungseinrichtungen und wurde seit 1970 umfassend neugestaltet, wobei es gelang, die rekonstruierte erhaltenswerte Altbausubstanz mit den Neubauten in Übereinstimmung zu bringen. Neu sind die Verwaltungsgebäude für den Rat des Kreises und einige andere Einrichtungen, so das Kreisgericht und die Staatsanwaltschaft. Auch damit konnte die Zentralität Nebras weiter verbessert werden. Die Maßnahmen im Erholungsviertel um die Altenburg trugen dazu bei, Nebra mehr und mehr zum Zielort für den Wochenendtourismus im Bezirk Halle werden zu lassen.

Die Wohnfunktion der Stadt drückt sich in der beachtlichen Anzahl von Auspendlern aus (1975: etwa 600), deren Hauptziele das Zementwerk Karsdorf (ungefähr 240 Auspendler) und das Kaliwerk in Roßleben (rund 120 Auspendler) sind. Insbesondere im Zusammenhang mit der Erweiterung des Zementwerkes Karsdorf (s. B 22) wurde in den Jahren 1970–75 ein Neubauviertel an der Wetzendorfer Straße errichtet, das etwa 350 Wohnungen zählt und damit fast ein Drittel aller Nebraer Einwohner beherbergt.

B 20 Steilhänge bei Vitzenburg

Unterhalb von Vitzenburg liegen die gehölzfreien Buntsandsteinhänge dieses Flächennaturdenkmals. In den oberen Hangbereichen treten Gipsschichten des auflagernden Röts hervor. Die schüttere Vegetationsdecke läßt der Wassererosion freien Zugriff, so daß sich die Böden kaum entwickeln können.

Die Hänge tragen eine Trockenrasenvegetation, die am ehesten mit Beständen auf den Zechsteingipshängen des Kyffhäusers (s. Bd. 29, B 3.2; Mahn 1965) verglichen werden kann. Mit Erdsegge (*Carex humilis*), Blauschwingel (*Festuca cinerea*), Berggamander (*Teucrium montanum*), Grauem Sonnenröschen (*Helianthemum canum*), Gemeinem Nadelröschen (*Fumana procumbens*) und dem Ebensträußigen Gipskraut (*Gypsophila fastigiata*) ergibt sich ein pflanzensoziologischer Anschluß an den Gamander-Blauschwingel-Rasen in der Untergesellschaft des Gipskrautes.

Der Trockenrasen, der im pflanzensoziologischen System den Kalkfelsfluren zugeordnet wird, bedeckt an den 40–50° nach S geneigten Hängen nur etwa die Hälfte der Bodenoberfläche. Neben den bereits genannten Arten treten weiterhin auf: Aufrechte Trespe (*Bromus erectus*), Gemeines Bartgras (*Bothrio-*

chloa ischaemum), Frühblühender Thymian (*Thymus praecox*), Sandfingerkraut (*Potentilla arenaria*), Quendelseide (*Cuscuta epithymum*), Kleines Hornkraut (*Cerastium pumilum*), Quendelsandkraut (*Arenaria serpyllifolia*), Stengelloser Tragant (*Astragalus exscapus*) und Edelgamander (*Teucrium chamaedrys*). Auf dem nackten Boden wächst die Flechte *Fulgensia fulgens*. In einem benachbarten Pflanzenbestand sind neben den genannten Arten auch Frühlingsfingerkraut (*Potentilla verna*), Kleines Schillergras (*Koeleria gracilis*), Klettenigelsame (*Lappula squarrosa*), Roter Hornmohn (*Glaucium corniculatum*) und Kelchsteinkraut (*Alyssum alyssoides*) zu finden. B 20

Reinsdorf, Kreis Nebra, und **Zingst,** Ortsteil von Vitzenburg, **B 21**

sind zwei benachbarte und etwa 2 km auseinanderliegende Unstruttal-Gemeinden. Reinsdorf erstreckt sich östlich der Mündung des Schmoner Baches in die Unstrut am Auenrand. Zahlreiche Funde deuten auf eine lange zurückgehende Nutzung des Raumes hin. So wurde oberhalb der Zuckerfabrik Vitzenburg, nordwestlich von Reinsdorf, Schmuck der bandkeramischen Kultur gefunden, der aus Klappmuscheln (*Spondylus*) bestand. Die Flur barg schnurkeramische Steingeräte sowie Teile durchbohrter Hundezähne und einer schnurkeramischen Ostharzamphore. Eine Siedlung der späten Bronzezeit bis zur frühen Eisenzeit liegt auf einer Erhebung 150 m südöstlich von Reinsdorf an der Westseite des Altenburghügels. Oberhalb der Zuckerfabrik Vitzenburg wurde eine latènezeitliche Siedlung angeschnitten; eine runde Siedlungsgrube enthielt Holzkohle, verkohltes Getreide und Gefäßreste.

Ebenfalls auf der Altenburg bargen Archäologen Urnengräber eines germanischen Gräberfeldes des 3. Jh. Ein weiteres Gräberfeld des 3./4. Jh. mit Brand- und Körpergräbern im Lerchenfeld, 1,2 km östlich des Ortes, wurde beim Kiesabbau zerstört. An gleicher Stelle lag auch ein Gräberfeld der thüringischen Königszeit aus dem 5./6. Jh. In den zahlreichen Körpergräbern befanden sich Gefäße, Metallschlüssel, vergoldete Bügelfibeln, Waffen, Glasperlen und Bergkristallwirtel. Eine Kontinuität dieses Bestattungsplatzes vom 3. bis 6. Jh. ist möglich, aber nicht klar erwiesen.

Der Name von Reinsdorf (830/850 *Reginheresdorpf*, 991 *Reginheresdorf*) bedeutet Dorf eines Reginher bzw. Reinher. Der Ort ist wohl eine fränkische Gründung, die in Anlehnung an die Altenburg auf dem moränenbedeckten flachen, die breite Aue zwischen Unstrut und Bahnlinie teilenden Buntsandsteinhügel (Höhe 119 m) entstand. Ende des 19. Jh. war die Altenburg noch durch eine mächtige Schutt- und Brandlage kenntlich. Südwestlich von Reinsdorf besaß das benachbarte Kloster Vitzenburg 9 Hufen, und zwar — übersetzt aus dem Lateinischen — „im östlichen Teil des Grabens, wo ehedem Wasser floß", was auf eine Laufverlegung der Unstrut von der Nord- auf die Südseite des Altenburghügels hinweist. Unweit östlich des Ortes liegt die Wüstung Brunsdorf (830/850 *Brunesdorpf*, zu einem Personennamen Brūn).

Im Ortsgrundriß von Reinsdorf lassen sich mehrere Teile unterschiedlicher Entstehung und Funktion erkennen. Das westliche Dorf umfaßt den ehemaligen Klosterbezirk mit Häusleranwesen, den sogenannten Klosterhäusern, und der

B 21 Klosterkirche. Ursprünglich besaß dieser Teil seine eigene (Wenzels-)Kirche auf dem Flurstück Alter Kirchhof. Das Reinsdorfer Benediktinerkloster war zwischen 1121 und 1124 auf Veranlassung WIPRECHTS VON GROITZSCH und des Bischofs OTTO VON BAMBERG von Vitzenburg hierher verlegt worden; der Bischof weihte 1127 auf seiner zweiten Missionsreise nach Pommern die noch nicht vollendete Kirche Johannes dem Täufer.

Von der Basilika der 1135 fertiggestellten Benediktinerklosterkirche stehen nach Abbruch des Langhauses im 17. Jh. nur noch das Querhaus mit den zugemauerten rundbogigen Arkadenöffnungen für die Seitenschiffe und der im 14. Jh. verlängerte Chor mit dem gotischen, dreiteiligen Maßwerkfenster. Neben Resten von Palmetten- und Schachbrettfries ist aus romanischer Zeit (um 1200) ein mit Spiegelschrift umrahmtes Tympanon über dem rundbogigen Kirchenportal zu sehen, das vermutlich aus dem Hauptportal stammt. Es stellt Maria mit dem Kind zwischen einem knienden Bischof mit dem Kirchenmodell, dem Erzengel Gabriel und vermutlich dem ersten Abt dar. Das Äußere der Kirche — Portal, Sakristei, Turm mit barocker Haube und Laterne — ist von An- und Umbauten des 17. Jh. bestimmt, während das Innere Anfang des 18. Jh. prunkvoll ausgestattet wurde.

Die Weinbergszehnten in Steigra, Wangen, Vitzenburg und Nebra sowie die Rodungszehnten in Zingst, Vitzenburg und Gleina gehörten zu den wichtigsten Einnahmen des Klosters, das sich intensiv der landwirtschaftlichen Bodennutzung und dem 1207 erstmals genannten Weinbau widmete. Daß dem Kloster viele Neubruchszehnten zustanden, ergibt sich aus seiner Lage am Rand der großen Rodungsgefilde um Gleina (s. C 9). Im Jahre 1525 wurde das Kloster von den Bauern „gepocht“, an der Plünderung beteiligten sich auch Einwohner aus Wippach, Wangen und Altenroda (FUCHS 1942). 1540 wurde es säkularisiert. Es entstanden 3 Rittersitze, die — seit 1750 zu einem Rittergut vereinigt — bis 1945 den Grafen von der Schulenburg-Heßler auf Vitzenburg gehörten.

Von der Klostersiedlung führt ein Weg zu dem reichlich 300 m langen Anger, auf dessen parkartigem Grünland ein Wasserwerk steht. Beiderseits des Angers reihen sich in geschlossener Front Dreiseithöfe mittlerer Größe aneinander. Am Südende des Angers stand das Rittergut; heute befinden sich dort Einfamilienhäuser. Südöstlich und östlich schließen sich an der Bachgasse sehr eng aneinander gebaute kleine Gehöfte und frühere Häusleranwesen an. Die Gasse führt bis zum Unterdorf mit dem Schulhaus, das heute als Kinderkrippe dient. Erweiterungen erfuhr der Ort im SO durch Einfamilienhäuser sowie im NW durch Landwirtschaftsanlagen.

Zingst entstand aus dem ehemaligen Gut und seiner früheren Arbeitersiedlung Kleinzingst. Es tritt 1203 als *Cindest*, 1206 als *Zindest* auf. Sein Name bezieht sich auf die Lage zu dem Sandsteinsporn im Rücken des Dorfes (germanisch *tind*, mhd. *zint* = Zinke, Zinne, Spitze). Die Arbeitersiedlung war — 1825 mit 8 Fronhäusern — Zubehör des Schlosses Vitzenburg. An diese schließen sich das ehemals 7 Häuser umfassende Krautdorf und das frühere Rittergut an, das mit einem kleinen Park umgeben ist. Das aus dem Jahre 1665 stammende Gut wurde unter Verwendung alter Bausubstanz 1934 historisierend wiederhergestellt. Das Hauptgebäude ist eine rechtwinklige zweigeschossige Zweiflügelanlage mit Mansarddach und 2 Portalen mit gesprengten Segmentgiebeln und Wappenkartuschen. Ein großer Dreiecksgiebel mit einem gerahmten querovalen Fenster gliedert den Bau. Er gehört heute zum Fachkrankenhaus für Kinder- und Jugendpsychiatrie Vitzenburg, das schulunfähige, aber noch förderungsfähige Kinder des Bezirkes Halle betreut. In den Wirtschaftsgebäuden hält die LPG (T) Weißenschirmbach Kühe; die Gärtnerei untersteht der LPG (P) Querfurt, die bei Reinsdorf auch Weinbau betreibt. B 21

Im Gebiet zwischen Zingst, Vitzenburg und Reinsdorf berührten sich die Binnenschiffahrt auf der Unstrut, der Straßenverkehr entlang der Unstrut und die Eisenbahn. Diese verkehrsgünstige Lage am Bahnhof Vitzenburg gab Anlaß zur Errichtung der Zuckerfabrik, die heute dem Zuckerkombinat Helme-Unstrut in Artern zugehört und vorrangig die in den Kreisen Nebra und Querfurt geernteten Rüben verarbeitet. Auch die in den siebziger Jahren geschaffene zwischenbetriebliche Einrichtung der Landwirtschaft, die ZBE Bullenmastkombinat Reinsdorf, zwischen dem Bahnhof Vitzenburg und dem Ort Reinsdorf nutzt die günstige Verkehrslage. Dieser industriemäßig produzierende Landwirtschaftsbetrieb verfügt über 4000 Bullenmastplätze, und die etwa 50 Beschäftigten liefern Rinder in die Schlachthöfe von Zeitz und Weißenfels. Außerdem arbeitet noch die LPG (T) Max Reimann in Reinsdorf, deren etwa 25 Beschäftigte Schweine, Rinder und Schafe halten.

Karsdorf, Kreis Nebra, mit **Wetzendorf** B 22

Karsdorf ist eine fränkische Gründung an dem frühzeitig überbrückten Unstrutübergang der Wein- und Kupferstraße (s. B 2). 1589 wird die Brücke im Freyburger Erbzinsbuch erstmals genannt. Das heutige Bauwerk entstand nach 1870.

Mehrere neolithische Niederlassungen belegen die frühzeitige Besiedlung des Unstruttales bei Karsdorf und Wetzendorf. Eine Siedlung des mittleren Neolithikums, der Trichterbecherkultur, befindet sich 1 km südlich, eine weitere 600 m südöstlich der Karsdorfer Kirche. Ein jungsteinzeitliches Kindergrab mit Muschelschmuck wurde 600 m südöstlich der Kirche gefunden, weitere Hockergräber mit Gefäßen kamen 500 m südlich der Kirche zum Vorschein. Eine ältere bandkeramische Siedlung bei Karsdorf wird durch Scherbenfunde wahrscheinlich. Am Katzelanger, 1,25 km nordwestlich der Wetzendorfer Kirche, lassen Feuersteinklingen, Steinbeile und Scherben auf eine neolithische Siedlung schließen.

Die Bronzezeit ist mit einem Hockergrab der Aunjetitzer Kultur 1 km südlich der Karsdorfer Kirche und einem bronzenen Lappenbeil der mittleren Bronzezeit von der Roten Hohle vertreten. Eine Siedlung der frühen Eisenzeit befindet sich etwa 200 m südöstlich von Karsdorf. Beim Bau des neuen Wetzendorfer Wohnviertels wurde von einem Gräberfeld der frühen Eisenzeit eine Reihe von Urnengräbern geborgen. Ein germanisches Brandgräberfeld der frührömischen Kaiserzeit (Urnengrab mit Fibel, Ledermesser) liegt auf dem Nordabhang des Großen Mermel. Ein germanischer Bestattungsplatz der spätrömischen Kaiserzeit aus dem 3. Jh. befindet sich an der neuen Wohnsiedlung Wetzendorf.

B 22 Als *Karlestorph* (Dorf eines Karl) wird Karsdorf 1109 und 1203 bezeugt. Die Mansfelder Grafen bauten zwischen 1317 und 1326 ein die Unstrutfurt beherrschendes castrum auf der Hohen Gräte, einem spornartigen Vorsprung der Muschelkalkschichtstufe. Die Burg, deren Hauptteil im N durch doppelten Graben und Wall geschützt war, erscheint 1450 urkundlich letztmals. Reste von ihr blieben bis heute erhalten. Von der Hohen Gräte überblickt man das nahe Zementwerk und das Unstruttal.

Die Lage an einer Furt machte den Ort für die umliegenden Grundherrschaften interessant, so für die Edlen von Querfurt. Sie mußten aber dem politischen Druck der Markgrafen von Meißen — diese erweiterten von Freyburg aus ihren Machteinfluß — weichen; denn seit dem Bruderkrieg 1446—51 (s. A 7) war die Stellung der Querfurter erschüttert. 1469 beherrschte WILHELM III., Landgraf von Thüringen, das mittlere und untere Unstrutgebiet völlig. Karsdorf wurde zum Amt Freyburg geschlagen und seiner Bedeutung entsprechend zum Landgerichtsstuhl erhoben. Seine wirtschaftliche Stellung spiegelt sich im 19. Jh. darin wider, daß der Ort 2 Jahrmärkte sowie einen Vieh- und Roßmarkt abhalten durfte.

Die Gemarkung Karsdorf hat sich im Laufe der Jahrhunderte bedeutend vergrößert, vor allem durch die Einbeziehung von Fluren wüst gewordener Dörfer. Zu ihnen gehört Siegerstedt südlich von Karsdorf, dessen Name *Sigiristat* (830/850) von einem Personennamen Sigirīch abzuleiten ist. Aus dieser Wüstung liegen viele Funde vor, die ein Bestehen der Siedlung mindestens seit dem 9./10. Jh. anzeigen. Der dazugehörige Friedhof befindet sich unmittelbar nördlich davon. Die Siegerstedter Kapelle — 1539 noch Filialkirche von Burgscheidungen — fiel kurz nach dem Ort wüst. Ebenfalls südlich von Karsdorf befindet sich die Wüstung Bünsdorf. Ein Dorf *Bunisdorp* — es enthält den Personennamen Bun — wird 1108 erstmals genannt. Es besaß eine Martinskapelle, die 1535 an das Kloster Reinsdorf kam. 1319 erwarben die Edlen von Querfurt Gut und Dorf Bünsdorf vom Kloster Paulinzella. Die Wüstung Wölbitz östlich von Karsdorf hieß 1206 *Wůlbiz*; GRÖSSLER (1892/93) führt auch die Schreibweise *Wolfticz* an, die als deutsch-sorbischer Mischname (Leute eines Wolfhart) zu deuten ist. Nahe und ferne Klöster erwarben in diesen Orten Weinberge, so 1057 das Goslarer Stift Simon und Juda. Auch die wüste Flur vom ehemaligen Windhausen auf der Höhe ging in die Karsdorfer Gemarkung ein.

Im Ortsgrundriß von Karsdorf lassen sich eine von N nach S führende Hauptstraße und mehrere parallel dazu führende Gassen erkennen. Längs der Hauptstraße reihen sich in nahezu geschlossener Front mittelgroße Gehöfte aneinander. Ihr Zugang ist oft durch große Portale, in einem Fall durch ein Sitznischenportal aus der Renaissancezeit abgeschlossen. Ein umfangreicher Gutshof an der Südostecke und die Mühle an der Unstrut treten im Siedlungsbild stärker hervor. Mitten im Ort steht die seit 1307 nachweisbare Kirche, die ihre heutige Gestalt durch einen Umbau am Anfang des 19. Jh. erhielt. Der Turm an der Nordseite stammt von 1701. Von der Innenausstattung sind zwei Figuren eines spätgotischen Schnitzaltars zu nennen.

Der seit 1957 eingemeindete Ortsteil Wetzendorf erstreckt sich längs der alten Weinstraße am Unstrutübergang. Sein Grundriß weist eine haufendorfartige Form mit einer 1887 im neuromanischen Stil umgebauten Kirche in der Mitte auf. An der Straße Nebra—Laucha, die durch den Westteil des Dorfes führt, reihen sich große Gehöfte aneinander, an deren Gebäuden hofseitig vereinzelt hölzerne Oberlaubengänge erhalten geblieben sind. Im übrigen Ort dominieren kleine Gehöfte und ehemalige Häuslerstellen. B 22

Um 1060 wird Wetzendorf als *Widesendorp* = Dorf eines Widiso erstmals genannt. Es teilte im Mittelalter die Geschicke der Herrschaft Wiehe (s. A 4) und wurde 1539 zur Herrschaft Beichlingen gerechnet. Schloß Nebra besaß früher hier ein Rittergut. Viele am Katzelanger nordwestlich von Wetzendorf aufgelesene Scherben vom 9./10. bis 14. Jh. deuten auf eine mittelalterliche Wüstung an dieser Stelle hin.

Karsdorf gehört mit seinen Ortsteilen Wetzendorf und Wennungen zu den größten Siedlungen des unteren Unstruttales. Es repräsentiert den Typ der Industriesiedlung, deren Struktur und Entwicklung eng mit dem VEB Zementwerk Karsdorf, einem Betrieb des Zementkombinats Dessau, verbunden ist. Der Betrieb zählte 1981 etwa 3200 Arbeitskräfte und produziert 4,6 Mill. t Zement verschiedener Sorten pro Jahr, daneben auch Mineralwolle und Dämmstoffe. Er verkörpert damit das größte Unternehmen des unteren Unstruttales und das wichtigste Zentrum der Arbeiterklasse im Kreis Nebra.

Kalkabbau und Zementherstellung

Der Kalkstein wird in einem Großtagebau gewonnen, dessen Anlage sowohl technisch als auch rohstoffmäßig sehr günstig ist. Für die Portlandzementfabrikation, für die auch die glazifluvialen Feinsande oder Schmoner Sande (Bild 14) Bedeutung erlangen, spielt der Gehalt an Magnesit ($MgCO_3$) im Rohstoff eine große Rolle. Bei Karsdorf finden wir die günstigsten Gehalte (2—3% $MgCO_3$) im unteren Wellenkalk und in der Oolithzone. Im Rohmehl soll die durchschnittliche Zusammensetzung 78—79% Kalzit ($CaCO_3$) und die Höchstmenge an Magnesit 5% ausmachen. Die Zusammensetzung des Ausgangsmaterials beträgt 80% Kalkstein, 15% Tonmergel als zuzuführende Tonkomponente und 5% Sand. Im Steinbruch ist nachstehende Schichtenfolge anzutreffen (Jubitz 1959; Abb. 31):

Unterer Muschelkalk		mu_2	mittlerer Wellenkalk	25 m
		oo	Oolithzone	12 m
		mu_1	unterer Wellenkalk	40 m
			gelbe Grenzbank	1,5 m
Oberer Buntsandstein	Oberer Röt	so_3	strohgelbe Kalke	1,5 m
			Myophorienschichten (benannt nach Mollusken)	18 m
		y_4	Gipszone	36 m
	Mittlerer Röt	so_2	Werksfolge Karsdorf	55 m
		y_3	oberer Basisgips	12 m
	Unterer Röt	so_1	Myophoriendolomit	15 m
		y_2	unterer Basisgips	22 m

Im Muschelkalktagebau werden die Horizonte mu_1, oo und mu_2 gebrochen, im Tonsteintagebau die ziegelroten tonigen Schluffsteine der Werksfolge Karsdorf. Die übrigen Schichten sind wegen zu hohen Magnesitgehalts für die Zementproduktion ungeeignet. Die Fördermengen des Kalksteintagebaus betrugen

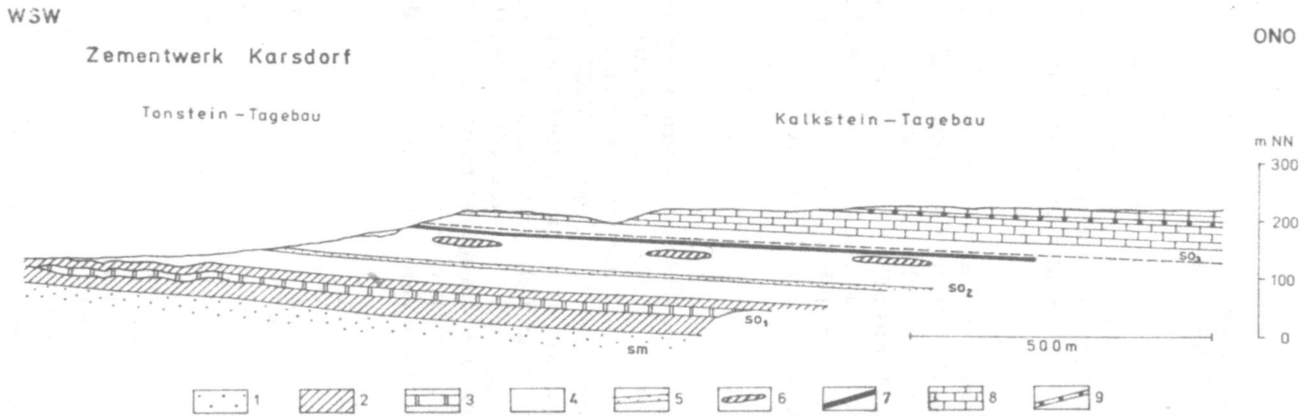

Abb. 31. Schnitt durch den Südwestrand der Querfurter Mulde bei Karsdorf (nach JUBITZ 1959)

1 Sandstein	Mittlerer Buntsandstein	(sm)
2 Tonstein 3 Anhydrit	unterer Oberer Buntsandstein	so_1, so_2, so_3
4 Kalksandstein, -schluffstein 5 roter Sandstein 6 Gips, Anhydrit, Dolomit 7 Mergel mit Dolomit, Anhydrit u. Gips	Oberer Buntsandstein	
8 Kalkstein 9 oolithischer Kalkstein	Unterer Muschelkalk	

1975 insgesamt 4,6 Mill. t Kalkstein und die des Tonsteintagebaus 1,02 Mill. t Tonstein. Das Rohmaterial wird gemahlen und in den bis zu 150 m langen Drehrohröfen bis zur Sinterung bei 1500 °C gebrannt. Das granulierte Brennprodukt, der Klinker, wird anschließend zu Zement vermahlen. B 22

Der heutige Großbetrieb (Bild 15) entwickelte sich aus einem kleinen Zementwerk, das in den zwanziger Jahren neben dem Bahnhof Karsdorf entstand und im Herbst 1928 mit der Produktion begann. Es wurde 1950 erweitert und produzierte 1953 rund 240000 t Portlandzement. Eine bedeutende Vergrößerung erfuhr das Werk in den fünfziger Jahren mit der Errichtung des Werkes II, das nach Fertigstellung im Jahre 1959 Anfang der sechziger Jahre eine Kapazität von 1,3 Mill. t erreichte. Zu beiden Zementwerken trat im Jahre 1963 eine Mineralfaserfabrik hinzu. Der Betrieb wurde in den Jahren 1970—75 erneut großzügig erweitert und erreichte fast eine Verdoppelung seiner Leistung. Insgesamt entwickelte sich die Gesamtproduktion wie folgt: 1960: 0,883 Mill. t; 1970: 2,280; 1974: 4,111; 1978: 4,452; 1980: 4,500. Die hergestellte Menge repräsentiert reichlich ein Drittel der DDR-Zementproduktion. Ein Teil der Erzeugnisse wird exportiert.

Die Gewinnung der Rohstoffe, deren Vorräte noch auf Jahrzehnte hin ausreichen, erfolgt unmittelbar östlich des Werkskomplexes, so daß für ihren Transport keine öffentlichen Verkehrsmittel erforderlich sind. Durch Stehenlassen des Schichtstufenhanges zwischen Tagebau und Unstruttal wurde das Landschaftsbild in günstiger Weise erhalten und dem Anliegen sozialistischer Umweltgestaltung Rechnung getragen. Den Abtransport der Fertigprodukte übernimmt im wesentlichen die Unstruttalbahn, die zusammen mit ihrem Abzweig Vitzenburg—Querfurt—Röblingen den Anschluß an 3 Hauptstrecken des Eisenbahnnetzes (mit den Bahnhöfen Artern an die Strecke Magdeburg—Erfurt, Naumburg an die Strecke Leipzig—Erfurt und Röblingen an die Strecke Halle—Heiligenstadt) ermöglicht. Um die im statistischen Mittel täglich abzutransportierenden Mengen von 12300 t Zement bewältigen zu können, erhielt der Werkskomplex einen eigenen großen Güterbahnhof.

Seit 1981 erfährt der Betrieb im Rahmen der sozialistischen Rationalisierung umfangreiche Veränderungen. Das veraltete Werk I soll als Zementerzeuger stillgelegt und anderen Verwendungszwecken zugeführt werden. In den modernen Werkteilen II und III werden größere Öfen eingebaut und die Umstellung der Heizungsanlagen auf Braunkohlenstaub vorbereitet. Ferner erfolgen weitere Maßnahmen zur Verminderung der Staubemission, nachdem der Einbau von Elektrofiltern in die Drehrohröfen des Werkes II in den Jahren 1970—75 bereits zu einer Emissionsreduzierung von 4 mg Staub/m³ Abluft auf 0,15 mg geführt hatte.

Die Vergrößerung des Betriebes war begleitet von einem entsprechenden Ausbau der Siedlungen. Karsdorf selbst, vor allem aber Wetzendorf wurde gleichzeitig mit der Errichtung des Werkes II in der zweiten Hälfte der fünfziger Jahre durch den Neubau von Wohnblocks und Einfamilienhäusern vergrößert. Da die lufthygienischen Bedingungen in unmittelbarer Umgebung des Betriebes nicht günstig sind, lag der Schwerpunkt des Baugeschehens westlich des 1 km entfernten Wetzendorfs. Hier entstanden auch moderne Versorgungseinrichtungen, wie Schule, Klubhaus (Bild 16), Einzelhandelsgeschäfte und Dienstleistungs-

B 22 einrichtungen, sowie ein Betriebsteil des VEB Kraftfahrzeuginstandsetzung Halle. Damit haben die beiden Siedlungen ihren dörflichen Charakter weitgehend verloren, zumal auch die landwirtschaftliche Produktion aus ihnen verschwunden ist.

Als sich nach dem Aufbau von Werk III die Belegschaft nochmals reichlich verdoppelt hatte, wurden die Kreisstädte Nebra (s. B 19) und Querfurt Hauptstandorte des Wohnungsbaus. Mit dieser Entscheidung erzielten die Verantwortlichen mehrere vorteilhafte Effekte: Einmal liegen die Wohnungen nicht im unmittelbaren Ablufteinflußbereich des Werkes, und zum anderen erreicht man eine positive Entwicklung der Bevölkerung in den beiden kleinen Kreisstädten, deren infrastrukturelle Einrichtungen insgesamt günstigere Wohnbedingungen für die Zementwerker bieten. Die Ausweitung der Pendelwanderung und vor allem der Pendlerzahl, die sich dadurch reichlich verdoppelte und heute etwa 1500 Personen beträgt, kann durchaus als vertretbar angesehen werden. Beide Kreisstädte besitzen sowohl Eisenbahnanschluß als auch direkte Straßenverbindungen nach Karsdorf, und die Reisezeiten liegen — je nach Verkehrsmittel — zwischen 20 und 40 Minuten in einer Richtung.

B 23 **Wennungen,** seit 1957 Ortsteil von Karsdorf,

erstreckt sich südwestlich von seinem Hauptort in der Unstrutniederung. Aus seiner Flur liegen vereinzelte neolithische Steingeräte und Grabfunde aus der Bronzezeit vor. Bemerkenswert sind spätbronzezeitliche bis früheisenzeitliche Tonzylinder (Briquetage) zur Salzherstellung. Eine latènezeitliche Siedlung wurde in der Kiesgrube am Johannishügel angeschnitten. Ein Urnengrab einer germanischen Frau des 3. Jh. enthielt neben Schmuck und anderen Beigaben, so einem silbernen Fingerring und einer Glasperle, ein Bronzemedaillon des römischen Kaisers Antonius Pius (138—161), das aus Nikaia in Bithynien (Kleinasien) stammt.

Den Ortsnamen — 786 *Wenninge* und 830/850 *Uuennigge* (beide Namenformen etwa 1150 niedergeschrieben) — leitet man von der Lage an einer Flußwindung ab. Das Dorf gehört zu den älteren Unstrutsiedlungen, die noch vor dem Untergang des thüringischen Königreichs entstanden. Auch hier stoßen wir, wie überall im unteren Unstruttal, früh auf Hersfelder, einige Jahrhunderte später auf Bamberger Besitz- und Lehnsrechte. Karl der Grosse übertrug Besitzrechte an das Kloster Hersfeld, beispielsweise 30 Hufen „et ibi S(c)lavi manent" (wo auch Slawen wohnen). Bamberger Rechte in Wennungen werden noch 1629 samt denen an Burgscheidungen aufgeführt. 1467 wurden die Edlen Herren von Querfurt mit Wennungen belehnt, und „unsere Männer und Dorfschaft zu Wennungen" verkauften 6 wüste Ackerhufen (180 Morgen) „im Kirchlehn gegen den Heidelberg und Auf dem Rode" offensichtlich zur Schafweide oder zur Urbarmachung. Bei der Neugründung der Kirche im heute wüsten Oberdorf (Lage unklar) im Jahre 1239 gelangte als Entschädigung 1 Hufe an die Kirche zu Burgscheidungen.

Die spätbarocke Kirche vom Ende des 17. Jh., deren Westturm von einer Zwiebelhaube mit Laterne bekrönt ist, schmückt das Dorf. In ihrem Inneren befinden sich ein Kanzelaltar aus der gleichen Zeit und ein pokalförmiger Taufstein mit zwei Umschriftbändern (1577 datiert). In dem etwa 1 km langen Ort Wennungen gibt es noch einzelne Bauernhöfe, teilweise in alter Lehmbauweise mit Lauben, so Hauptstraße 17, 46, die ursprünglich mit ornamentalem Schmuck versehen und stroh- oder schindelgedeckt waren. Fast alle rundbogigen Portale der Gehöfte sehen gleich aus, so Am Plan 43, 58, 59 und 64, von denen noch weitere aus Kirchscheidungen und aus Albersroda (s. C 7) bekannt sind. Alle Portale stammen wahrscheinlich von dem gleichen Steinmetzen oder einem seiner Mitarbeiter. Die Datierung ist durch den Vergleich mit dem Portal Lindenstraße 28 in Kirchscheidungen möglich (s. B 26). B 23

Am Nordrand von Wennungen entstand nach der Durchführung der Bodenreform 1945 eine Reihe Neubauernhöfe, an die sich ein Viertel mit Einfamilienhäusern anschließt. Gegenüber, also zur Unstrut hin, erbauten die Genossenschaftsbauern eine große Lagerhalle, die heute von der für Wennungen zuständigen LPG (P) Nebra genutzt wird, und einen Schweinestall für die LPG (T) Nebra.

Burgscheidungen, Kreis Nebra B 24

Zwischen Wennungen und Kirchscheidungen schneidet die Unstrut ihr Tal mit weitem Mäanderbogen in den nordöstlich Burgscheidungens unter die Röt- und die Muschelkalktafel abtauchenden Mittleren Buntsandstein ein. Dem rechtsseitigen Prallhang zwischen Wennungen, Tröbsdorf und Kirchscheidungen gegenüber ragen im Innenbogen der Talschlinge rund 40 m über die Aue der Scheidungener Burgberg und die benachbarten Höhen des Mermels und des Galgenberges auf. Etwa seit der Cromerwarmzeit (Abb. 9) erfolgten die Ausformung und Eintiefung dieses Talmäanders und die verstärkte Abtragung des Rötbereichs zwischen Burgberg und Muschelkalkstufe. Das Ensemble von Tallandschaft und Schloß Burgscheidungen, eingebettet zwischen die steil abfallende Muschelkalktafel und die Höhen der Finne, gehört zu den schönsten des unteren Unstruttales.

Die ur- und frühgeschichtliche Besiedlung der Gemarkung Burgscheidungen begann vor über 6000 Jahren mit 2 Siedlungen, die von der Zeit der Linien- bis zur Stichbandkeramik bewohnt worden sind. Sie lagen nordöstlich des Ortes zwischen Galgen- und Weißem Berg und am Weißen Berg selbst und erbrachten eine große Anzahl an Geräten. Siedlungsreste der Baalberger Gruppe wurden auf dem Burgberg geborgen. Die schnurkeramische Kultur läßt sich durch Grabhügel an mehreren Fundplätzen belegen.

Aus der jüngeren Bronzezeit bezeugen Steinpackungsgräber auf dem Flurstück Hinter dem Gericht, 1—1,5 km nordöstlich von Burgscheidungen, und Urnengräber im Hain mit Gefäßen und Bronzeschmuck die Anwesenheit der Unstrutgruppe. Grabhügel am Anger mit 5 Urnengräbern als Nachbestattungen und mit Tonstützen zur Salzgewinnung am Weißen Berg vertreten die frühe Eisenzeit. Eine verzierte, keltischen Einfluß verratende Eisenlanzenspitze wurde in verbogenem Zustand aufgefunden, die möglicherweise einem germanischen Urnengrab oder -gräberfeld der Spätlatènezeit entstammt. Als Fundort könnte der Mermel in Frage kommen.

B 24 Festungsartig ragt der Burgberg von Scheidungen in das Unstruttal hinein. Als eine der schönsten deutschen Sagen erzählt die Iringsage von der Königsburg *Scithingi* als der Residenz des Thüringerkönigs HERMENEFRED oder IRMINFRID und als Schauplatz einer großen Schlacht der Thüringer gegen Franken und Sachsen mit dem Ergebnis des Untergangs des Thüringerreiches im Jahre 531. Die Iringsage wurde noch im 10. Jh. im Volke weitergegeben und an den Höfen vorgetragen, ihren Inhalt schrieb damals der sächsische Geschichtsschreiber WIDUKIND VON CORVEY auf (1931). Dabei ist zu bedenken, daß die Sachsengeschichte in einer Zeit niedergelegt wurde, in der schon völlig andere gesellschaftliche Verhältnisse herrschten als im 6. Jh. Im 10. Jh., zur Zeit des Feudalismus, war ein König nicht ohne Burg vorstellbar. Die erste schriftliche Nachricht über Burg Scheidungen stammt aber erst aus dem 9. Jh., und die sächsischen Liudolfinger (s. Seite **31**) werden im 10. Jh., die Pfalzgrafen von Sachsen im 11. Jh. urkundlich faßbar an der unteren Unstrut. 830/850 als *Scidinge*, 866/900 als *Scidingeburg* bezeichnet, bedeutet der Name Burg bei den bzw. der Skidingen (germanisch *skida* = Lattenwerk, Latte; später Holzscheit). Unweit von Burgscheidungen lag das wüste Dorf Wilkendorf (830/850 *Willichendorpf*, von einem Personennamen Williko abgeleitet).
Unter den zeitgenössischen Quellen bringt die Schilderung von GREGOR VON TOURS nähere Einzelheiten über die Ereignisse von 531. In seinen „Zehn Büchern fränkischer Geschichte" (Historiarum libri decem) berichtet er in 3 Kapiteln des dritten Buches über die Thüringer. Diese Berichte nennen aber weder Burgscheidungen noch die Existenz einer Burganlage bei den Thüringern. Vielmehr schildert GREGOR die offene Schlacht in der Nähe der Unstrut, deren Feld durchaus in näherer oder weiterer Umgebung des heutigen Burgscheidungens an der Unstrut zu suchen sein dürfte. Er schreibt: „Als aber die Thüringer sahen, daß sie großen Verlust erlitten, wandten sie, da auch ihr König HERMENEFRED schon die Flucht ergriffen hatte, den Rücken und kamen bis zur Unstrut. Dort wurden soviele Thüringer niedergemacht, daß das Bett des Flusses von der Masse der Leichname zugedämmt wurde, und die Franken über sie, wie über eine Brücke, auf das jenseitige Ufer zogen. Nach diesem Sieg nahmen diese sofort das Land in Besitz und brachten es unter ihre Botmäßigkeit."
In die Wirren des Untergangs des Thüringerreiches hineingerissen wurde die an HERMENEFREDS Hof aufwachsende RADEGUNDIS, seine Nichte. Sie wurde vom siegreichen Franken CHLOTACHAR an dessen Hof in Soissons verschleppt und zur Frau genommen und wirkte später — schon zeitig nach ihrem Tod heilig gesprochen — als Äbtissin des Klosters Poitiers. In unsere Zeit überkommen sind die von VENANTIUS FORTUNATUS um 570 niedergeschriebenen Klagelieder der RADEGUNDIS vom Untergang der Thüringer.
GREGOR VON TOURS erwähnt nichts von der mit Bezug auf den Bericht WIDUKINDS und der Iringsage häufig angenommenen Beteiligung von Sachsen und vor allem von der Inbesitznahme des Landes bis zur Unstrut durch diese. Ausgrabungen auf dem Plateau des Burgberges in den Jahren 1960—62 brachten eine teilweise Klärung. Die als sächsische Rundburg des 6. Jh. bezeichnete jetzige östliche Vorburg stellt nur einen Schuttkegel dar, der durch die Abräumung der mittelalterlichen Burg entstand (WÄSCHER 1963). Es wurden keine Hinterlassenschaften aus der thüringischen Königszeit geborgen; die Funde

beginnen erst im 8./9. Jh. und lassen auf eine große fränkisch-karolingische Volksburg, die die heutige Kirche mit umfaßte, schließen. Die Hauptburg lag auf dem Gipfel des Berges. Östlich davon befand sich die große Vorburg, deren Wall und Graben sich östlich der Kirche an der der Krümmung des Berges folgenden Dorfstraße erstreckt haben dürften. Burgscheidungen war in karolingischer Zeit kirchlicher und verwaltungsmäßiger Mittelpunkt der umliegenden Landschaft.

Die mittelalterliche Geschichte Burgscheidungens ist, wie die eines großen Teils unseres Gebietes, eng mit der Bambergs verknüpft. Kaiser Heinrich III. schenkte 1043 seiner zweiten Gemahlin Agnes Burgscheidungen als Morgengabe. Hierauf beruht der Zusammenhang der gesamten Mark Scheidungen und des Landstrichs zwischen Geisel und Unstrut mit dem Bistum Bamberg. Nach Heinrichs III. frühem Tod wählte Agnes als Regentin des Reiches den Bischof Günther von Bamberg als einen ihrer Ratgeber. 1066 schenkte sie ihre gesamten Scheidunger Güter dem ihr befreundeten Bischof Hermann von Bamberg. Jahrhundertelang haben sich Bamberger Lehnsinhaber und die von ihnen abhängigen Unterlehnsleute um die Ansprüche an Burgscheidungen gestritten. Die formale Lehnsabhängigkeit von Bamberg blieb bis 1803 bestehen, als der letzte Bamberger Lehnsbrief für den Fürsten Franz Friedrich Leopold von Anhalt ausgefertigt wurde. 1536—1628 saßen auf Burgscheidungen die Herren von Wiehe, die beispielsweise 2 Sattelhöfe zum Schloßgut vereinten. Von 1722 bis 1945 gehörte es den Grafen von der Schulenburg.

Die Burgscheidungener Schloßanlage (Bild 17) ist ein architektonisches Kleinod von überregionaler Bedeutung. Wenn der Besucher das Schloßgelände betritt, kommt er durch ein spätgotisches Torhaus der mittelalterlichen Burg, über dessen Toreinfahrt das barocke Schulenburgsche Wappen, von 2 wilden Männern getragen, als Hochrelief angebracht ist. Die 2 Renaissancehäuser (Süd- und Ostflügel) haben dreigeschossige, unregelmäßige Geschoßhöhen, was an den verschieden hoch angeordneten Fenstern ablesbar ist. Von den schmückenden Dominanten des 16. Jh. nennen wir den Verbindungsbau mit einer Toreinfahrt und den vorgelagerten Treppenturm des Südflügels mit seinem prunkvollen Renaissanceportal, der stilistisch mit denen in den Schlössern Vitzenburg und Nebra (s. B 19) übereinstimmt. Der Hauptbau des Schlosses besteht aus dem barocken Nordflügel und dem anschließenden Ostflügel mit dem toskanischen Portikus — Säulengang — mit 2 Portalen als Eingang zum reizvollen Innenhof. Die hervorragende barocke Anlage mit dem Terrassengarten ließ Levin von der Schulenburg von 1726 bis 1732 durch den sächsischen Landesbaumeister David Schatz aus Leipzig errichten.

Das Schloß erhebt sich auf einer herumgehenden Esplanade und ist mit dem Parkflügel axial auf den Terrassengarten am Unstruthang ausgerichtet, der wiederum in einen symmetrischen Lustgarten im Talgrund und eine daran anschließende Weidenallee in die Unstrutlandschaft übergeht. Die zweigeschossige Parkfassade gliedert sich in sehr wenig herausspringende dreiachsige Eckbauten, die durch Pilaster flankiert sind, und den schmuckreichen, etwas stärker hervorspringenden dreiachsigen Mittelrisalit mit einer imponierenden geschwungenen zweiläufigen Freitreppe. Sie führt in den Speisesaal der ersten Etage, an den sich zum Hof hin das Vestibül anschließt. Ein Balkon, von Pilastern und Konsol-

B 24 köpfen getragen, hinter dem sich die 3 hohen, prachtvoll gerahmten Fenster des Festsaals befinden, und ein großer Dreieckgiebel mit einer reichen, vollplastischen Trophäe und dem Schulenburgschen Wappen schließen den hohen Mittelrisalit nach oben ab, während dieser Flügel seitlich Mansarddächer besitzt. Üppige Stukkaturen von CHRISTIAN HAASE in der Art der Gebrüder CASTELLI, pompöse Zimmerdeckengemälde, Prunkkamine, ein barockes Treppenhaus und der spätklassizistisch umgestaltete Speisesaal geben dem Schloß ein glanzvolles Gepräge. In der heutigen zentralen Schulungsstätte der CDU Otto Nuschke wurde für die Christen, die im Kampf gegen Faschismus und Krieg an der Seite klassenbewußter Arbeiter ermordet worden sind, 1972 eine Gedenkstätte, ein Werk des Bildhauers BRUNO KUBAS, eingerichtet.

Den schon erwähnten Barockgarten legte ebenfalls DAVID SCHATZ nach italienischem Vorbild an. Auf dem terrassierten Hang befinden sich an den Wegenden 11 (ursprünglich 12) Sandsteinstatuen antiker Götter, die in den Jahren 1726—29 von JOSEPH BLÜHME aus Altenburg gearbeitet wurden. Eine Parkgrotte in der Hangmitte und ein Gartensalon im Lustgarten zeugen von barocker Gartenarchitektur.

Am Auffahrtsweg zum Schloß liegt die Dorfkirche, die zugleich Schloß- und Begräbniskirche der Besitzer von Burgscheidungen war. Der Turm entstammt noch der Zeit vor 1200, die Fenster sind von 1524, und der Umbau von Saal und Loge 1726—28 geht auf DAVID SCHATZ zurück. Neben Altar und Kanzel müssen die kunsthistorisch bedeutenden Epitaphien der Familie von Wiehe genannt werden. Sie sind alle von dem Renaissancebildhauer CHRISTOFFEL WEBER aus Freyburg gearbeitet, der hier ein qualitätvolles Gesamtkunstwerk geschaffen hat. In den Giebelfeldern der Epitaphien CHRISTOFFELS und MAGDALENAS VON WIEHE sieht man neben dem Namenszug und dem Meisterzeichen mit der Jahreszahl 1568 ein Selbstporträt des Künstlers mit Spitzbart und einem großen spanischen Wagenradkragen und in der rechten Hand einen Zirkel. Das prachtvollste und schönste Epitaph erinnert an CHRISTOPH und MARIA VON WIEHE, ein weiteres an LUDWIG VON WIEHE. Diese beiden letzten dienten als Vorbild für die barocken Epitaphien in der Stadtkirche von Nebra (s. B 19).

Zum Schloß Burgscheidungen gehörte ein Rittergut in der Unstrutaue, dessen Gebäude seit dem Umbau die örtliche Oberschule, mehrere Lehrerwohnungen sowie eine Konsumverkaufsstelle beherbergen. Nördlich des Gutes befinden sich auf der Niederterrasse Kleingärten und Einfamilienhäuser auf Bodenreformland, und nördlich der früheren Schäferei entstand eine Wohnsiedlung, vorrangig für Karsdorfer Zementwerkarbeiter. Zwischen Schloß und früherem Rittergut treten kleine Gehöfte und ehemalige Häusleranwesen gehäuft auf, während große Höfe aus der zweiten Hälfte des 19. Jh. am Dorfplatz zu finden sind.

An der Straße nach Karsdorf beherrscht — unter Einbeziehung der Schäferei und der früheren Schnitterkasernen — der neue Wirtschaftshof der LPG (P) Fortschritt Burgscheidungen das Siedlungsbild. Ihre rund 3000 ha große Nutzfläche (1981) umfaßt die Gemarkungen von Golzen, Karsdorf, Reinsdorf, Kirchscheidungen und Burgscheidungen sowie der Stadt Laucha. Die etwa 260 Beschäftigten erzeugen Weizen, Gerste, Raps, Luzerne sowie Zuckerrüben und Feldgemüse. Gegenüber stehen die Anlagen, vor allem Kuhställe, der LPG (T)

Burgscheidungen. Außer Milch liefert die LPG Schlachtvieh, Läuferschweine und Wolle. B 24

Als technische Denkmale der wasserbaulichen Gestaltung der Unstrut sind Schleuse, Wärterhaus und Leinpfad zwischen Tröbsdorf und Burgscheidungen erhalten. Von der früheren Mühle Burgscheidungen blieb das barocke Wohnhaus bestehen. Der Schlußstein der Toreinfahrt ist mit 1782 und den Buchstaben LFGS bezeichnet. Das feste Wehr der ehemaligen Mühle hat zur Hochwasserentlastung eine Freiarche, eine verschließbare Öffnung. Seine Stauhöhen betragen bei Niedrigwasser 1,5 m und bei Mittelwasser 1,0 m, während es bei starkem Hochwasser kaum noch zu sehen ist. Der durch das Wehr bedingte Höhenunterschied stand der Schiffbarmachung der Unstrut entgegen. Aus diesem Grund errichtete man rechts daneben die Schleuse Tröbsdorf. Sie ist wie alle Unstrutschleusen eine Stemmtorkammerschleuse. Ihre Kammer hat eine Länge von 50,8 m und eine Breite von 5,65 m; davon sind 49,23 m bzw. 5,64 m nutzbar. Die Hubhöhe beträgt bei mittlerem Wasserstand etwa 1 m. Die Fahrwassertiefe wurde mit 1,87 bei mittlerem Niedrigwasser und 2,22 m bei Mittelwasser auf dem Unterdrempel (Schwelle des unteren Schleusentores) angegeben, seine Höhe beträgt 106,91 m ü. NN (Führer auf den deutschen Schiffahrtsstraßen 1912). Heute dient die Schleuse nur gelegentlichem Sportbootverkehr. Bei geöffnetem Unterhaupt sind noch die geneigten Basen der Kammerseitenwände von der ursprünglichen Anlage zu sehen, ansonsten entsprechen der Zustand und die technische Ausrüstung dieser Schleuse der Rekonstruktionsperiode von 1881—95.

Zwischen dem weitgehend originalen Schleusenwärterhaus und der Unstrut blieb ein Abschnitt des ehemaligen Lein- oder Treidelpfades erhalten. Rund 100 m oberhalb der Schleuse diente eine Prahmfähre zum Übersetzen der Treidelpferde auf das linke Ufer. Auch in Karsdorf befand sich die Schleuse wie hier rechts der Unstrut, aber auf der Zwischenstrecke war das linke Ufer wesentlich besser zum Anlegen eines Treidelpfades geeignet.

Tröbsdorf, seit 1957 Ortsteil von Burgscheidungen, **B 25**

genießt die Vorzüge der Lage auf einem Schuttfächer an den Ausgängen von Biber- und Blindetal. Der ältere Teil des Ortes mit der Kirche liegt an dem vom Silberbach abgezweigten Mühlgraben am Hang des Mühlberges. Der Graben trieb früher auf einer Strecke von nur 250 m 3 Mühlenwerke. Nördlich davon zieht sich eine Gasse von O nach W mit großen, meist baulich veränderten Gehöften hin. Einige von ihnen besitzen noch hölzerne Oberlauben, mehrere von ihnen Hofportale mit Jahreszahlen aus der ersten Hälfte des 19. Jh.

Wie bei Burgscheidungen ist auch bei Tröbsdorf eine neolithische Ansiedlung bezeugt, und die Funde weisen auf durchgehende Besiedlung des Raumes bis heute hin. Dicht westlich und nördlich von Tröbsdorf befand sich auf einer erhöhten Terrasse über dem Tal eine Siedlung der linien- und stichbandkeramischen Kultur mit zahlreichen gefüllten Vorrats- und Abfallgruben. Am Nebraer Berg, nördlich des Blindetales, lagen einige mittel- bis spätneolithische Grabhügel, von denen einer oben einen 1,4 m hohen Menhir aus Sandstein trug und

B 24

Abb. 32. Tröbsdorf, Tongefäße und Steingeräte aus Gräbern der schnurkeramischen Kultur, 1:4 (aus MATTHIAS 1974)

einen doppelten Steinkreis besaß. Um diese Hügel ranken sich folgende Sagen: B 25
Wenn der Hahn kräht, wackelt der Stein auf dem Berg; ein Hügel enthält eine Braupfanne voll Gold; einer, der einen Stein des Steinkranzes eines bestimmten Hügels lüftete, wurde mit umgedrehtem Genick gefunden (Bechstein 1922).
Bestattungen der schnurkeramischen Kultur (Abb. 32) wurden in Hügelgräberfeldern auf dem bewaldeten Heidelberg sowie im Büntzchen und auf dem Kuckucksberg aufgedeckt. Bestattungen der frühbronzezeitlichen Aunjetitzer Kultur kamen unterhalb des Heidelberges westlich Tröbsdorfs und im Bereich der Lehmgrube am westlichen Dorfrand zum Vorschein. Die mittlere bis jüngere Bronzezeit ist durch Nachbestattungen in den Grabhügeln im Büntzchen vertreten. Auf dem Nebraer Berg befanden sich in der Nähe der neolithischen Hügel auch flache Grabhügel, die erst in der jüngeren Bronzezeit errichtet worden waren. Hügelgräber auf dem Heidelberg enthielten Steinpackungen, wohl meist Brandbestattungen mit Bronzen.
Ohne Fundplatzangabe liegen aus der Tröbsdorfer Flur ein Halsring für Männer und ein Armreif der frühen Eisenzeit vor, ferner 4 Spinnwirtel aus Ton, die nur allgemein in die frühe Eisenzeit bis spätrömische Kaiserzeit eingeordnet werden können. Ein Drehscheibengefäß der spätrömischen Kaiserzeit könnte im Zusammenhang mit den Spinnwirteln auf eine germanische Siedlung des 3./4. Jh. hindeuten.
Ein *Trebunestorph* (Trebun = slawischer Personenname) verzeichnen im Jahre 876 die Fuldaer Traditionen, gemeint sein kann aber auch Tröbsdorf bei Weimar. Tröbsdorf war Zinsdorf von Burgscheidungen, kirchlich Filial von Thalwinkel, im übrigen Lehen des Bischofs von Naumburg. Das spätgotische Schiff der Kirche mit rechteckig eingezogenem Chor wurde in der Zeit des Schloßneubaus von Burgscheidungen (s. B 24) barock erneuert. Neben dem reizvollen Fachwerkdachtürmchen mit der Laterne besitzt das kleine Bauwerk ein Portal, das vom Entwurf und von den reichen Formen her wohl als Nebenarbeit der Burgscheidungener Schloßsteinmetzen anzusehen ist. Im Innern steht ein sandsteinerner Kanzelaltar mit Steinmetzzeichen und Signatur von Samuel Beck, 1713.

Kirchscheidungen, Kreis Nebra, B 26

erstreckt sich an der Straße Tröbsdorf—Laucha. An die Lage an einem alten Verkehrsweg (s. B 2) erinnert die Gaststätte Zum Geleitsmann. In der Sandgrube 0,5 km südwestlich des Ortes wurden jungsteinzeitliche Siedlungsreste der stichbandkeramischen Kultur geborgen, und die schnurkeramische Kultur ist mit 2 Bestattungsplätzen vertreten. Die Kiesgrube am Lohberg enthielt ein Flachgräberfeld, von dem bisher 3 Gräber mit einer Amphore und 3 Bechern zum Vorschein kamen. In einem mehrphasigen Grabhügel am südlichen Rand des Kloßholzes, etwa 1,7 km südwestlich von Kirchscheidungen, stand eine Plattenkiste mit einer Hockerbestattung, einem Becher, einer Amphore und bronzener Ringkopfnadel. Südöstlich des Dorfes wurde ein frühbronzezeitliches Gräberfeld der Aunjetitzer Kultur aufgedeckt. Ein Steinpackungsgrab am Lohberg mit 7 Tongefäßen ist der jungbronzezeitlichen Unstrutgruppe zuzurechnen.

B 26 Am westlichen Rand von Kirchscheidungen kamen ein Gefäß der Latènezeit und ein Trichtergefäß der beginnenden frührömischen Kaiserzeit zum Vorschein. Etwa 250 m südwestlich des Dorfes lagen Urnengräber der spätrömischen Kaiserzeit, und aus dem Ort selbst ist ein Körpergräberfeld der späten Völkerwanderungszeit (5./6. Jh.) bekannt. Diese Funde weisen auf germanische Gräberfelder von den letzten Jahrhunderten vor unserer Zeitrechnung bis zum 6. Jh. hin, also von den Hermunduren bis zum Untergang des Thüringerreiches 531. Die dazugehörigen Siedlungen müssen sich hangabwärts im Bereich der Kirche befunden haben. Eine Scherbe belegt einen solchen Wohnplatz des 8./10. Jh. in der Gegend des ehemaligen Rittergutes. Somit ist für Kirchscheidungen eine Namens- und Siedlungskontinuität von der römischen Kaiserzeit an anzunehmen.

Der Ort gehörte, im Unterschied zu Burgscheidungen (Diözese Halberstadt), zum Erzbistum Mainz und, da im 8. Jh. im Breviarium Lulli aufgeführt, zum Kloster Fulda. Im Hersfelder Zehntverzeichnis aus der zweiten Hälfte des 9. Jh. tritt er als *Scidinga* (Erklärung s. B 24) auf. Scheidungen war der Hauptort der 952 erwähnten *Scidinga* marca (Mark), welche die von Thalwinkel südlich des Biberbaches bis über den heutigen Ort Steinbach reichenden Waldungen — bei Bad Bibra heute noch Burgscheidunger Wald genannt — sowie die Dörfer Winkel, Tröbsdorf, Wennungen, Golzen und das wüste Wartha (s. B 8) und damit einen Teil des Gaues Engilin umfaßte. Es war Erzpriestersitz mit den Parochien Nebra, Laucha, Balgstädt, Oberndorf — vielleicht identisch mit der Dorflage Burgscheidungen — und dem wüsten Hohflurun. Bergner (1909) hält die Kirche, wohl mit Recht, für eine Urkirche, deren Sprengel sicherlich der Mark Scheidungen entsprach. Um 1200 besaß Bamberg den Ort, in dem im Widerstreit mit bischöflich Bamberger Burgmannen ökonomisch das Adelsgeschlecht der Knutonen bestimmte. Nach 1424 saß die Familie von Rockhausen auf dem „Kempnater", der Kemenate in dem knutonischen Schloß. Diese Feudalherren verkauften nach und nach ihren Besitz an die Familie von der Schulenburg, der beispielsweise grundherrschaftlich die Gemeinden Dorndorf, Golzen, Plößnitz, Schleberoda und Thalwinkel umfaßte.

Ein dichtes Netz meist schmaler Gassen zeichnet den Ortsgrundriß aus, so daß Kirchscheidungen als Haufendorf anzusprechen ist. Am westlichen Dorfrand befindet sich nahe der Unstrut das frühere Rittergut. Als Kirchscheidungen 1748 durch den Grafen von der Schulenburg dem Majorat von Burgscheidungen angegliedert wurde, entstand der heutige dreigeschossige Barockbau des Herrensitzes. Sein Mansarddach ist ebenso wie das Kirchenportal in Tröbsdorf in Zusammenhang mit dem Schloßneubau in Burgscheidungen (s. B 24) zu sehen. Vermutlich das ehemalige Schäferwohnhaus — mit 2 Wappenschilden mit Initialen und einer Inschrifttafel — steht Lindenstraße 2. Aus der Renaissancezeit findet man an einem Nebengebäude von Lindenstraße 28 ein Rundbogenportal mit einer Bauinschrift von 1583, das der typisierten Portalform von Wennungen (s. B 23) entspricht.

Die noch im Kern romanische Kirche, deren massiger Westturm mit rundbogig gekuppelten Schallöffnungen mit Säulen das äußere Erscheinungsbild prägt, ist 1893 und 1968 restauriert worden. Neben verschiedenen Ausstattungsstücken des 16.—18. Jh. enthält die Kirche zahlreiche Epitaphien. So besitzt sie als qualitätsvolle Arbeit des Meisters mit dem Helm den Grabstein des ANTONIUS FRIEDRICH VON ROCKHAUSEN (gest. 1621 in Eger). Von ebenfalls guter Qualität sind in der Vorhalle die 3 figürlichen Kindergrabsteine der Familie von Rockhausen. Auf zweien dieser Steine war die Jahreszahl 1597 eingemeißelt (BERGNER 1909). B 26

Am 17. Juni 1784 wurde in Kirchscheidungen der spätere Philologe und Pädagoge FRIEDRICH THIERSCH geboren (gest. 25. Februar 1860 in München). Im Ort bestand noch Anfang des 19. Jh. ein merkwürdiger Brauch: Die Braut mußte dem Gerichtsherrn nach gereichtem Kusse einen rotledernen Beutel ohne Naht, mit einer gewissen Geldsumme gefüllt, übergeben.

Laucha, Kreis Nebra, mit **Dorndorf** C 1

Laucha (Bild 18) befindet sich an der Mündung des Appelbaches in die Unstrut und erstreckt sich auf breit ausgedehnten, nur wenig geneigten bis ebenen Lößflächen bis zum Südrand der etwa 2 m tiefer gelegenen Aue. Die Muschelkalkplateaus nördlich und südlich der Unstrut mit ihren Schichtstufen nähern sich dieser Stelle auf 4 km, um unterhalb Weischütz — nur noch getrennt durch das Freyburger Unstrutengtal — zusammenzutreten. Kiesgruben südwestlich von Laucha und südlich von Dorndorf schließen die Flußschotter der hier breitflächig ausgebildeten, durch Auslaugung abgesenkten saalekaltzeitlichen Talterrassen der Unstrut auf (s. B 18), die zumeist von weichselkaltzeitlichen Lössen und Fließerden überdeckt werden.

Das Gelände bei Laucha lockte schon die Träger der frühesten Bauernkultur an. Eine Siedlung der linienbandkeramischen Kultur befand sich 250 m südlich vom Ort, und eine sich über 200 m ausdehnende, große zweite, die bis in die Zeit der Stichbandkeramik bestand oder von dieser wieder neu besiedelt wurde, lag in der Golzener Straße. Eine weitere stichbandkeramische Siedlung kam in der Bad- und Maxim-Gorki-Straße zum Vorschein, wenn nicht vielleicht diejenige an der Golzener Straße sogar vom Ziegelloch bis hierher reichte. Das entspräche einer Flächenausdehnung von etwa 500 m × 200 m. In der Badstraße am westsüdwestlichen Stadtrand verraten Scherben der Rössener Kultur einen Kontakt mit der Stichbandkeramik oder deuten wiederum ein Fortbestehen der Siedlung bis zu jener, fast gleichzeitigen Kultur an. Etwa 250 m östlich davon, in der Großen und Kleinen Salzstraße/Halleschen Straße, kamen weitere Hockergräber der Rössener Kultur und ein Hockergrab der wenig jüngeren Gaterslebener Gruppe zum Vorschein. Dieser Befund zeigt sehr deutlich die Abfolge und das Hervorgehen einer frühneolithischen Kultur aus der anderen. Die Schnurkeramik ist in der Gemarkung Laucha durch Facettenäxte vertreten. Die frühbronzezeitliche Aunjetitzer Kultur hinterließ 2 Bestattungsplätze mit Hockergräbern westlich und nordwestlich der Stadt. Siedlungen (Badstraße sowie Große und Kleine Salzstraße/Hallesche Straße) und Brandgräber der jüngeren Bronzezeit zeigen auch hier die intensive, lange Besiedlung des Unstruttales durch die sogenannte Unstrutgruppe. Ein Gräberfeld aus Steinpackungen mit Urnengräbern der frühen Eisenzeit wurde in der Kiesgrube 500 m westsüdwestlich von Laucha teilweise geborgen.

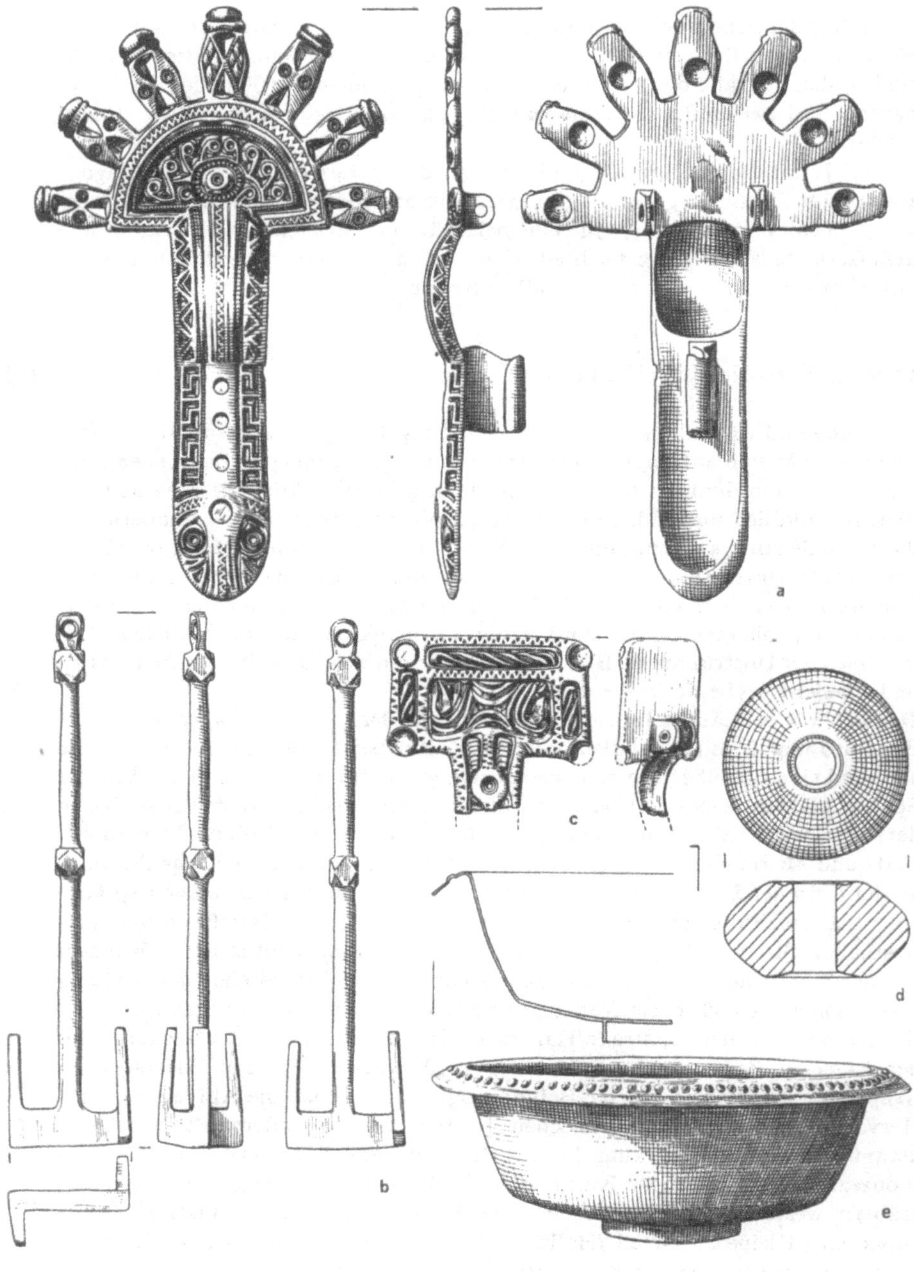

Abb. 33. Laucha, Beigaben aus thüringischen Frauengräbern des 6. Jh. (aus SCHMIDT 1976)

Aus einem Körpergräberfeld der thüringischen Königszeit bis etwa zur Mitte des 6. Jh. liegen wertvolle Funde (Abb. 33 u. 34) aus zerstörten Gräbern vor: ein damasziertes Schwert, eine Lanzenspitze, ein Schildbuckel, ein Perlrandbecken aus Bronze, ein Prachtfibelpaar — in Silber, vergoldet, mit Almandineinlagen (Edelsteine) und mit Niellos (Verzierung auf Metallarbeiten) —, 2 Bronzeschlüssel, ein Spinnwirtel und Reste einer weiteren Fibel. Der dazugehörige Hof eines wohlhabenden Bauern oder Adligen muß etwa 100—200 m entfernt am Appelbach gestanden haben. Slawische Scherben des 9./10. Jh. in der Großen und Kleinen Salzstraße weisen auf die Ansiedlung von Slawen hin. C 1

1120 wird Laucha *Lachowe* und 1186/90 *Luchowe* genannt. Sein Name kann als Ort an der Aue mit Lauchbewuchs gedeutet werden, nicht auszuschließen ist aber eine Namenerklärung aus slawischer Wurzel (*luch* = feuchte Niederung). Auch hier kamen Slawen zur friedlichen Kolonisation. Überliefert sind die alten Verfassungen des Ortes, der eine Niederlassung zinspflichtiger, vom Stift Bibra abhängiger Höriger war. Erzbischof RÜDIGER (1119—1125) VON MAGDEBURG bestätigte 1124 dem Propst des Stiftes Bibra, daß ihm von den Wenden in Bibra Zinsen zuständen, desgleichen Zinsen aus dem Dorf *Lochowe*, wo ihm alle Hausgenossen unterstanden.

Laucha blieb kirchlich zunächst von Bibra abhängig; politisch gehörte es zum Herrschaftsbereich der Rabenswalder (s. A 12), die 1287 das Landgericht in *Luchowe* hegten. Erben der Rabenswalder waren, wie anderswo auch, die Grafen von Orlamünde, die dem Ort vor 1344 Fleckenrecht verliehen. Ihre Nachfolger, die Markgrafen von Meißen, beschenkten den Ort 1419 mit 2 Jahrmärkten, freier Ratswahl und Niedergerichten, denen sie 1483 auch die 1676 wieder genommenen Obergerichte hinzufügten. Vermutlich 1409 erhielt Laucha das Stadtrecht verliehen, das 1441 durch Kurfürst FRIEDRICH seine Bestätigung fand. Die Befestigungswerke entstanden nach der Niederbrennung der Stadt 1450 durch diesen Landesherrn im thüringischen Bruderkrieg.

Die günstige Verkehrslage Lauchas bereits im Mittelalter trug zu seiner Entwicklung bei; denn hier vereinigen sich die Straßen von Freyburg über Balgstädt, die von Bad Bibra, die von Karsdorf über Wennungen und schließlich auch die von Weischütz. Der südseitig ausgebogene, annähernd rechteckige Grundriß der mittelalterlichen Stadt mit seinem rechtwinkligen Straßennetz und seiner in Talrichtung längs durchlaufenden Hauptstraße läßt sich noch heute gut erkennen.

Am Beginn des 19. Jh. lebten die Einwohner Lauchas von Acker- und Weinbau, Viehzucht sowie von Essigherstellung und Handel mit Wollwaren und Weinessig. Unter den 130 Handwerksmeistern dominierten die Leinweber und Tuch-

---

Legende zu Abb. 33

a Fibelpaar, Silber vergoldet mit rotem Edelstein
b Bronzeschlüssel
c Fibelfragment, Silber vergoldet
d tönerner Spinnwirtel
e bronzenes Perlrandbecken, Import aus fränkischen Werkstätten westlich des Rheins
a—d 2:3; e 1:3

C 1

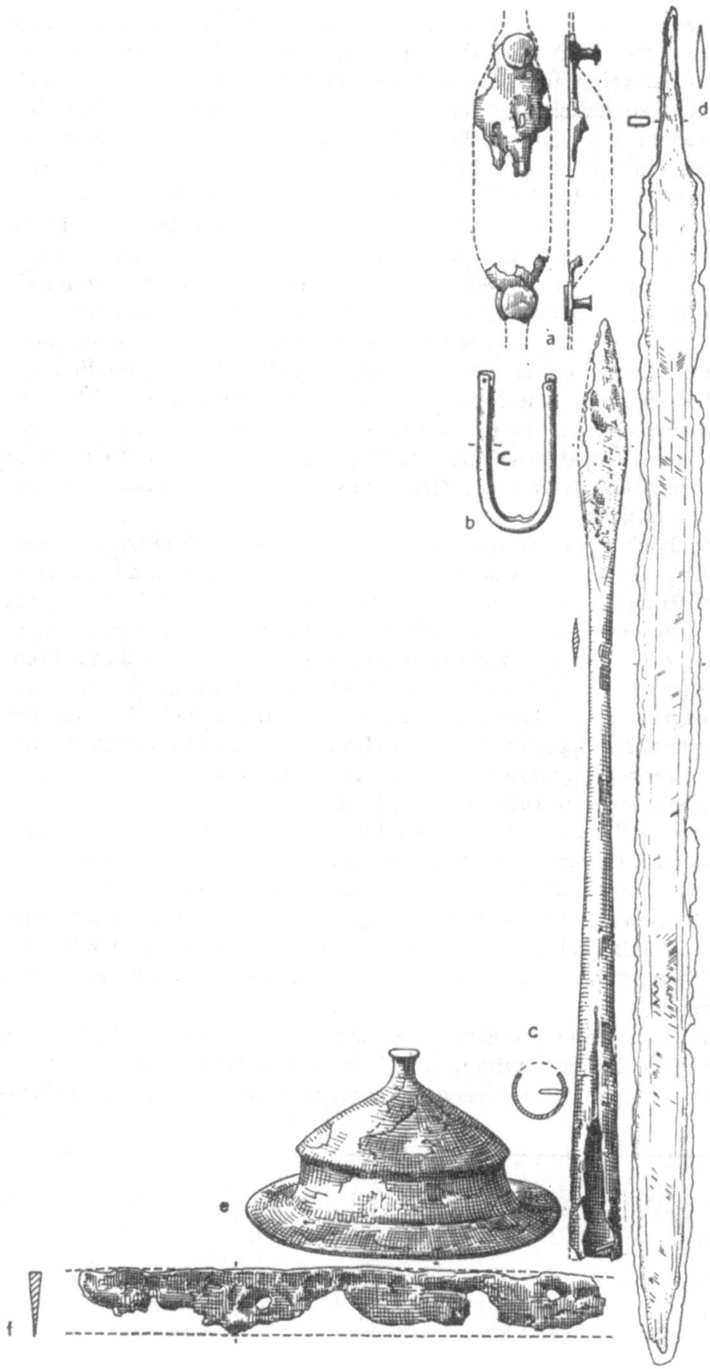

macher. Die Glockengießerei von 1732 stellte 1911 ihre Tätigkeit ein und ist seit 1932 als technisches Denkmal zu besichtigen (Bilder 20 u. 21). Noch vor der Eröffnung der Unstrutbahnlinie 1889 gründete man 1866 eine Zuckerfabrik. Die Strecke Laucha—Kölleda (s. A 16) über die Finne brachte der Stadt eine weitere günstige Verkehrsanbindung. C 1

Wiederholte Brände haben die historische Bausubstanz der Stadt stark reduziert; so brannte Laucha 1731 bis auf 20 Häuser ab. Von den 3 Toren (Ober- und Untertor; Wassertor am Übergang über die Unstrut) der ehemaligen Stadtbefestigung sieht der Besucher nur noch das spätgotische Obertor (Bild 22). Diese gut erhaltene Doppeltoranlage besteht aus einem spitzbogigen Außentor sowie einem Zwinger mit starken Mauern, Treppen, Wehrgängen und einigen Zinnen. Die zweite, aus wehrtechnischen Gründen versetzte Durchfahrt ist ein Torhaus. Ebenfalls noch größtenteils erhalten blieb die Stadtmauer, in eine Parkanlage eingebunden, zwischen dem Ober- und dem ehemaligen Untertor. Sie zeigt neben Schalentürmen gut erkennbar die Konsolen, verbunden durch Blendbögen, auf denen der Wehrgang lag.

Das die Stadt überragende Gebäude ist die Kirche St. Maria, die 1287 dem Stift Bibra inkorporiert war, ein einheitlicher spätgotischer Bau von 1479—96. Das stattliche Schiff wird durch Strebepfeiler und lange spitzbogige, dreiteilige Fenster mit spätgotischem Maßwerk gegliedert. An der Südseite des Chores befindet sich eine polygonale (5/8) Sakristei mit einem sich daran anschließenden runden Treppenturm. Der quadratische Westturm ist über einen von N nach S durch Spitzbögen geöffneten Durchgang gebaut und besitzt eine Schweifkuppel mit Laterne. An der Nordwestecke hat man ein zweites rundes Treppentürmchen eingefügt. Eine Holzbalkendecke schließt im Innern die hohe Saalkirche ab. Die Innenausstattung — Orgelprospekt, Taufe, Kanzel, Kruzifix — stammt vorzugsweise aus dem 18. Jh. Im südöstlichen Vorbau befinden sich spätgotische Steinplastiken vom betenden Christus und von Maria mit dem Kinde.

Neben der Kirche steht an der Stelle eines älteren Stadthauses das schlichte Rathaus von 1563. Bei dem Stadtbrand von 1731 fiel die typische Renaissancebedachung mit Ziergiebeln dieses rechteckigen, dreigeschossigen Baues den Flammen zum Opfer. Das heutige abgewalmte Dach trägt einen hölzernen Dachreiter mit geschweifter Haube und Laterne. Die Hauptfassade im N zum Marktplatz ist durch eine doppelläufige Freitreppe zum Obergeschoß betont, die 1913 historisierend überdacht wurde. Die rechteckigen Fenster in gleichmäßiger Reihung über Gurtgesimsen haben Gewände mit Stabwerkrahmung, ebenso die rundbogigen Portale mit ihrer großen Anzahl von Steinmetzzeichen. Über dem

←

Abb. 34. Laucha, Beigaben aus dem thüringischen Männergrab 4 des 6. Jh. (aus SCHMIDT 1976)

a eiserne Schildfessel
b Bronzeortband
c Lanzenspitze
d damasziertes Schwert
e eiserner Schildbuckel
f Eisenmesser

C 1 Eingang zum Ratskeller befindet sich eine Relieftafel mit dem kursächsischen Wappen und dem Lauchaer Stadtwappen von 1563. Die Räume des Ratskellers sind kreuzgratgewölbt. Als weiteres Kommunalgebäude dieser Zeit tritt uns der schlichte Bau der Ratsschule mit dem schmuckreichen Sitznischenportal entgegen, in dessen Archivolte ein lateinisch geschriebenes Distichon steht.

Einige große Ackerbürgerhäuser, mit dem Vorderhaus in Traufstellung zur Straße und schönen Portalen und Einfahrten, prägen das Stadtbild. So findet man an dem zweigeschossigen spätgotischen Haus Große Salzstraße 9 ein Sitznischenportal mit sich überschneidendem Stabwerk im Kielbogenabschluß, das dem Nebraer von 1522 gleicht (s. B 19). Ein rundbogiges Sitznischenportal mit profilierter Archivolte — Bogenleiste — gibt es im ehemaligen Pfarrhaus, Bahnhofstraße 6. In der Kleinen Salzstraße 2 befindet sich ein Sitznischenportal mit schmuckvoller Archivolte. Es wird von dem Portal des zweigeschossigen Hauses mit unregelmäßigen, hohen Fensteröffnungen Dr.-Külz-Straße 37 (Bild 19) durch seine Archivolte mit darüber angebrachter Ädikula — Nische — mit einer Inschrift und der Jahreszahl 1613 übertroffen. Das zehnachsige Barockbürgerhaus Dr.-Külz-Straße 12 zeichnet sich durch eine mittlere große, rundbogige Toreinfahrt mit einer darüberliegenden Inschriftkartusche von 1630 aus. Einen weiteren interessanten Torbogen von 1600 mit Diamantquaderschnitt zeigt das Haus Bahnhofstraße 4. Bemerkenswert sind die alten Kellereingänge einiger Häuser, die für den Weinbaubetrieb wichtig waren.

Mit seinen 3347 Einwohnern (1980) gehört Laucha zu den industriell gut entwickelten Kleinstädten. Neben der Herstellung von Möbeln und Sanitärtechnik haben sich vorwiegend auf die Landwirtschaft bezogene Betriebe seßhaft gemacht: Obst- und Gemüsekonservenherstellung im VEB Ogis, VEB Landbaukombinat, Kreisbetrieb für Landtechnik mit Spezialisierung auf die Reparatur der Mähdrescher E 512 und E 516 sowie der Rübenkombine ES 6, ferner eine Meliorationsgenossenschaft mit Spezialisierung auf den Wirtschaftswegebau für die Landwirtschaft. Laucha ist auch Sitz der LPG Tierproduktion Vereinte Scholle, deren 80 Beschäftigte Schaf- und Schweinehaltung betreiben. Ihrem Verwaltungsgebäude Mühlstraße 12 gegenüber erhebt sich der hohe Ziegelbau der 1847 errichteten Unstrutmühle. Wenig oberhalb blieb eine funktionsfähige Schleuse in der Unstrut erhalten.

Insgesamt arbeiten von den rund 2000 Arbeitskräften in der Stadt etwa 40% in Industriebetrieben, die sich vor allem neben dem Bahnhof und am Nordwestrand der Stadt ausbreiten. Außer der Industrie hat der nichtmaterielle Bereich, vor allem die Einrichtungen der sozialen Infrastruktur, beachtliche Bedeutung. Aufgrund seiner gegenüber der Kreisstadt Nebra wesentlich verkehrsgünstigeren Lage bestehen in Laucha ein Krankenhaus und eine allgemeine Berufsschule sowie die Kreislandwirtschaftsschule. Mit ihren über 30 Einzelhandelseinrichtungen und Handwerksbetrieben versorgt die Stadt mehrere dörfliche Siedlungen ihrer Umgebung mit. Für 7 ländliche Gemeinden bildet sie das Zentrum eines Gemeindeverbandes. Am südwestlichen Stadtrand entstand in den letzten Jahren ein neues Wohnviertel.

Dorndorf, seit 1950 Stadtteil von Laucha, liegt 1 km nördlich vom Hauptort am linken Auenrand der Unstrut. Unmittelbar über der östlichen Ortsgrenze ragt der niedrige Anstieg der saalekaltzeitlichen Hauptterrasse der Unstrut

(Abb. 9) auf, die im Rötsockel der Schichtstufe angelegt wurde. Der Ortsname *Dorndorf* (1271) mag auf den Bewuchs der Hänge anspielen, die aus gipsführendem Oberem Buntsandstein bestehen. C 1

In dem durch mehrere Gassen gegliederten Dorf weist das Gehöft Nr. 7 ein Torhaus und das benachbarte Grundstück Nr. 8 eine rundbogige profilierte Pforte auf, die nach oben von Dachziegeln abgeschlossen ist. Am westlichen Ortsrand reihen sich mehrere neue Ställe aneinander, in denen die LPG (P) Gleina Schafe unterbringt. Von 1929 bis in die sechziger Jahre — zuletzt durch die Gesellschaft für Sport und Technik — wurde Segelflug auf den Dorndorfer Bergen getrieben. Die dazugehörenden Gebäude oberhalb des Stadtteils beherbergen heute eine Innere Abteilung des Krankenhauses und andere Einrichtungen.

Auch die Dorndorfer Flur ergab eine Fülle an Funden der Jungstein- und Bronzezeit, meist Einzel- und Grabfunde, die bis auf die Dorndorfer Berge am Rand des Muschelkalkplateaus reichen. Ein Körpergrab mit 20 Glasperlen 500 m nordnordöstlich des Stadtteils deutet auf einen Friedhof des 8./9. Jh. hin, und Scherben des 10./11. Jh. 1 km südöstlich des Ortes auf der Terrasse über der Unstrut weisen auf eine Wüstung. Nördlich von Dorndorf befindet sich eine weitere Wüstung: Köss(m)endorf, 830/850 *Cozimendorpf* (vom sorbischen Personennamen Kosma oder Chocim).

Dorndorf ist eine fränkische Gründung des 8., spätestens des 9. Jh. mit einer Flur, die sich sowohl in der Unstrutaue als auch auf der Hochfläche erstreckt. Östlich des Ortes liegen die Dorndorfer Berge, die sich bis zu 125 m über die Unstrut erheben und zu einem Teil mit Reben bepflanzt sind. Schon 1599 besaßen hier 66 von insgesamt 250 Lauchaer Haushaltungen Weinberge (WEINHOLD 1973). Am nördlichen Abhang der Berge wurde an der Straße ein Münzschatz des 11. Jh. mit 1738 kleinen Silbermünzen und einem Stangensilberbarren entdeckt.

Bemerkenswert ist die kleine Kirche von Dorndorf aus der ersten Hälfte des 18. Jh. mit einem östlichen quadratischen, wohl romanischen Turm. Ihr Reiz besteht in der barocken Innenbemalung der Decke und der doppelgeschossigen hölzernen Empore. Der bescheidene Kanzelaltar von 1723 ist mit einem Säulenaufbau ausgestattet. 2 von 3 Glocken (1734 und 1826) stammen aus der Lauchaer Glockengießerei.

Weischütz, Kreis Nebra, C 2

breitet sich mit seinen Häusern links der Unstrut auf dem flachen Lößunterhang an der Grenze zur Aue aus. Von der Flur des Dorfes stammt eine Feuersteinstielspitze aus dem Übergang von der Alt- zur Mittelsteinzeit (Spätmagdalénien/Mesolithikum), und am südöstlichen Ortsrand liegt eine mittelneolithische Siedlung der Trichterbecherkultur. Auch die Schnurkeramik ist um Weischütz durch Grab- und Einzelfunde belegt. Am Dorfgasthof wurde eine Siedlung der späten Bronzezeit und frühen Eisenzeit entdeckt.

Südlich von Weischütz verzeichnen alte Karten die Wüstung Fizzendorf, 830/850 als *Fizendorpf* (= Dorf des Fizzo) erwähnt. Den erst 1268 *Wischicz* genannten Ort — möglicherweise läßt sich der Name von *vyšěč* = Ausbau ab-

C 2 leiten — gründeten Slawen, die sich mit für den Landbau wenig geeigneten Geländeverhältnissen auseinandersetzen mußten. Das Ackerland im Tal wie auf der Hochfläche tritt an Umfang gegenüber den nur stellenweise dem Weinbau günstigen Hängen der Nüssen- und Kirschberge sowie den Schaftriften zurück. Die gesamte Flur ist durch steile Hänge und Wasserrisse, durch aufgelassene Weinberge, Holzungen, Steinbrüche und Lehden (= landesübliche Bezeichnung für weite Trockenrasenflächen und -hänge) sehr abwechslungsreich gestaltet, aber nur schwer einer intensiven Kultur zuzuführen.
Weischütz weist den Grundriß eines Sackgassendorfes auf, an dessen Südostrand die Kirche steht. Ihr Schiff stammt von 1804, die innere Ausstattung aus der Zeit um 1820. Der Chorturm geht dagegen auf einen romanischen Bau zurück und weist an allen Seiten gekuppelte Schallöffnungen auf. Unweit der Kirche führt eine neue schmale Betonbrücke über die Unstrut und verkürzt damit den Weg zum benachbarten Laucha um etwa 1 km.
Das ehemalige Rittergut, dessen überwiegend adlige Besitzer seit dem 15. Jh. nachweisbar sind, schließt Weischütz baulich nach S ab. Das Herrenhaus von 1601 — jetzt Sitz des Rates der Gemeinde — weist einen historisierenden Erker mit 4 Wappenmedaillons auf. Bis zur Enteignung des 213 ha umfassenden Großgrundbesitzes im Jahre 1945 arbeiteten die Angehörigen von 18 Familien auf dem Rittergut, wo die meisten von ihnen auch wohnten.
Die demokratische Bodenreform schuf die Grundlage dafür, daß 24 Neubauernstellen eingerichtet werden konnten. In den Jahren nach 1945 bauten sich einige Neubauern Eindachgehöfte östlich der Kirche. Mehrere Bauern gründeten im Jahre 1959 die LPG Typ III Freier Bauer mit einer landwirtschaftlichen Nutzfläche von 147 ha; 1960 folgte die LPG Typ I Nüssenberg mit 84 ha. Seit 1970 unterhielten beide Genossenschaften Kooperationsverbindungen mit der LPG Einheit Gleina (s. C 9), der sie sich vier Jahre später anschlossen. Die heutige LPG (P) Gleina hält Schafe in ausgebauten Wirtschaftsgebäuden in Weischütz.

C 3 **Karsdorf-Dorndorfer Stufenhang** (Bild 18)

Als deutlich ausgebildete Schichtstufe des Unteren Muschelkalks (Abb. 8) fällt am Südwestrand des Querfurt-Gleinaer Plateaus der Karsdorf-Dorndorfer Stufenhang rund 100 m tief zum Unstruttal ab. Er wird durch kurze steile Kerbtälchen aufgegliedert, die ebenso wie der Stufenvorsprung an den Gleinaer Bergen an Bruchstörungen ansetzen. In diesen Trockentälchen fließt bei Starkregen und Schneeschmelze auch in der Gegenwart Wasser ab. Auf dem Verwitterungs- und Solifluktionskalksteinschutt der stark erosionsexponierten Stufenpartien finden wir flachgründige Kalkstein- und Kalkschuttrendzinen. Weniger stark abgetragene Flächen zeigen Kalktonlehmrendzinen und lokal Berglehmbraunerden.
Die Muschelkalkschichtstufen beiderseits der unteren Unstrut wurden schon von Schmitthenner 1939 als Modellfall des Erscheinungsbildes solcher Formen erkannt. Zwischen der Ausbildung des letzten präelsterkaltzeitlichen und des frühelsterkaltzeitlichen Talbodens an Unstrut, Ilm und Saale — also etwa in der

Cromerwarmzeit — durchschnitt die Unstrut die Schichtgrenze zwischen Unterem Muschelkalk und Oberem Buntsandstein (Röt). Damit war die Voraussetzung für die gesteinsbedingt differenzierte Abtragung der Hänge im Bereich ihres Tales und der Nebentäler gegeben. Vor allem intensive kaltzeitliche Abtragung durch Solifluktion und Abspülung, aber auch warmzeitliche Abtragungsprozesse bewirkten starke Abtragung der unteren Hangpartien des Stufensockels im Bereich des weniger widerstandsfähigen Röts und deren Abflachung bis etwa 7° Neigung. Gleichzeitig erfolgte damit die Versteilung der darüber aufragenden Muschelkalkstufenhänge von unten her. Weniger intensive Abtragung des Muschelkalks und dessen gesteinsbedingte Tendenz zur senkrechten Absonderung der Partikel von den Schichtköpfen der Bänke und Schichten des Unteren Muschelkalks bewirkten die Ausbildung der etwa 25—35° geneigten, 60—100 m hohen Stufenhänge. Die erosive Aufschneidung durch häufig an Bruchstörungen ansetzende Stufenrandtälchen unterstützt die Weiterbildung und Zurückverlegung der Muschelkalkschichtstufe ebenso wie Rutschungen, die in dem bei Durchnässung mobilen tonreichen Rötsockel auftreten und auch durch Gipsauslaugung im Röt ausgelöst wurden. Innerhalb des Unteren Muschelkalks weisen die Oolith-, Schaumkalk- und Terebratulabänke eine besonders hohe Widerstandsfähigkeit auf und bilden deshalb kleine Stufen innerhalb des Schichtstufenhanges. Diese Feingliederung läßt sich im Balgstädt—Freyburger Raum gut beobachten. C 3

Die Stufenhänge und die oberen Bereiche der Sockelhänge tragen heute Weingärten, Trockenrasen und Felsheiden. Sie waren einst überwiegend locker mit Winterlinden-Traubeneichen-Hainbuchen-Wald bewachsen und durch den Einzug des Weinbaus im Hochmittelalter, durch Waldweide und Brennholzgewinnung im späten Mittelalter bis in die frühe Neuzeit entwaldet worden. Im Landschaftsbild fallen auch ehemalige Weinbergflächen auf, die mit Buschwerk und anderen Nachfolgegesellschaften bestanden sind. Auf flachgründigen Standorten gedeihen Arten wie Silberdistel (*Carlina acaulis*), Bergkronwicke (*Coronilla coronata*), Scheidenkronwicke (*Coronilla vaginalis*), Schmalblütiges Träubel (*Muscari tenuiflorum*), Bocksriemenzunge (*Himantoglossum hircinum*), Echte Kugelblume (*Globularia elongata*), Blaugras (*Sesleria caerulea*), Fliegenragwurz (*Ophrys insectifera*) und Bienenragwurz (*Ophrys apifera*).

Trockenrasenhänge bei Dorndorf C 4

An den Hängen der Muschelkalkschichtstufe nutzt die LPG (P) Gleina die Trockenrasen auf den steilen oberen Lagen als Schaftriften. Unterhalb davon breiten sich Weinberge und Obstplantagen aus.

Die Trockenrasen bei Dorndorf werden im Unterschied zu denen auf den Hängen bei Karsdorf (s. C 5) vom Blaugras (*Sesleria caerulea*) aufgebaut. Mit ihm gemeinsam siedelt eine Reihe submediterraner und kontinentaler Trockenrasenpflanzen, die in dieser Kombination die pflanzengeographische Stellung des Unstrutgebietes charakterisieren. Stellvertretend für die südlich verbreiteten Arten können Frühblühender Thymian (*Thymus praecox*), Graues Sonnenröschen (*Helianthemum canum*), Edelgamander (*Teucrium chamaedrys*), Berg-

C 4 gamander (*Teucrium montanum*) und Wimperperlgras (*Melica ciliata*) genannt werden. Für die Gruppe der östlich verbreiteten Arten stehen Sandfingerkraut (*Potentilla arenaria*), Sandveilchen (*Viola rupestris*), Pfriemengras (*Stipa capillata*), Feldmannstreu (*Eryngium campestre*) und Pferdesesel (*Seseli hippomarathrum*).

Die Feldschicht dieser als Gamander-Blaugras-Rasen bezeichneten Pflanzengesellschaft bedeckt die Bodenoberfläche zu 50 bis 70%. Dabei macht das Blaugras 30—40% Deckung aus. Weiterhin sind submediterrane Arten (s. C 5) sowie Zypressenwolfsmilch (*Euphorbia cyparissias*), Rotbrauner Sitter (*Epipactis atrorubens*), Hügelmeister (*Asperula cynanchica*), Dürrwurzalant (*Inula conyza*), Fiederzwenke (*Brachypodium pinnatum*) und Golddistel (*Carlina vulgaris*) am Bestandsaufbau beteiligt.

Neben einer typischen Ausbildung läßt sich auf steilen, bodenskelettreichen und feinerdearmen Pionierstandorten ein Anfangsstadium der Gesellschaft erkennen. Dieses ist gekennzeichnet durch das Auftreten von Blauschwingel (*Festuca cinerea*), Frühlingsfingerkraut (*Potentilla tabernaemontani*), Wiesenlein (*Linum catharticum*), Badener Rispe (*Poa badensis*), Quendelsandkraut (*Arenaria serpyllifolia*), Kleines Habichtskraut (*Hieracium pilosella*), Gemeine Kölme (*Acinos arvensis*), Scharfen Mauerpfeffer (*Sedum acre*) und Astlose Graslilie (*Anthericum liliago*). Auch die Flechten *Cladonia alcicornis*, *Fulgensia fulgens* und *Toninia coeruleo-nigricans* erlangen Bedeutung.

Der Gehölzaufwuchs in den Trockenrasen bedeckt zwischen 5 und 10% der Bodenoberfläche; auf feinerdereichen Standorten, so in Hangrunsen und -verflachungen, kann er jedoch auch erheblich massierter auftreten. Die Gehölze weisen darauf hin, daß die Hänge primär nicht waldfrei gewesen sind (s. C 3). Ihre Entwaldung und Nutzung schufen die Voraussetzungen für eine starke Bodenerosion, die wiederum die Degradierung der Böden verursachte und damit die extremen Standortverhältnisse, heute Bedingung für die Existenz der Trockenrasen, verstärkten. Durch die in unserer Zeit weitgehend fehlende Nutzung der Trockenrasen kommen nach und nach Straucharten auf, die sich später verdichten und zu Gebüschgruppen vereinigen. Die damit verbundene Bodenfestlegung zieht eine Anhäufung von Feinerde nach sich. In den Gebüschen siedeln sich einzelne Baumarten an. Es bilden sich Vorwaldstadien aus, deren weitere Entwicklung allmählich zum lückigen Trockenwald zurückführen wird. Häufig treffen wir auf den Hängen folgende Straucharten an: Hundsrose (*Rosa canina*), Elliptische Rose (*Rosa elliptica*), Liguster (*Ligustrum vulgare*), Roten Hartriegel (*Cornus sanguinea*) und Schlehe (*Prunus spinosa*).

C 5 Trockenrasenhänge bei Karsdorf

Auf den Hängen der Muschelkalksteilstufe oberhalb von Karsdorf siedeln Kalktrockenrasen (Knapp 1944), die wegen des Vorkommens von Apenninensonnenröschen (*Helianthemum apenninum*) eine besondere floristische Bedeutung erlangen. Schubert (1974) bezeichnet sie deshalb als Sonnenröschen-Trockenrasen. Sie sind an den Hangkanten der Steilstufe, aber auch an den flachgründigen Südhängen und auf der Hochfläche mit flachgründigen skelettreichen Böden entwickelt. Der Bestandsschluß der Gesellschaft ist lückig, die

Ungunst des Standorts bedingt gelegentlich einen gewissen Nanismus (Zwergwachstum) der Pflanzen. C 5

Die floristische Zusammensetzung der Bestände kennzeichnet diese eindeutig als submediterrane Trockenrasen, die im pflanzensoziologischen System dem Verband der Trespenrasen angehören. Bezeichnend für den pflanzengeographischen Charakter der Assoziation sind Arten wie Edelgamander (*Teucrium chamaedrys*), Berggamander (*Teucrium montanum*), Blauschwingel (*Festuca cinerea*), Graues Sonnenröschen (*Helianthemum canum*), Gemeines Nadelröschen (*Fumana procumbens*), Apenninensonnenröschen und Schmalblättriger Lein (*Linum tenuifolium*). Weitere hochstete Arten sind Erdsegge (*Carex humilis*), Frühblühender Thymian (*Thymus praecox*), Zypressenwolfsmilch (*Euphorbia cyparissias*), Kleines Habichtskraut (*Hieracium pilosella*), Kleiner Wiesenknopf (*Sanguisorba minor*), Frühlingsfingerkraut (*Potentilla verna*), Hügelmeister (*Asperula cynanchica*), Hufeisenklee (*Hippocrepis comosa*), Fiederzwenke (*Brachypodium pinnatum*), Gemeines Sonnenröschen (*Helianthemum nummularium*). Diese Auswahl läßt deutlich das Nebeneinander von kontinentalen und submediterranen Elementen erkennen.

Müchelner und Querfurt-Gleinaer Plateau C 6

Die Plateaus gewinnen von St. Micheln aus (rund 190 m ü. NN) allmählich an Höhe, um nahe der zum Unstruttal abfallenden Schichtstufe des Karsdorf-Dorndorfer Stufenhanges (s. C 3) Erhebungen bis 240 m ü. NN zu erreichen. Es herrschen Hochflächen mit weniger als 3° Neigung vor; teilweise sind sie völlig eben und werden nur durch das Hesseltal, das obere Geiseltal, das Tal bei Branderoda und durch sehr flache, lange mulden- und wannenartige Tälchen unterbrochen. Geringmächtige Reste saalekaltzeitlicher Grundmoräne und Schmelzwasserkiese lagern örtlich zwischen der Lößauflage und dem Muschelkalk.

Wegen des großen Wasserhaltevermögens der mächtigen Lößdecke sind Abfluß und Grundwasserneubildung sehr gering. Durch den geologischen Unterbau und die Niederschlagsarmut — um 500 mm im Jahr — ist das Plateau grundwasserfern und ohne ständig fließende Gewässer, sieht man von der Geisel bei St. Micheln ab. Den Untergrund bildet die Schichtfolge des Unteren Muschelkalks der Querfurt-Freyburger Mulde (Abb. 35), die durch 2 Aufsattelungen in 3 Teilmulden untergliedert wird, von denen die mittlere Mulde, die Albersrodaer, um 20 bis 30 m tief eingesenkt ist. Die Achse dieser Spezialmulde fällt schwach nach NNO zum Geiseltal ein, so daß — verstärkt durch mehrere Querverwerfungen geringer Sprunghöhe — ein Längsgefälle von fast 30 m vorhanden ist und für die Geiselquelle (s. C 15) einem oberirdischen Einzugsgebiet von etwa 35 km^2 ein unterirdisches von rund 60 km^2 gegenübersteht (MÜLLER-DELITZSCH 1933). Dadurch hat das Unstruttal nur ein ungefähr 10 km^2 großes unterirdisches Einzugsgebiet in diesen Kalksteinplateaus. Als gesteinsbedingte Grundwasserleiter sind im Unteren Muschelkalk hier lediglich die geringmächtigen Schaumkalkbänke anzusprechen; wegen ihres hohen nutzbaren Porenvolumens wurden die meisten Brunnen zur Einzelwasserversorgung bis in diese porösen Kalke abgeteuft. Die stärkste unterirdische Wasserbewegung

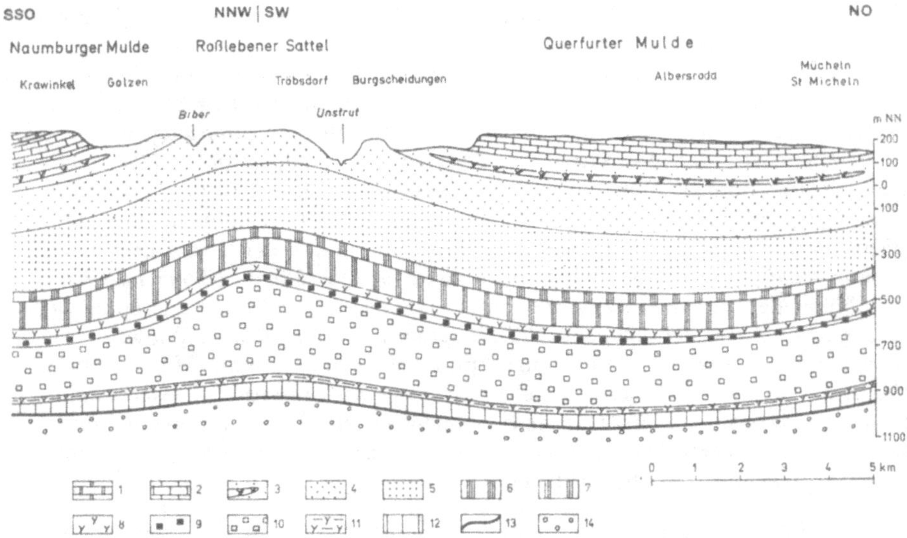

Abb. 35. Geologischer Schnitt durch den Roßlebener Sattel und die Querfurter Mulde (Entwurf M. SCHWAB)

1 Mittlerer und Oberer Muschelkalk
2 Unterer Muschelkalk
3 Oberer Buntsandstein (Röt)
4 Mittlerer Buntsandstein
5 Unterer Buntsandstein
6–12 Zechstein
6 Allerzyklus
7 Leinezyklus
8–11 Staßfurtzyklus
8 Hauptanhydrit
9 Kaliflöz Staßfurt
10 Staßfurtsteinsalz
11 Basalanhydrit
12 Werrazyklus
13 Kupferschiefer
14 Rotliegendes

vollzieht sich jedoch auf den teilweise durch Verkarstung erweiterten Klüften und zahlreichen Verwerfungen der Mergelschiefer des Wellenkalks, während die liegenden Röttone absolut wasserundurchlässig sind und das Wasser stauen. Grundwasserhöffig sind vorrangig Verwerfungen und Gesteinszerrüttungszonen.

Auf dem Hochplateau der Querfurter Mulde lassen sich Relikte eines fossilen Kalkkarstes beobachten, die in Zusammenhang mit der tertiären Landoberfläche stehen. In Karsttaschen befinden sich tertiäre Tone und Kaoline, Überreste einer tiefgründigen chemischen Verwitterung und Verkarstung (FREYBERG 1923; HEISE 1929). Ausgangspunkte für die Karstschlotten (Hohlräume) sind Großklüfte, Spalten und Störungen im Kalkstein, der sich tiefgründig zu ockergelbem bis graugrünem Mergel bzw. Ton zersetzt. Daneben läßt sich eine starke frostbedingte, pleistozän-kaltzeitliche Auflockerung des Gesteinsverbandes feststellen, die die Bildung einer oberflächenparallelen Entkalkungszone erleichterte (SCHWAHN 1976). Die Mächtigkeit der Verwitterungsrinde über dem Muschelkalk beträgt im Durchschnitt 3 m.

Typisch für das Müchelner Plateau sind die Schwarzerden auf den flächenbedeckenden Lössen, deren Kalkgehalt die Bodentypenbildung durch die Entwicklung stabiler Humus-Ton-Kalk-Kopplungen wesentlich unterstützte. Die Schwarzerden entstanden im Präboreal und Boreal (Abb. 9), als sich der Abbau pflanzlicher Stoffe bei unterbundener Bodenentkalkung in dem winterkalten und sommertrockenen Klima reduzierte. Die verstärkte Bildung von Huminstoffen und deren Verkopplung mit dem mineralischen Lößmaterial unter Mitwirkung von Bodentieren bedingen die hohe Fruchtbarkeit der Schwarzerden. Die auch auf anderen Lößbodentypen seit dem Atlantikum wirksam gewesene Entkalkung der Böden ist in den oberen 4–6 dm der Schwarzerden nachzuweisen, sie führte vor allem am Nordrand der Unstrutniederung zu deren Verbraunung und somit zu Braunschwarzerden. Eine Ausnahme stellen die Lößschwarzerden und anderen Lößböden auf dem Querfurt-Gleinaer Plateau bei Karsdorf dar, wo die Kalkstäube des Zementwerkes zu einer unnatürlich hohen Aufkalkung der Böden geführt haben. C 6

Ein schwach ausgeprägter Geländeanstieg und eine bodengeographische Grenze scheiden das Mücheln er vom Querfurt-Gleinaer Plateau, auf dem neben den Schwarzerden mit zunehmenden Niederschlagsmengen Lößgriserden und -braunschwarzerden sowie schwach entwickelte Lößfahlerden vorkommen. Für stark erodierte hängige Bereiche sind Lößpararendzinen (s. A 16) im Wechsel mit Kolluvialschwarzerden (Anhang B) typisch, und auf ebenen Flächen tritt örtlich Stauvergleyung auf. Kalkschutt- und Kalktonlehmrendzinen bildeten sich auf den schmalen, steilen, lößfreien Hangpartien der Trockentäler.

Auf den Plateaus tritt eine Anzahl kontinental verbreiteter Arten auf, so Glanzmelde (*Atriplex nitens*), Erdbeerklee (*Trifolium fragiferum*), Gemeiner Krähenfuß (*Coronopus squamatus*), Ackerlichtnelke (*Silene noctiflora*), Feldmannstreu (*Eryngium campestre*) und Gelbe Skabiose (*Scabiosa ochroleuca*). Bis zum Beginn der Waldrodung und Besiedlung wuchs auf den Plateaus lichter Winderlinden-Traubeneichen-Hainbuchen-Wald. Heute nutzt man die Hochflächen mit Ausnahme des Waldgebietes der Neuen Göhle (s. C 12), des Müchelholzes (s. C 13), des Lohholzes und kleiner Hangwälder der Trockentäler als hochwertiges, jedoch beregnungsbedürftiges Ackerland.

Albersroda, Kreis Querfurt, mit **Schnellroda** C 7

Der Grundriß von Albersroda läßt die Vermutung zu, daß das alte Sackgassendorf erst in späterer Zeit im W geöffnet wurde, da die Verbindung nach St. Micheln genau wie bei Baumersroda am östlichen Dorfausgang ansetzt. Der Weg nach dem benachbarten Schnellroda beginnt an einem nördlichen Ausbau. Diese charakteristische Siedlungsform der Dörfer auf dem Querfurt-Gleinaer Plateau erlaubte den Einwohnern durch einen Rundumweg von jeder Stelle aus den Zugang zur Flur. Bischof ENGILBERT VON BAMBERG schenkte 1144 dem anhaltischen Kloster Kölbigk bei Bernburg eine neben dem Dorf *Albrechtisrode*, d. h. Rodung eines Albrecht, gelegene Rodung, vermutlich die wüste Dorfstätte 1 km südlich von Albersroda.

Der Ort besitzt eine Kirche, vor deren romanischen Chorturm mit gekuppelten rundbogigen Fenstern als Schallöchern in spätgotischer Zeit ein breiterer Chor mit 3/8 polygonalem Abschluß gesetzt wurde. Das Schiff von 1838 schließt sich westlich an den dafür durchbrochenen, kupplig gewölbten und mit Spitzbogen versehenen Turm an. Besonderes Interesse verdient der im kreuzrippengewölbten Chor befindliche Flügelaltar aus dem Anfang des 16. Jh. Auf dem Altar steht ein Dreiflügelschrein mit Anna Selbdritt, Katharina und Magdalena. Die Darstellung der schlanken Figuren und die Malweise der Landschaftsgestaltung verweisen auf einen, wenn auch eigenwilligen, Schüler LUCAS CRANACHS d. Ä.

C 7 Im Ortskern von Albersroda blieben einige interessante Toranlagen erhalten. Die Torsäulen des Gehöftes Hauptstraße 23 tragen Sandsteinkugeln. In den Hof Hauptstraße 33 gelangt man durch eine rundbogige, mit Ornamenten versehene Pforte mit einer Inschrift- und Wappentafel von 1616 oder durch das angrenzende Rundbogentor. Die Pforte Hauptstraße 44 weist noch Sitznischen auf. An der vom Dorfkern nach NO führenden Siedlungsstraße reihen sich mehrere, später umgebaute Neubauernhöfe aneinander, an deren Rand eine hölzerne Bockwindmühle — wie in Schnellroda — aus dem 19. Jh. ihren Platz hat. Zu den Höfen gehörte Land, das aus einem 1945 aufgeteilten Großbauernbesitz stammte.

Etwa 700 m nördlich von Albersroda hat das Sackgassendorf Schnellroda seinen Platz. 1142 wird ein *Snellendorf* (= Siedlung eines Snello), 1208 ein Frowin us de *Snellenrode* genannt. In diesem Ort besaß ROLF VON KANNAWURF 1497 als Bamberger Lehen Güter. Im Rahmen der kirchlichen Organisation war Schnellroda Pfarrdorf mit der Filialkirche in Albersroda.

Wie in Albersroda, dem Schnellroda seit 1974 eingemeindet ist, erhebt sich mitten im Ort ein Wasserturm, und zwar unweit der Kirche. Diese besitzt einen frühgotischen Turm mit gekuppelten Schallöffnungen. Zum barock erneuerten Schiff öffnet sich vom Turm aus ein Spitzbogen. Die ehemalige Herrschaftsloge stammt von 1720, der Kanzelaltar vom Anfang des 18. Jh.

Das Dorfbild von Schnellroda erfuhr nach der Durchführung der demokratischen Bodenreform 1945 Erweiterungen durch Neubauernstellen an der Hauptstraße und an der Müchelstraße am östlichen Ortsrand. An der von der Müchelstraße abzweigenden LPG-Straße befinden sich die nach 1952 errichteten Lagerhallen, der Technikstützpunkt und die genossenschaftlichen Ställe. Hier betreibt die LPG (T) Steigra Schweinemast und -zucht wie auch Bullenmast und Pferdezucht. In Schnellroda hat die LPG Pflanzenproduktion Albersroda ihren Sitz, deren 5800 ha große landwirtschaftliche Nutzfläche sich auf Teile des Kreises Querfurt beschränkt und sich im N bis nach Langeneichstädt ausdehnt.

C 8 **Baumersroda** und **Ebersroda,** Kreis Nebra

Auf dem ausgedehnten Querfurt-Gleinaer Plateau liegen mehrere Dörfer mit dem Grundwort -roda sowie der Ort Gleina (s. C 9). Hier erfolgte offenbar eine gelenkte Entwaldung und Besiedlung des fruchtbaren Gebietes in der Mitte des 12. Jh. Urkundlich vielfach bezeugt sind die Anregungen, die dazu von Bamberg ausgingen (s. C 7). Mit der Anlage solcher Siedlungen wurden von den Rodungsunternehmern, hier vielfach Klöstern oder deren Beauftragten, Anführer von Gemeinschaften verpflichtet, die nicht nur dem Ort den Namen (Rodung eines Baumer bzw. Eberhard) gaben, sondern wahrscheinlich auch als die ersten Dorfvorsteher auftraten.

In Baumersroda besaß BERTHOLD VON BREITENBAUCH auf Stöbnitz 1497 einen Bamberger Siedelhof. Das Ortsbild ähnelt im Kern dem anderer Plateaudörfer, weist aber im Unterschied zu diesen Erweiterungen auf, wie die Straßen an der Westseite Am Anger und Wölbelingstraße und am Ostrand den Platz mit dem früheren Rittergut. Die Kirche von Baumersroda steht an der Nordostseite des Dorfkerns. An das Schiff von 1640 schließt sich der ursprünglich romanische Chorturm an, dessen gekuppelte Schallöffnungen von Säulchen mit Würfelkapitellen gestützt werden. Der Kanzelaltar ist in klassizistischen Formen gehalten. C 8

Einen massigen Baukörper bildet das ehemalige Herrenhaus mit einem Krüppelwalm-Mansarddach, Platz der Einheit 1, in dem beispielsweise der örtliche Kindergarten und der Rat der Gemeinde untergebracht sind. Daneben steht ein nach 1945 zu Wohnzwecken umgebautes Torhaus des Gutes, in dem sich heute der Sitz der LPG (T) Baumersroda befindet. Im Anschluß daran reihen sich neue Ställe zur Schweine- und Rinderhaltung aneinander. Vom Gut aus zieht sich eine Lindenallee nach NW vorbei an einem Turm, der dem in Gleina (s. C 9) ähnelt. An der Allee und an der von ihr abzweigenden Neuen Siedlungsstraße hat sich nach der Durchführung der Bodenreform 1945 ein neuer Ortsteil mit Neubauernhäusern, Zweifamilienhäusern und dem aus einer Maschinen-Traktoren-Station hervorgegangenen Betriebsteil des VEB Landtechnische Anlagen Halle entwickelt. Aus den sechziger Jahren stammen 4 Mehrfamilienhäuser an der Gleinaer Straße.

Die vollkommenste Form eines Rodungsdorfes auf der Platte bietet Ebersroda. Der Ort gehörte zur Urpfarrei Mücheln (s. Seite 31), 1497 finden wir adlige Grundherren als Bamberger Lehnsleute in Ebersroda.

Im Zentrum des Ortes stehen inmitten von Grünanlagen zwei Gebäude, eins davon beherbergt den Rat der Gemeinde. Die Gehöfte umgeben den ovalen Platz und bilden zusammen mit den Toren und Pforten eine geschlossene Front. Ihren Innenhof erreicht man durch Torhäuser, die typisch für Höfe der zweiten Hälfte des 19. und des ersten Drittels des 20. Jh. sind, so bei Nr. 25 von 1923 und Nr. 27 von 1861. In viele der älteren giebelständigen Gehöfte führt der Eingang durch Pforten mit teilweise profilierten Rundbogen, so bei Nr. 5, 7, 14 (mit Sitznischen), 16 und 33. Über der Pforte zum Gehöft Nr. 15 blieb eine Inschrifttafel von 1700 erhalten. Auch die Rückfront des Dorfes hinterläßt einen völlig geschlossenen Charakter. Von den einzelnen Gehöften bestehen Zufahrten zu dem rings um den Ort führenden Weg (s. C 7).

Am östlichen Rand von Ebersroda fällt der ursprüngliche Chorturm eines romanischen Kirchenbaues mit gekuppelter Schallöffnung auf. Das Schiff wurde im 18. Jh. angebaut. Aus der gleichen Zeit stammen der Kanzelaltar und der Orgelprospekt. Zwischen Ebersroda und Baumersroda zeugen die Reste von 2 Turmwindmühlen von einem vergangenen Gewerbe.

Gleina, Kreis Nebra, mit **Müncheroda** C 9

Unter den Siedlungen auf dem Querfurt-Gleinaer Plateau ist Gleina (1203 *Glina*, d. h. Ort auf lehmigem Boden, von altsorb. *glina* = Lehm, Ton) wahrscheinlich das älteste Dorf. Die geringe Dichte und die Art der wenigen Funde bezeugen — wie in den Nachbarorten — das weitgehende Fehlen einer ur- und frühgeschichtlichen Besiedlung des gewässerlosen Plateaus. Erst am Rand der Hochfläche, kurz vor den zur Unstrut steil abfallenden Hängen, sind in der Gleinaer Ge-

C 9 markung zahlreiche urgeschichtliche Zeugnisse anzutreffen. Ein wohl neolithischer Grabhügel liegt auf den südlichen Gleinaer Bergen. Ein schnurkeramischer Grabhügel westlich des Lohholzes enthielt 2 Erstbestattungen sowie Nachbestattungen der Schnurkeramik und der Aunjetitzer Kultur mit gehenkeltem Glockenbecher. Im Nordteil der Gleinaer Berge kam ein Flachgräberfeld der Aunjetitzer Kultur zum Vorschein, von dem 10 Hockergräber und eine Pferdebestattung mit beinernem Trensenknebel untersucht werden konnten. Daneben befand sich ein germanisches Gräberfeld der Latènezeit mit 52 Urnengräbern, die Drehscheibengefäße und Eisenfibeln enthielten. Auf dem gleichen Platz wurden Einzelfunde, so Pfeil- und Lanzenspitze, der spätrömischen Kaiserzeit sichergestellt. 400 m südwestlich vom Lohholz liegt eine Siedlung der beginnenden Eisenzeit.

Gleina war eine Zwischenstation auf dem wichtigen Weg von Querfurt nach Naumburg, der um 1000 weithin noch durch Wald führte. Das Dorf gelangte Anfang des 12. Jh. in Bamberger Besitz; seine Stiftsvögte nannten sich nach dem Ort. Burgscheidungener Burgmannen hatten die 5 Sattelhöfe bzw. Rittergüter inne, und auch das Kloster Reinsdorf soll auf der Gleinaer Gemarkung 70 Morgen Wald besessen haben. Nach 1540 war der Bischof von Naumburg Kirchenpatron. Südlich Gleinas liegt die Wüstung Gleusendorf (830/850 *Zliusendorpf*; Mischname aus dem Personennamen Služ und -dorf).

Der Grundriß von Gleina zeigt zwar einige Ähnlichkeiten mit dem benachbarter Dörfer, jedoch hat das frühere Rittergut mit seinen umfangreichen Wirtschaftsgebäuden und seinen Unterkunftshäusern für Landarbeiter, wie das Gebäude Straße des Friedens 15—26, im Volksmund aufgrund der Form D-Zug genannt, die ursprüngliche Anlage als Gassengruppendorf mit Rundumweg stark verändert. An interessanter Volksbauweise blieb beispielsweise folgendes erhalten: Rundbogenpforte und -tor von 1720 am Pfarrgehöft, Ölgasse 2; profilierte Rundbogenpforte von 1714, Straße des Friedens 31; Portal mit aufwendigem Wappenschmuck, Straße des Friedens 36.

In Gleina befindet sich eine Dorfkirche mit einem nördlich am Schiff stehenden Turm von 1512, der Fenster mit spätgotischem Maßwerk im Glockengeschoß hat. Das Schiff wurde, wie die von 2 Engeln gehaltene Inschriftkartusche im Knorpelstil aussagt, 1696/97 durch den sächsischen Jäger- und Oberforstmeister zu Weißenfels und Erb-, Lehn- und Gerichtsherrn von Gleina Dietrich von Geissmar umgebaut und erweitert. Gemalte Lorbeer-, Malven- und Eichenranken schmücken die Emporenfelder im Inneren. Dazu kommt noch eine dreiseitig herausragende, verglaste und bemalte Patronatsloge an der Nordwand, seitlich des Kanzelaltars (um 1700). Erwähnenswert ist ein barockes prunkvolles Epitaph mit Inschrifttafel und Porträtmedaillons. Außen an der Ostwand befinden sich unter den zugemauerten spätgotischen Fensteröffnungen 2 Grabsteine: Der von 1556 besitzt ein großes, rundes reliefiertes Wappenmedaillon.

Ganz in der Nähe der Kirche erweckt die ehemalige Fronfeste vom Ende des 16. Jh. Interesse. Die Wehrhaftigkeit der zweigeschossigen Zweiflügelanlage bezeugen der Turm und die sehr kleinen Rundfenster an der Nordseite. Im Jahre 1737 — siehe Architrav des Portals der Hofseite — ließ der damalige Besitzer die Fronfeste umbauen.

Hauptstraße 30 ist das barocke Schloß, das im letzten Jahrzehnt des 17. Jh.

errichtet, 1813 erneuert wurde und heute als Pflegeheim dient. Der hufeisenförmige, zweigeschossige Bau mit Mansarddach weist einen schmalen Mitteltrakt mit einer Durchfahrt auf, der den Hof mit dem ehemaligen Park verbindet. Die elfachsigen langen Seitenflügel besitzen vom Hof her geschnitzte Eingangstüren. Im Innern sind Rokokostukkaturen vorhanden, zum Beispiel im Erdgeschoß des linken Seitenflügels, im ehemaligen Speisesaal und früheren Salon mit Vorzimmer im Obergeschoß des Mitteltraktes. Neben dem Schloß liegt das dazugehörige, von der LPG (T) Baumersroda genutzte Gut mit einem 1907 errichteten großen Wasserturm mit Kegeldach. C 9

Gleina ist das bevölkerungsreichste Dorf des Querfurt-Gleinaer Plateaus und nimmt in schulischer, medizinischer und wirtschaftlicher Hinsicht eine zentrale Stellung ein. Etwa zwei Drittel der Werktätigen arbeiten in den landwirtschaftlichen Genossenschaften. Gegenüber vom früheren Gut hat sich ein neues Viertel mit Mehrfamilienwohnblocks, mit Kindergarten und Bernard-Koenen-Oberschule entwickelt. Am nordwestlichen Ortsrand füllen Ein- und Zweifamilienhäuser die Lücke zwischen dem Dorf und der F 180.

Als der 704 ha umfassende Rittergutsbesitz 1945 enteignet wurde, konnten 93 Neubauernstellen eingerichtet und weitere Kleinstparzellen an Arbeiter abgegeben werden. In der Folgezeit erbauten sich 34 Neubauern Häuser bzw. Eindachhöfe an der Straße der Einheit, an der Baumersrodaer Straße und am Albersrodaer Weg. Mehrere von ihnen gehörten 1952 zu den Gründern von je einer LPG Typ I und II, die sich bald zur LPG Typ III Einheit zusammenschlossen. Die Spezialisierung erforderte 1978 die Trennung des Feldbaus von der Viehwirtschaft. 1981 bewirtschaftete die LPG (P) Gleina 4550 ha landwirtschaftliche Nutzfläche zwischen Gleina, Freyburg und Zeuchfeld. Ihre 520 Beschäftigten erzeugen Weizen, Gerste sowie Zuckerrüben und Kartoffeln, aber auch Obst und Weintrauben (s. C 10, C 11). Für die Pflanzenproduktion errichtete man umfangreiche Gebäude am östlichen Ortsrand, so die der Abteilung Technik und Obstlagerhallen. Von der Baumersrodaer Straße ziehen sich bis zum Albersrodaer Weg neue Ställe der zuständigen LPG (T) Baumersroda (s. C 8) für die Unterbringung von Rindern und Schweinen sowie Futtersilos und Hallen hin. Auch am östlichen Rand von Müncheroda stehen neue Anlagen dieser LPG.

Das kleine Sackgassendorf Müncheroda (Rodung der Mönche) gehört verwaltungsmäßig seit 1958 zu Gleina. Am Langen Berg, nahe dem Plateaurand westlich des Dorfes, läßt eine ausgepflügte schnurkeramische Amphore ein neolithisches Gräberfeld vermuten.

Branderoda, Kreis Nebra, C 10

dessen Name vermutlich als Brandrodung oder Rodung eines Brando zu erklären ist, besetzt mit seinen Häusern den Boden und linken Talhang eines Abschnitts des Hirschgrundes. Während die kleinen Gehöfte und die übrigen Wohnhäuser im Talgrund dicht gedrängt stehen, reihen sich die größeren Höfe — einschließlich Kirche und früherem Rittergut — mit weiten Abständen aneinander.

C 10 Die im Kern spätromanische Kirche erfuhr im 16. Jh. eine durchgreifende Erneuerung. Ein rechteckiger, großer Turm mit Spitzdach liegt im W vor dem breiteren Schiff, an das sich im O ein eingezogener, gerade geschlossener Chor anschließt. Am Schiff befindet sich ein zweietagiger Anbau, der als Eingangshalle mit 2 spitzbogigen Portalen und der darüberliegenden Herrschaftsempore aus spätgotischer Zeit stammt. An den Chor grenzt eine Sakristei als späterer Bauteil an. Im Innern ist die Kirche um 1740 neu gestaltet worden. An der Südwand des Altarraumes hängt das Epitaph der DOROTHEA VON BOSE (gest. 1746), gegenüber befindet sich ein geschnitztes Rokokoepitaph. Die Felder der hölzernen Empore sind durch Flachschnitzerei gerahmt. An der Südwand öffnet sich die Patronatsloge durch 4 Holzarkaden zum Schiff. Neben anderen Ausstattungsgegenständen des 18. Jh. ist ein Grabstein des Meisters mit dem Helm zu nennen (s. B 26), der des HANS GEORG VON LÖWEN von 1640 an der Nordwand des Schiffes.

Das ehemalige Gutshaus aus der ersten Hälfte des 18. Jh. stellt einen zweigeschossigen, elfachsigen, rechteckigen Bau mit flachen Putzschmuckfeldern, einem durch Quadermauerwerk gekennzeichneten Sockelgeschoß und einem Mansarddach dar. Ein flacher, dreigeschossiger, übergiebelter Mittelrisalit gliedert den Bau. Das Hauptportal aus fein profiliertem Sandstein hat einen gesprengten Segmentgiebel, in dem sich ein Wappenschmuck mit Helmzierden und dem Doppelwappen befindet. Das Gutshaus dient Wohnzwecken, als Kindergarten und als Sitz des Rates der Gemeinde.

Unterhalb des Rittergutes erfuhr der Ort eine Erweiterung, als nach der Aufteilung des Großgrundbesitzes 1945 mehrere Neubauern Häuser bzw. Eindachgehöfte errichteten, von denen nur noch sehr wenige die ursprüngliche Einteilung in Wohnraum, Stall und Scheune erkennen lassen. Von den erhalten gebliebenen Wirtschaftsgebäuden des Gutes nutzt die LPG (T) Baumersroda zwei zur Schweinehaltung. Ein neuer Stall steht am Oberhang des Hirschgrundes. Am dortigen südexponierten Hang breiten sich seit 1961 insgesamt 15 ha Rebpflanzungen aus und werden maschinell bearbeitet. Die LPG (P) Gleina kultiviert hier die Sorten Silvaner, Gutedel, Weißburgunder und Müller-Thurgau.

C 11 **Schleberoda,** Kreis Nebra,

1308 *Slavenrode* geschrieben = Rodung eines Sorben Slavomir, weist einen erweiterten sackgassenartigen Grundriß auf, in dessen Mitte sich ein Feuerlöschteich und das gemeindeeigene, funktionsfähige Backhaus befinden. Bis zur Inbetriebnahme des Hydroglobus am Rand der Neuen Göhle im Jahre 1955 lieferten ausschließlich Brunnen das benötigte Wasser, darunter ein künstlich angelegter Schachtbrunnen, den Höhlenforscher aus Naumburg 1982 untersuchten und dabei einen Wasserstand bei 88 m unter der Brunnenoberkante feststellten.

In Schleberoda blieb eine Reihe von Gebäuden mit alter Volksbauweise erhalten, so Scheunen aus Stampflehm (Nr. 11) und Torhäuser, die meist ihre Traufseite zum Dorfplatz richten (Nr. 17). Das Innere der Dreiseithöfe Nr. 12

und 31 sowie der Vierseithöfe Nr. 2 und 24 erreicht man durch Rundbogenpforten oder -tore. Steintafeln mit den früheren Hausnummern, Besitzernamen oder -initialen und mit der Jahreszahl 1787 sind in die Pforten von Nr. 2 und 31 eingelassen. Bei Nr. 24 ragt zwischen der ornamentierten Sitznischenpforte und dem Tor die verwitterte Halbplastik eines Menschenkopfes heraus (s. C 17). Als Beispiel der Nutzungsänderung nach 1945 sei das Großbauernhaus Nr. 8 — laut Inschrifttafel von 1861 — erwähnt. In ihm sind heute der Rat der Gemeinde und eine Gaststätte untergebracht. C 11

Die Kirche, die man durch das Friedhofsportal von 1797 erreicht, erweckt durch den Turm baugeschichtliches Interesse; denn er ist durch den erkennbaren Giebelansatz und den zugemauerten Triumphbogen als Chorturm des romanischen Baus zu deuten und dient heute als Westturm des in der Spätgotik — vermutlich 1505 — angebauten Schiffes. 1705 wurde das Schiff barock umgestaltet und 1763 durch einen sehr schönen Kanzelaltar und einen geschnitzten Taufengel vom gleichen Bildhauer bereichert. Neben dem Säulenaufbau beeindruckt der figürliche Schmuck.

Nähert man sich von O her dem Dorf, so fällt eine Gruppe neuer Bauten auf, die um 1972 für 500 Milchkühe entstanden und heute von der LPG (T) Baumersroda (s. C 8) genutzt werden. Am westlichen Ortsrand errichtete die LPG einen Mehrfamilienwohnblock für die Beschäftigten. Mehrzweckgebäude aus der Zeit des genossenschaftlichen Beginns, die heute der LPG (P) Gleina gehören, ergänzen die Anlage. Diese LPG pflanzte nach 1972 Rebstöcke auf dem süd- bis südostexponierten Hang der Zeuchfelder Talung zwischen der F 176 und der Taloberkante.

Waldgebiet Neue Göhle C 12

Als geschlossener großer Waldkomplex hat sich die Neue Göhle auf dem Querfurt-Gleinaer Plateau neben dem kleineren Müchelholz, dem Lohholz und dem Wald des nach Branderoda hinabziehenden Tälchens erhalten. Sie war bevorzugtes Jagdrevier der Herzöge von Sachsen-Weißenfels im 17./18. Jh. (s. B 6). Diesen gehörte das barocke Jagdschloß Kleinfriedenstal an der Alten Göhle bei Pödelist, das 1774 abgerissen wurde. Der Name Göhle läßt sich vom altsorbischen *gola* = Heidewald, kahle Gegend ableiten und dürfte mehr die offeneren Randbereiche als das Waldgebiet selbst meinen.

Der geschlossene Hochwald reicht bis zum Plateaurand und zur Zeuchfelder Talung und macht oberhalb der Weinberge einer Steppen- und Felsheide Platz. Vermutlich nutzte man die Wälder der Neuen Göhle sehr frühzeitig zur Stangenholzgewinnung, was vor allem bei dem sehr ausgedehnten Weinbau, dessen Anfänge im unteren Unstrutgebiet bis in das 10. Jh. zurückreichen (s. C 19), wahrscheinlich ist (Reinhold 1942). Der Wald ist als Mittelwald überliefert und weist in einigen Teilen heute noch, trotz der bereits vor 100 Jahren eingeleiteten Überführung in Hochwald, ein solches Gefüge auf. Schon im 16. Jh. sind Traubeneiche, Hainbuche und Winterlinde als Hauptbaumarten erwähnt.

Vegetationskundlich stellt ein Winterlinden-Eichen-Hainbuchen-Wald mit einzelnen Rotbuchen die Leitgesellschaft der Neuen Göhle dar (Fukarek 1951).

C 12 Die Strauchschicht besteht in erster Linie aus Haselnuß (*Corylus avellana*). In der Krautschicht herrschen Waldreitgras (*Calamagrostis arundinacea*), Waldflattergras (*Milium effusum*), Waldzwenke (*Brachypodium sylvaticum*), Maiglöckchen (*Convallaria majalis*) und Echte Sternmiere (*Stellaria holostea*) vor. Auffallend ist das reiche Vorkommen von Kleinem Immergrün (*Vinca minor*).
Die moderne Forstwirtschaft hat diesen Wald vielerorts durch standortfremde Baumarten ersetzt. Dabei treten seit den letzten Jahrzehnten auch verstärkt Nadelholzarten in Erscheinung, so die Lärche. Forstlich begründete Laubholzbestände werden von der Rotbuche und seit den siebziger Jahren von der Roteiche aufgebaut.

C 13 Naturschutzgebiet Müchelholz

Das NSG befindet sich im Zentrum eines größeren Waldkomplexes zwischen den Ortschaften Albersroda und St. Micheln. Dieser Wald zählt zu den wenigen erhalten gebliebenen Restwäldern auf der 170—190 m ü. NN gelegenen, fast tischebenen Ackerlandschaft der Querfurt-Gleinaer Platte. Das NSG besteht aus einem Waldteil zwischen der Straße Albersroda—Mücheln und dem Hesseltal sowie 2 kleinen Feldgehölzen südlich der Straße, die als Totalreservate gelten. Das Müchelholz weist eine starke Zerstückelung auf. Seit 1874 bis Anfang dieses Jahrhunderts ist etwa ein Drittel der ursprünglichen Fläche, und zwar besonders der West- und Nordwestteil gerodet worden (Handbuch 1973).
Auf den ebenen Lagen der fast lückenlosen, 1—2 m mächtigen Lößdecke entwickelten sich Lößschwarzerden und lokal auf Nordhängen Fahlerden. In den Erosionstälern setzten sich am Unterhang und auf dem Talboden Kolluvialdecken mit über 9 m Mächtigkeit ab. Klimatisch zeichnet sich das NSG durch gemäßigte Winter und warme Sommer aus (wenig über 0° und wenig über 18 °C). Das Bestandsklima weist jedoch große Unterschiede zwischen den Feldgehölzen, dem Talboden und dem Nordhang des Hesseltals auf.
Den Grundstock der Flora (Fukarek 1951, Hentschel 1969) bilden Elemente der subatlantisch-zentraleuropäischen Eichen-Hainbuchen-Wälder, wie Verschiedenblättriger Schwingel (*Festuca heterophylla*), Waldlabkraut (*Galium sylvaticum*), neben Arten, die auch in osteuropäischen Laubwäldern gedeihen oder sich dort konzentrieren. Von ihnen sind zu nennen Nickendes Perlgras (*Melica nutans*), Waldreitgras (*Calamagrostis arundinacea*), Türkenbundlilie (*Lilium martagon*), Traubenwucherblume (*Chrysanthemum corymbosum*) und Bärenschote (*Astragalus glycyphyllos*). Die Vorkommen von Goldtaubnessel (*Galeobdolon luteum*), Schwarzem Holunder (*Sambucus nigra*), Rotem Hartriegel (*Cornus sanguinea*) und Pfaffenhütchen (*Euonymus europaeus*) unterscheiden die Eichen-Hainbuchen-Wälder unseres Raumes von den osteuropäischen.
Nach der standörtlichen Differenzierung des Gebietes und der Ausbildung der Randzonen lassen sich 3 verschiedene Erscheinungsformen des Eichen-Hainbuchen-Waldes feststellen. Auf der Hochfläche wächst der typische Eichen-Hainbuchen-Wald, dessen Baumschicht von der Traubeneiche und Hainbuche neben vereinzelten Winterlinden, Hängebirken, Elsbeeren und Gemeinen

Traubenkirschen aufgebaut wird. Die Hainbuche beherrscht die niedere Baumschicht und die Strauchschicht. In der Bodenflora treten Maiglöckchen (*Convallaria majalis*), Waldlabkraut (*Galium sylvaticum*), Waldreitgras, Waldflattergras (*Milium effusum*) und Knotige Braunwurz (*Scrophularia nodosa*) stark in Erscheinung. C 13

Am Nordhang des Hesseltals geht der typische Eichen-Hainbuchen-Wald in einen Haselwurz-Eichen-Hainbuchen-Wald über. Hier ist neben der Traubeneiche und der Hainbuche auch der Bergahorn am Aufbau der Baumschicht beteiligt. Die Bodenvegetation wird durch Frühlingsplatterbse (*Lathyrus vernus*), Zaungiersch (*Aegopodium podagraria*), Echtes Lungenkraut (*Pulmonaria officinalis*), Haselwurz (*Asarum europaeum*) und Ährige Teufelskralle (*Phyteuma spicatum*) gekennzeichnet.

Mit abnehmender Lößmächtigkeit und höheren Temperaturen infolge der verstärkten Randbeeinflussung in den kleinen Feldgehölzen geht die Hainbuche zugunsten der Traubeneiche und der Haselnuß (*Corylus avellana*) zurück. Es bildet sich der Fingerkraut-Eichen-Hainbuchen-Wald heraus, der bereits zu den Trockenwäldern vermittelt. Infolge der aufgelockerten Baumschicht dominieren in der Feldschicht Gräser wie Waldknaulgras (*Dactylis polygama*) und Verschiedenblättriger Schwingel. Weiterhin konzentrieren sich in der Bodenvegetation dieser Waldgesellschaft wärmeliebende Arten, von denen Weißes Fingerkraut (*Potentilla alba*), Schwarze Platterbse (*Lathyrus niger*), Nickendes Perlgras und Türkenbundlilie genannt seien.

Das Schlehen-Liguster-Gebüsch bildet die Strauchmantelvegetation der Waldränder. Als wichtige Straucharten in dieser Gesellschaft treten außer Schlehe (*Prunus spinosa*) und Liguster (*Ligustrum vulgare*) noch Weißdorn-Arten (*Crataegus oxyacantha, C. monogyna*), Seidelbast (*Daphne mezereum*) und Wolliger Schneeball (*Viburnum lantana*) hervor. In dem NSG sind Waldkauz, Waldohreule und Wiedehopf als Brutvögel bekannt.

St. Micheln, seit 1942 Stadtteil von Mücheln **C 14**

Vom Geiseltal heraufgreifend, schneiden sich das bachlose, bewaldete Hesseltal und südlich von ihm jene Hohlform in den nördlichen Teil des Plateaus ein, in deren Ausgang St. Micheln landschaftlich reizvoll eingebettet ist und die Geiselquelle (s. C 15) entspringt. An seinem aufgegliederten Nordrand und in der Nähe der Quellen und Bäche trägt das Muschelkalkplateau in der Umgebung von St. Micheln Zeugen ur- und frühgeschichtlicher Besiedlung. Eine Siedlung der älteren Linienbandkeramik liegt am alten Wasserturm und südwestlich davon, 200 m südlich vom Mühelner Stadtteil St. Ulrich. Ihre Ausdehnung scheint mindestens 200 m betragen zu haben; sie barg Scherben, Steingeräte, verkohlte Getreidereste und Knochen von Rind, Schaf/Ziege, Schwein, Hirsch sowie eine gleichzeitige Bestattung. Etwa auf demselben Gelände gab es im mittleren Neolithikum außerdem eine Siedlung der Bernburger Gruppe und in der jüngeren Bronzezeit eine solche der Unstrutgruppe, neben der sich gleichzeitige Steinpackungsgräber befinden.

C 14 Im benachbarten Müchelholz liegt ein neolithischer Grabhügel mit einer Höhe von 1,8 m und einem Durchmesser von 20 m, aus dem eine schnurkeramische Amphorenscherbe stammt. Am Nordabfall des Geländes kam am Galgenhügel westlich von St. Micheln eine große mittelneolithische Höhensiedlung der Salzmünder Gruppe zum Vorschein, die von einem knapp 3 m breiten und 1,75 m tiefen Sohlgraben umgeben war. Dort fand man auch einen bronzenen Dolch und Armreif der älteren Bronzezeit. Etwa 250 m westnordwestlich des Galgenhügels wurde ein Grab der schnurkeramischen Kultur geborgen, und westlich anschließend hatte eine jungbronzezeitliche Siedlung ihren Platz. Ein nur wenig älteres Körpergrab mit Tasse und Halsring konnte etwa 400 m südlich der Kirche sichergestellt werden.

Im W, S und O von Rodungssiedlungen umgeben, deutet der hier ungewöhnliche Ortsname St. Micheln auf den historisch belegten Einfluß des Bistums Bamberg beim Kolonisationsprozeß (s. C 8) im Bereich der Platte hin. Das Dorf ist eine Gründung Bischof Ottos von Bamberg bald nach 1120, der sich hier mehrfach aufhielt. Der Ort bekam seinen Namen (um 1220 als ad *sanctum Michaelem* erwähnt = zum Kirchspiel St. Michael) nach der Lieblingsstiftung des Bischofs, dem Stift St. Michael bei Bamberg. Derselbe Geistliche soll auch die Kirche gegründet haben.

Die wehrhafte, äußerlich fast unveränderte romanische Kirche aus der Zeit um 1200 erhebt sich auf einer Anhöhe oberhalb der Siedlung. Sie ist ein stattlicher Bruchsteinbau mit einem hohen, querrechteckigen Westturm (Bild 12) mit 6 dreiteiligen Schallarkaden. Darüber erhebt sich ein abgewalmtes Satteldach. An das Langhaus – von gleicher Breite wie der Turm – schließt sich ein eingezogener rechteckiger Chor an. In der Ostwand befinden sich 2 schlanke Rundbogenfenster und mittig darüber ein kreisförmiges Oberlicht. Am Giebel blieb ein steinernes Radkreuz erhalten. Die Ausstattungsgegenstände stammen aus aufgegebenen Kirchen der Umgebung, so der Renaissancetaufstein aus Möckerling, einem Stadtteil von Mücheln, und der Taufständer mit Lesepultaufsatz vom Anfang des 18. Jh. aus Zorbau, Kreis Weißenfels.

Das Siedlungsbild von St. Micheln ist durch die an den Talhängen heraufziehenden Gehöfte und Häuser geprägt. Am unteren Ortseingang steht eine Schule für Unterstufenklassen. Talaufwärts, aber auf dem anderen Geiselufer, verläuft ein heute trockener Graben; sein Wasser trieb eine der 2 Mühlen, die Anfang des 19. Jh. bestanden haben (Schumann). Unweit der Geiselquelle blieb am Eingang in die Kleine Gasse ein Nebengebäude eines Gehöftes erhalten, das durch eine Tür mit einem Schlußstein von 1799 zu betreten ist. Das Häusleranwesen Apostelstraße 25 besitzt noch einen Giebel aus Stampflehm, und zu dem kleinen Dreiseithof Apostelstraße 26 gehört eine Fachwerkscheune. In Mücheln befindet sich der Sitz der für den Feldbau von St. Micheln zuständigen LPG (P) Geiseltal.

C 15 Geiselquelle

Bei St. Micheln wird der durch mindestens 5 Quer- und wahrscheinlich 2 Längsverwerfungen mit jeweils geringer Sprunghöhe zerrüttete Untere Muschelkalk der Albersrodaer Spezialmulde (s. C 6) durch das enge Geiseltal zum Teil bis

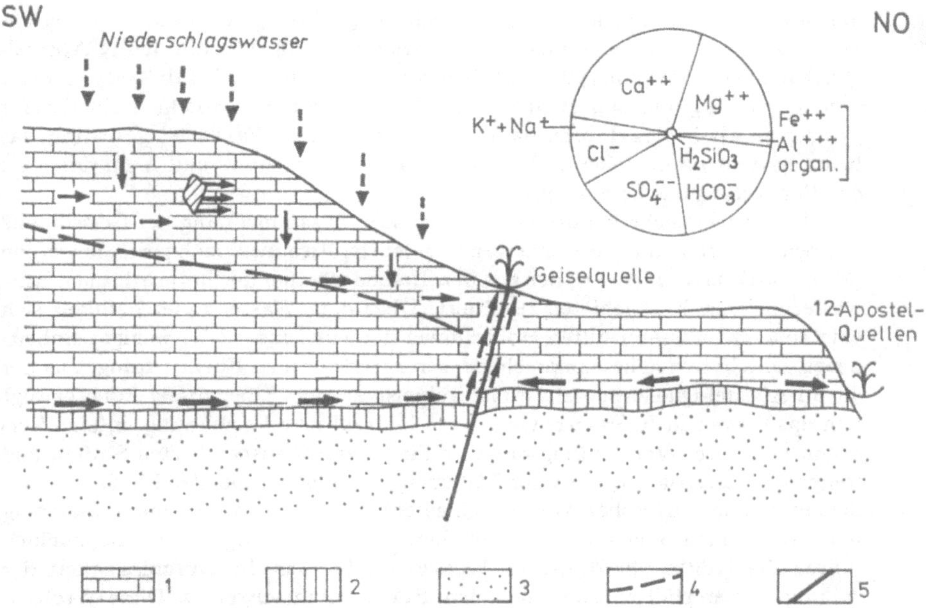

Abb. 36. Schnitt durch die Geiselquelle und 12-Apostel-Quellen sowie Mineralionengehalt des Quellwassers (nach KRUMBIEGEL u. SCHMIDT 1968)

1 Muschelkalk
2 Tonstein } Buntsandstein
3 Sandstein
4 Obergrenze des Grundwassers
5 Bruchstörung

unter die wasserstauenden Myophorienschichten (Dolomite) zerschnitten und damit entwässert. Das Wasser tritt in der Ortsmitte von St. Micheln in der Geiselquelle und rund 800 m östlich davon am rechten Talhang in den 12-Apostel-Quellen (Bild 23) aus. Während die letzteren nur wenig über dem Wasserstauer liegen, befindet sich der Quellteich der Geisel stratigraphisch mehr als 10 m, geodätisch etwa 3 bis 4 m höher. Beide Quellen haben ein gemeinsames Einzugsgebiet (s. C 6) und werden seit langem zur Trinkwasserversorgung von Mücheln genutzt. Die junge Geisel trieb in der Vergangenheit bereits wenige Meter unterhalb der Quellen eine Mühle (s. C 14). Der Bachname Müchel für die obere Geisel lautet germanisch *Muhhila* = Schlammbach und dürfte den hohen Schwebstoffgehalt nach Starkregen und Schneeschmelze meinen.

So verschieden wie ihr Habitus ist auch die Schüttung der beiden Quellorte. Die 12-Apostel-Quellen sind typische Schichtquellen im Grenzbereich von Röt und Muschelkalk (Abb. 36). Als Stauer wirkt der Myophorienmergel, als Leiter der Untere Muschelkalk. Die Quellaustritte zeigen eine ausgeglichene Schüttung mit im Mittel rund 25 l/s, die vorwiegend jahreszeitlich zwischen 18 und 35 l/s schwankt. Die Geiselquelle ist hingegen eine typische Karstquelle. Sie tritt an vielen kleinen Spalten des Wellenkalks in unmittelbarer Nähe einer Verwerfung

C 15 aus, an der das Wasser aufsteigt, das sich im Quellteich von rund 10 m Durchmesser sammelt. Die Geiselquelle weist stärkere, häufig nicht mit den 12-Apostel-Quellen synchrone innerjährliche Schwankungen auf und gab beispielsweise von 1927 bis 1930 mit einer mittleren Schüttung von über 100 l/s dreimal mehr Wasser ab als in den Jahren davor und danach. Ihr Wasser ist gespannt, das heißt es steht unter höherem Druck als das der Umgebung und kann daher an der Verwerfungsfläche aufsteigen.

Durch Pumpversuche konnte der hydraulische Zusammenhang der Geiselquelle mit benachbarten, auf Verwerfungen abgeteuften Brunnen nachgewiesen werden (MÜLLER-DELITZSCH 1933), der aus den Besonderheiten der unterirdischen Entwässerung von Kalkgebieten resultiert. Über dem Wasserstauer befindet sich eine Zone mit wassererfüllten Hohlräumen und einer mehr oder weniger einheitlichen Druckoberfläche entsprechend der unterirdischen Fließrichtung, aus der die 12-Apostel-Quellen vorzugsweise gespeist werden. Über dieser Zone bewegt sich das Wasser in Kluftsystemen, deren hydraulische Verbindung infolge Verbruch und durch Verstopfung mit vom Sickerwasser suspendierten Stoffen und tonigen Lösungsrückständen des Kalkmergels bei abnehmender Fließgeschwindigkeit des unterirdischen Wassers eingeschränkt sein kann. Chemische Lösung und Ausspülung können die Wasserbewegung begünstigen. Im allgemeinen führen die Klüfte nur dasjenige Wasser ab, für das die Durchlässigkeit der ständig wassererfüllten Zone über dem Stauer nicht ausreicht. Diese Wechselhaftigkeit ist der Grund dafür, daß die Geiselquelle in den neunziger Jahren des vorigen Jahrhunderts als Springquelle beschrieben wurde, 1933 zwischen 10 und 15 cm Überdruck besaß und auch jetzt zeitweise an mehreren Stellen des Quellteiches ein Aufsprudeln und Aufsteigen des Wassers an Luftblasen und aufgewirbeltem Feinmaterial zu erkennen sind.

Auf die unterirdischen Lösungsvorgänge weist die einheitliche Beschaffenheit des harten, farblos klaren, geruch- und geschmacklosen Quellwassers als Kalzium-Magnesium-Hydrogenkarbonat-Sulfat-Wasser (Abb. 36) mit 535 mg/l gelösten Stoffen hin. Die Gesamthärte beträgt 27 °dH (deutsche Härtegrade), die Karbonathärte 13 °dH. An Kationen sind beispielsweise Kalzium mit 170 mg/l und Magnesium mit 73 mg/l zu erwähnen, an Anionen Chlor (39 mg/l), Sulfat (141 mg/l) und Hydrogenkarbonat mit 100 mg/l (KRUMBIEGEL u. SCHMIDT 1968).

Die große Starkregengefährdung des Muschelkalkplateaus, die trotz Lößbedeckung zu episodischen Hochfluten in den Trockentälern führt, erforderte mit fortschreitendem Braunkohlenbergbau und speziell durch die Verlegung der Geisel in Mücheln 1960 aus ihrem bisherigen Tal auf die Hangkante den Bau des Hochwasserrückhaltebeckens Gleinaer Grund. Dieses liegt 1,9 km talaufwärts von der Geiselquelle. Der 1957/58 für 1,4 Mill. M errichtete Steindamm erreicht eine Höhe von 11,6 m und eine Länge von 125 m. Bei Vollstau werden 0,194 Mill. m^3 Wasser zurückgehalten. Damit kann der zu 13,6 m^3/s ermittelte Hochwasserscheitelzufluß des Trockentales mit seinem 17,3 km^2 großen oberirdischen Einzugsgebiet auf rund 1 m^3/s (= Leistung des selbsttätigen Grundablasses bei Vollstau) herabgesetzt werden. Bei Versagen des Grundablasses vermag der feste Hochwasserüberlauf von 11,6 m Länge, der über eine Schußrinne im Hang die Überlaufmengen ins Unterwasser ableitet, bei einem weiteren Aufstau von 0,7 m auch den genannten höchsten Scheitelzufluß abzuführen.

Als Ergebnis des komplizierten Zusammenwirkens von Unstrut und Ilm mit mehrfacher Verlegung ihrer Flußläufe (Abb. 8) hat sich das enge Freyburger Unstruttal mit seiner schmalen Aue zwischen Weischütz und Nißmitz entwickelt. Zwischen das Unstruttal und das Querfurt-Gleinaer Plateau schaltet sich die Zscheiplitzer Talung ein.
Rund 100 m steigen die 25–35° geneigten Hänge zu den Muschelkalkplateaus hinauf. Die linksseitigen südexponierten sind seit alters durch Weinkulturen genutzt (s. C 19), die rechtsseitigen mit Wald bestanden. An den weniger steilen unteren Hangpartien der rechten Talseite lagern Löß und Lößfließerden. An den waldfreien linken Talhängen unterbrechen heraustretende Bänke der widerstandsfähigen Terebratula- und Schaumkalke die flachgründigen Böden des Kalkstein- und Kalkschuttrendzinatyps (s. C 3, C 6).
Jungsteinzeitliche Siedlungsfunde bei Balgstädt (s. C 17) und Freyburg (s. C 20), Weischütz und Nißmitz (s. C 21) weisen auf die frühe Besiedlung auch des Freyburger Unstruttales hin. Trotz der Verlegung der Führung der via regia (Abb. 12) nach Naumburg blieb das Talstück auch nach dem 11. Jh. von Bedeutung, trafen sich doch von Laucha, Kösen und Naumburg kommende und nach Eisleben und Merseburg führende Wege am günstigsten Übergang über die Unstrut bei Freyburg und unterstützten die Entwicklung der späteren Stadt (s. C 20).
Rund 80 m über der heutigen floß die altpleistozäne Unstrut von Memleben über Großwangen (s. B 13), Birkigt, Weischütz, Zscheiplitz und Zeuchfeld (s. C 22) dem Geiseltal zu (Lehmann 1922; Kugler 1961; Schneyer 1961; Ruske 1973). Noch in der frühen Elsterkaltzeit nahm die Unstrut bei Weischütz die Ilm auf, die aus dem Thüringer Becken über Rastenberg–Bibra durch das von ihr ausgeformte heutige Hasselbachtal (s. C 26) kam (Schulz 1962; Steinmüller 1967). Flußkiese als Reste der frühelsterkaltzeitlichen Ilmterrasse lagern am Hayn bei Balgstädt in rund 42 m Höhe über der Talaue. Sie sind von elsterkaltzeitlichem Bänderton und Grundmoräne (Geschiebemergel) überdeckt.
Wahrscheinlich über ein Nebentälchen durch die Saale angezapft, hatte die Unstrut seit der Cromerwarmzeit (Abb. 9) unterhalb von Zscheiplitz das Zeuchfelder Tal verlassen, um bei Nißmitz in die dem Pödelister Tal (s. C 22) folgende frühelsterkaltzeitliche Saale zu münden, deren Ablagerungen sich zwischen Pödelist und Nißmitz befinden. Vermutlich durch Auslaugungsabsenkung des Geiseltales veranlaßt, nahm die Unstrut der frühen Saalekaltzeit erneut ihren Lauf durch das Zeuchfelder Tal zum Geiseltal hin. Zwischen dem drenthestadialen Eisvorstoß in das Tal hinein und dem Warthestadium erfolgte dann die Laufverlegung in das bereits zur Elsterkaltzeit benutzte Talstück zwischen Freyburg und Nißmitz. Auf die geschilderte Weise entstanden das Freyburger Unstruttal und die Zscheiplitzer Talung sowie die zwischen beiden liegenden Plateaus Schafberg (202 m) und Schweigenberge als isolierte Teile der Muschelkalktafel.
Die im Unteren Muschelkalk ausgebildeten steilen Talhänge entsprechen in ihrem Landschaftscharakter den Schichtstufenhängen (s. C 3). Die Unterhänge

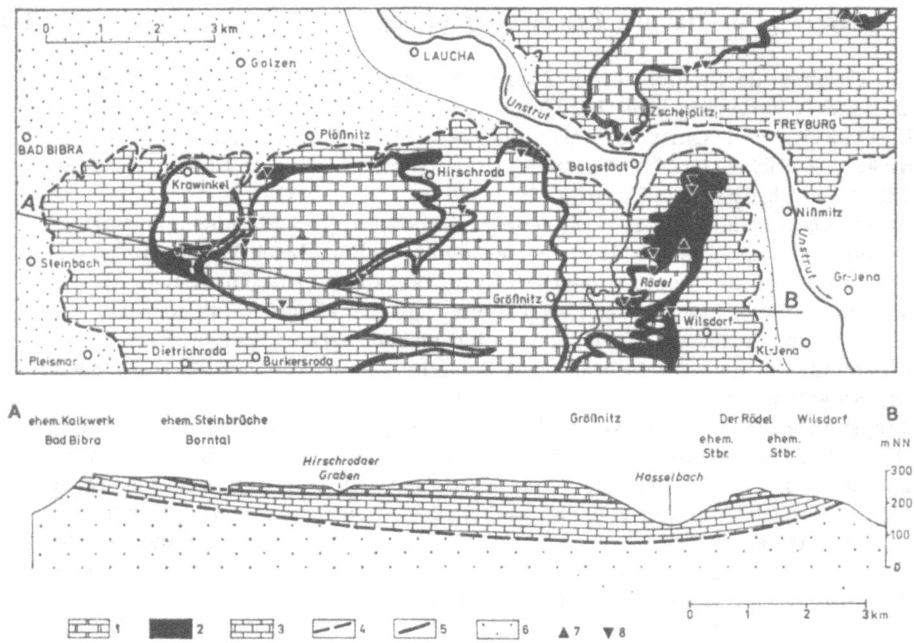

Abb. 37. Geologische Karte des Gebietes zwischen Bad Bibra und Freyburg sowie geologisches Profil (nach Pomper u. Jubitz 1960)

1 Mittlerer und Oberer Wellenkalk mit Schaumkalkzone
2 u. 5 Oolithzone, Terebratulazone
3 Unterer Wellenkalk
4 Schichtgrenze Unterer Muschelkalk/Oberer Buntsandstein
6 Oberer Buntsandstein (Röt)
7 Steinbruch, aufgelassen
8 Steinbruch, in Betrieb

und der Boden der bachlosen Zscheiplitzer Talung selbst tragen eine Löß- und Schwemmlößdecke. An dem gesamten Südrand des Querfurt-Gleinaer Plateaus vom Schafberg bei Zscheiplitz bis zum Südrand der Neuen Göhle nimmt die Erholungsnutzung durch Ferien- und Wochenendhäuser ständig zu.
Unübersehbaren Einfluß auf die Formung des heutigen Landschaftsbildes hat die jahrhundertealte Kalksteingewinnung (s. C 17). Die Zone der Schaumkalkbänke des Unteren Muschelkalks gliedert sich vom Hangenden zum Liegenden (Pomper u. Jubitz 1960; Abb. 37) in die obere Schaumkalkbank (0,5—1,5 m), die Plattenkalke (2,0—3,5 m und die untere Schaumkalkbank. Die Mächtigkeit der unteren Bank nimmt von W (Raum Krawinkel am Bibra-Plößnitzer Stufenhang) nach O (Rödel am Südrand des Freyburger Unstruttales) von 4 auf 2 m ab. Die Schaumkalkzone besitzt an den Talhängen nur schmale Ausbisse, auf den Hochflächen aber unter quartärer Bedeckung eine weite Verbreitung.
Der Schaumkalk ist ein ausgezeichneter Werkstein mit geringem Gewicht, geringer Wärmeleitfähigkeit und guter Frostbeständigkeit. Seine Druckfestigkeit weist einen mittleren Wert auf, aber seine Verwendbarkeit wird durch hohe Porosität und deshalb Neigung zur Verschmutzung sowie chemische Anfälligkeit eingeschränkt. Er läßt sich sowohl im bergfeuchten als auch trocknen

Zustand sägen, fräsen, behauen und schleifen; durch den Anschliff kommt seine ästhetische Textur gut zum Ausdruck. Zu den technisch günstigen Eigenschaften zählt die gleichmäßige Zusammensetzung des Gesteins. Sie wird nur durch linsenförmige oder schichtige Absonderungen von Fossilresten, so von Muschelschalen und Schill, sowie durch chemische Stoffwanderung (Dolomitisierung) gestört. Eine Absonderung in großen Blöcken mit mehr als 1 m³ Inhalt, wie sie die Hauptbank zuläßt, und ein geringmächtiger Abraum müssen ebenfalls gegeben sein. C 16

Noch bis in die sechziger Jahre des 20. Jh. wurde das Gestein für den Wiederaufbau in den Städten Berlin, Leipzig, Karl-Marx-Stadt, Erfurt, Jena, Halle und Dessau für Innen- und Außenarchitektur verwendet (Pomper u. Jubitz 1960). Eine Ursache für den Rückgang ist in den hohen Investitionskosten zu suchen, die die Errichtung eines modernen Gewinnungs- und Verarbeitungswerkes erfordert. Da für den Abbau der wirtschaftlich bedeutenden Hauptbank häufig mehr als 6 m mächtiger Abraum zu beseitigen war, mußten aus Rentabilitätsgründen die kleinen Brüche aufgegeben werden. Lediglich der VEB (K) Baumaterialien Freyburg betreibt noch einen Steinbruch bei Zscheiplitz, der das Gestein zur Herstellung von Riemchen und Bossenquadern aus der unteren Schaumkalkbank liefert.

Balgstädt, Kreis Nebra, **C 17**

liegt an der Mündung des Hasselbaches in die Unstrut an einer einstigen Furt durch den Fluß, und zwar auf den flachen Lößhängen unterhalb der steilen Muschelkalkhänge des Tales. Zahlreiche Funde weisen auf die frühe Bedeutung des Balgstädter Raumes als Siedlungsgebiet hin. Aus dem Jungpaläolithikum stammen von einem Schlagplatz zur Herstellung von Feuersteingeräten 2 Kratzer, 1 Kantenstichel, 1 Zwillingsstichel, 3 Kernsteine, etwa 60 Klingen und 150 Abschläge. 3 große Siedlungsplätze westlich und östlich des Dorfes und an der Kirche wurden von der linien- bis zur stichbandkeramischen Kultur benutzt, der östliche wies sogar 3 Scherben der Rössener Kultur mit weißer Inkrustation auf. Frühneolithische Steingeräte als Einzelfunde kamen in erhöhter, hängiger Lage um diese Siedlungen herum zum Vorschein. Die schnurkeramische Kultur ist mit einem Körpergrab vertreten. Unter dem Külz, 400 m westsüdwestlich vom Ort, liegt eine Siedlung der jüngeren Bronzezeit. Von der Flur stammt ein Denar des römischen Kaisers Septimius Severus (193 bis 211). Am Westrand von Balgstädt kam ein Frauengrab der thüringischen Königszeit mit 2 vergoldeten Silberfibeln zutage. Unter den Hinterlassenschaften aus dem 9./10. Jh. befindet sich auch slawische Keramik.

Bereits 786 wird *Balgestat* (Namenform von etwa 1150, s. B 6) mit Slawenhufen des Reichsstiftes Hersfeld erwähnt. Der Name geht auf einen Personennamen Balga oder auf das Wort *balg* (= Tierhaut, Schlauch) zurück. Offenbar bestand schon in karolingischer Zeit an dem Kreuzungspunkt alter Verkehrswege ein fränkischer Königshof, und nach dem Hersfelder Zehntverzeichnis befand sich der Ort noch Ende des 9. Jh. im Besitz des Kaisers. In den fränkischen Königshof zogen dann die sächsischen Könige ein, die hier 943, 975 und 1013 urkundeten. Balgstädt besaß somit Pfalzcharakter, doch schenkte Kaiser Konrad II.

C 17 1032 den königlichen Hof *Balchestat* dem Bistum Naumburg. 1063 verlieh Pfalzgraf FRIEDRICH II. von Sachsen den Zehnten des Ortes seinem neugegründeten Stift Sulza.

Von Bedeutung für die Entwicklung des Dorfes war die Eröffnung der Steinbrüche auf dem Rödel, einem Höhenrücken südöstlich Balgstädts. 1252 erlaubten die 2 Ministerialen von *Balkstete* dem Hochstift Naumburg, hier die zum Bau des Domes benötigten Steine (s. C 16) zu brechen. Am ehemaligen Vorwerk Rödel ist eine Werksiedlung des 13.—15. Jh. durch viele Scherben bezeugt, die mit dem mittelalterlichen Steinbruchbetrieb verbunden war. Das Gestein fand auch beim Bau der Naumburger Stadtkirche St. Wenzel und der Klosterkirche von Pforta Verwendung. Noch 1278 wurden Steinbruchgerechtsame auf dem Rödel verliehen. Die tief ausgefahrenen Hohlwege, die vom Rödel und vom Frauenholz zur Unstrut hinabführen, zeugen von dem lebhaften Fuhrverkehr zum Fluß, auf dem Schiffe die Weiterbeförderung der Steine zur Saale übernahmen.

Auf der Stätte des Königshofes erhob sich später die Wasserburg, die 1397 die meißnisch-thüringischen Landesherren abbrechen ließen, weil die Ministerialen von Balgstädt als Wegelagerer auftraten. Das heutige dreigeschossige und aus zwei rechteckig zusammenstoßenden Flügeln bestehende, schloßartige ehemalige Gutshaus mit einem hohen Walmdach stammt aus der Mitte des 17. Jh. Im Winkel der Gutshausflügel befindet sich ein quadratischer Treppenturm mit achteckigem Aufsatz mit Haube und Laterne. Die Fassade ist durch Gesimsbänder zwischen den Etagen gegliedert, die westliche Hauptfront durch einen flachen, dreiachsigen Mittelrisalit mit einem schlichten Portal geschmückt. Die Bauherren waren die Vorfahren des bedeutenden klassizistischen Baumeisters FRIEDRICH WILHELM VON ERDMANNSDORFF (1736—1800), dessen Mutter HENRIETTE MARGARETHE VON HESSLER hier am 18. Juli 1707 geboren wurde. Das Gebäude beherbergt heute den Kindergarten und Unterrichtsräume für die Unterstufenklassen.

In der Dorfkirche, deren rechteckiges Schiff mit doppelgeschossigen hölzernen Emporen und einer ehemaligen Herrschaftsloge aus dem Jahre 1739 stammt, sieht man das Brustbild des GEORG RUDOLF VON HESSLER (1641—1687). Es hat einen geschnitzten Rahmen, unter anderem mit einer Tafel mit der Lebensbeschreibung des Verstorbenen und darüber angebrachten Wappenschilden. Der hölzerne Kanzelaltar wird flankiert von korinthischen Pilastern mit Akanthuswangen (A. ist Bärenklaue, eine Pflanze) und 2 Schnitzfiguren, die wohl auf das 17. Jh. zurückgehen.

Balgstädt weist den unregelmäßigen Grundriß eines Haufendorfes auf, in dessen nördlichen Teil der ehemalige Rittergutskomplex eingegliedert ist. Unweit von ihm zieht sich am Hasselbachufer eine Zeile kleiner Gehöfte hin, die durch hohe Mauern gegen Hochwasser des Hasselbaches und der Unstrut geschützt ist. Geht man aus dem Hasselbachtal die Lauchaer Straße — in der Umgangssprache Gangolfsberg genannt — aufwärts, so kommt man zu dem Vierseithof Nr. 4, dessen Wohnstallhaus hofseitig eine hölzerne Galerie und am Giebel eine Bauinschriftplatte von 1796 aufweist. Schräg gegenüber befindet sich an dem Haus Nr. 5 eine Torsäule, aus der die steinerne Nachbildung eines Männerkopfes mit langen Haaren herausragt. Nach örtlicher Überlieferung handelt es sich um Sankt Gangolf, einen christlichen Heiligen aus dem 8. Jh., der im 10.—12. Jh. besonders verehrt wurde. Auf dem Grundstück soll früher eine Wallfahrtskapelle gestanden haben. C 17

Das frühere Rittergut umfaßte außer dem Schloß umfängliche Ställe, Scheunen, ferner je eine Stellmacherei, Schmiede, Ziegelei sowie die 2 Vorwerke Rödel und Toppendorf, von denen nur Ruinenreste übriggeblieben sind. Der 300 ha große Grundbesitz wurde durch die Bodenreformverordnung 1945 enteignet und an Kleinsiedler und Neubauern gegeben. Von diesem Prozeß zeugen auch Kleingartenanlagen und zahlreiche Häuser an der Parkstraße, Am Schloß und am Lohweg. In mehreren Wirtschaftsgebäuden richteten sich Neubauern ebenfalls Unterkünfte ein; eins dieser Häuser wurde um 1965 zu einem Mehrfamilienwohnblock ausgebaut.

Die genossenschaftliche Entwicklung setzte in Balgstädt 1953 ein, als 6 Bauern die LPG Typ I Unstruttal mit 53 ha Nutzfläche gründeten. Nachdem 1956 der Übergang zum Typ III vollzogen war, entstanden bald neue Ställe, Ausgangspunkte für die großen Anlagen zwischen Burkersrodaer Straße und Lohweg, die die auf Tierproduktion spezialisierte LPG für Rinderhaltung und Schweinemast nutzt. Nahe diesem ausgedehnten Komplex erstrecken sich Hallen und Stellflächen der Abteilung Technik der LPG (P) Kleinjena, Kreis Naumburg, deren Einzugsbereich die Grenze des Kreises Nebra bei Nißmitz überschreitet und bis Hirschroda — die LPG beider Orte hatten sich 1966 der LPG Unstruttal angeschlossen — reicht.

Balgstädt als Zentrum der sozialistischen Landwirtschaft erhielt mehrere neue Wohnhäuser. Es entstanden 2 Blocks Freyburger Straße 17/19 und 21/23. Etwa 300 m entfernt blieben nahe beim Haus Freyburger Straße 39 etwa 2 m hohe Mauerreste eines Kalkofens erhalten. Hier, wie in einem weiteren, heute nicht mehr vorhandenen Ofen unweit des Bahnhofes Balgstädt, wurde bis in die dreißiger Jahre des 20. Jh. Gestein (s. C 16) verarbeitet, das Feldbahnen vom Rödel heranbrachten.

Zscheiplitz, seit 1974 Ortsteil von Gleina **C 18**

Am Ostrand des kleinen Kalksteinplateaus des Schafberges hoch über dem Engtal der Unstrut beherrscht Zscheiplitz mit seinen historischen Burg- und Klosterbauten die Silhouette dieses Talabschnitts. Bei der Erweiterung des Steinbruchs (s. C 16) wurde ein neolithischer Grabhügel etwa 250 m nordwestlich der Kirche zerstört; auf dem Schafberg, 800 m westlich des Ortes, befindet sich ein unversehrter, wohl ebenfalls neolithischer Grabhügel. In der Nähe der früheren Zscheiplitzer Teiche weisen neolithische Feuersteinschaber und eine Klinge auf eine Siedlung hin. Eine Siedlung der späten Bronzezeit bis frühen Eisenzeit liegt zwischen dem ehemaligen Lehngut und dem Steinbruch. Auf der Ortsflur fand man eine Goldmünze des römischen Kaisers Traianus (98—117) aus der Münzstätte Ravenna.

Der Name des Dorfes Zscheiplitz (1085 *Sciplice*, Namensform im 12. Jh. niedergeschrieben) ist einer der wenigen slawischen Ortsnamen des Unstrutgebietes und dürfte auf einen sorbischen Personennamen Šip-l zurückgehen. Als die

C 18 Pfalzgrafen von Sachsen ihren Stammsitz Goseck 1041 in eine Benediktinerabtei umwandelten, verlegten sie ihre Residenz unstrutaufwärts an die Grenze landgräflichen Gebiets auf den Berg St. Martini nahe beim heutigen Zscheiplitz und nannten die Stätte Weißenburg. Hier residierte der junge Pfalzgraf FRIEDRICH III. bis zu seiner Ermordung im Jahre 1085. Landgraf LUDWIG DER SPRINGER wird mit diesem Verbrechen in Verbindung gebracht. Ein Sühnekreuz des 14. Jh. aus Kalkstein, Der Himmel genannt, steht 750 m nordnordöstlich von Zscheiplitz. Es trägt auf einer Seite einen eingehauenen Spieß (Saufeder), auf der anderen eine vollkommen verwitterte Inschrift. An dieser Stelle soll der Sage nach der Mord geschehen sein. Eine andere Sage rankt sich um den Muschelkalkstein Die Hölle 500 m nordnordöstlich von Zscheiplitz. An dieser Stelle soll eine Magd nach schnellem Lauf tot zusammengebrochen sein, als sie den Pfalzgrafen vor der ihm drohenden Gefahr warnen wollte (GRÖSSLER 1904).
LUDWIG DER SPRINGER heiratete später FRIEDRICHS Witwe ADELHEID. Daß politische Motive, wie Gebiets- und Machterweiterung, eine Rolle spielten, steht außer Zweifel. Schon 1089 wandelten LUDWIG und ADELHEID (gest. 1110) die Weißenburg in ein Benediktinerinnenkloster St. Martini um, in das ADELHEID eintrat. Später war das Kloster von Zscheiplitz Versorgungsanstalt für unverheiratete Töchter des Adels und 1540 noch mit 11 Klosterfrauen besetzt. Das aus der Klosterwirtschaft entstandene Lehngut war bis 1945 als Saatzuchtgut verpachtet. Hin und wieder auch als Rittergut bezeichnet, befindet sich an seinem Nordflügel ein rundbogiges Sitznischenportal mit profilierter Archivolte mit Jahreszahl und Monogramm aus dem 16. Jh.
Von der ehemaligen mittelalterlichen Weißenburg ist außer Teilen der Grabenanlage und vielleicht noch Resten der Ringmauer mit 2 Mauertürmen nichts mehr vorhanden. Von dem daraus entstandenen Benediktinerinnenkloster steht noch die Kirche des 12. Jh. Sie besitzt einen Chorturm mit halbkreisrunder Apsis mit rundbogigen gedoppelten Schallöffnungen und einem weit über das Unstruttal hin sichtbaren Spitzhelm. An den Turm schließt sich ein sehr langgestrecktes Schiff, das im W mit der ehemaligen, auf einer Doppelarkade ruhenden Nonnenempore abschließt. An der Nordwand befindet sich ein Kapellenraum mit einer östlichen halbrunden Apsis. Maßwerkfenster und spitzbogige Portale — eines sieht man an der Südmauer des ehemaligen Lehngutes — entstammen der gotischen Zeit. Ebenfalls aus der zweiten Hälfte des 15. Jh. blieb der Rest eines Epitaphs erhalten.
Der Grundbesitz des Lehngutes fiel 1945 unter die Bodenreformverordnung. Die Übernahme der Feldwirtschaft durch die jetzige LPG (P) in Gleina und die Betreuung der Viehbestände durch die LPG (T) Baumersroda in den Ställen des früheren Gutes zogen den Anschluß von Zscheiplitz an die Gemeinde Gleina nach sich.
Südöstlich von Zscheiplitz erheben sich die massigen Gebäude der Zeddenbacher Mühle an der Unstrut, wo sich wenig oberhalb seit dem Ende des 18. Jh. eine Schleuse befindet. 830/850 wird ein Ort *Zidamacha/Cidamacha* (Namenform von etwa 1150) genannt, der möglicherweise eine Umdeutung eines altsorbischen Namens ist. Vor 1900 besaß die Mahlmühle auch einen Ölschlag und eine Brettschneide. Der heutige Klinkersteinbau stammt von 1866, dessen Mahlwerk seit 1911 von Wasserturbinen — vorher von Mühlrädern — an-

getrieben wird. Das Wohnhaus der Mühle hat an der Giebelwand eine eingemauerte Tafel mit der Jahreszahl 1575 und über der Eingangstür eine Inschriftkartusche von 1770. In einem der Wirtschaftsgebäude des Mühlengehöftes – früher mit 40 ha Feld, Wald und Weinberg ausgestattet – hält die LPG (T) Baumersroda Schweine. C 18

Schweigenberge (Bild 25) C 19

Umschlossen von pleistozänen Talstücken ohne Wasserläufe und dem heutigen Unstruttal, breitet sich westlich von Freyburg das kleine Muschelkalkplateaustück der 199 m hohen Schweigenberge aus. Seine steilen unstrutseitigen Flanken tragen Weinberge auf flachgründigem Kalksteinboden, seine nord- und ostseitigen, flacheren Abhänge sind durch mächtigen Löß und durch Fließerden überkleidet.

Die günstigen meso- und lokalklimatischen Bedingungen (Jahresmitteltemperatur über 9 °C) hier wie auch im übrigen unteren Unstruttal und speziell seiner südexponierten Talhänge wurden schon im frühen Mittelalter für den Weinbau genutzt (s. B 21, C 12). Große Ausdehnung erreichten die Rebkulturen im 16. Jh., bevor der Dreißigjährige Krieg und die Konkurrenz französischer, spanischer und italienischer Weine im 17. Jh. einen einschneidenden Rückgang brachten. Auch die Bierbrauerei und die Ausdehnung des Ackerlandes durch wachsenden Nahrungsmittelbedarf drängten den Weinbau zurück. 1787 erhielten jedoch zahlreiche Freyburger Bürger kurfürstliches Rebland in Erbpacht überlassen, das sich durch Mißwirtschaft in einem schlechten Zustand befand (Weinhold 1973). 1876 führte starker Befall durch die eingeschleppte Reblaus zu einem Tiefstand der Rebkultur, deren Flächen auf etwa 100 ha zurückgingen. Mit den ersten Jahrzehnten des 20. Jh. begann ein neuer Aufstieg des Weinbaus auf der Grundlage schädlingsresistenter Rebsorten, und seit den sechziger Jahren erfolgte eine rasche Wiederausbreitung der Rebanlagen.

Heute bildet der Weinbau (Bild 24) an der unteren Unstrut neben der Sektherstellung (s. C 20) einen selbständigen und bedeutenden Wirtschaftszweig. Ihn vertritt die VdgB Winzergenossenschaft Freyburg/Unstrut e. G., die 1934 als Winzergenossenschaft von 27 Mitgliedern gegründet wurde. 1981 waren in ihr mehrere landwirtschaftliche Produktionsgenossenschaften und 466 Nebenerwerbswinzer zusammengeschlossen. Die genossenschaftliche Gesamtanbaufläche betrug 1981 insgesamt 270 ha, davon lagen etwa 36 ha im Kreis Merseburg und im Saalkreis. Der Hauptanteil des Areals gehört den LPG (P) Gleina und Burgscheidungen mit zusammen 150 ha; etwa 30 ha Rebland sind Privateigentum der Nebenerwerbswinzer des Kreises Nebra. Das meiste Rebland liegt auf den süd- und westexponierten Hängen des Unstruttales bzw. der Muschelkalkschichtstufe, die sich infolge der heute verwendeten Unterlagen der Rebstöcke für den Weinbau gut eignen.

Angebaut werden vor allem die bekannten Weißweinsorten Gutedel, Müller-Thurgau, Riesling, Silvaner und Weißburgunder, daneben gibt es auch die Rotweinrebe Portugieser. Die Erträge erreichen im Mittel Werte von 80 dt/ha, aber auch Spitzenleistungen bis 160 dt/ha, und werden in der Weinkellerei der

C 19 Genossenschaft von 70 Mitarbeitern nach modernen Verfahren verarbeitet und teils als sortenreine Markenweine, so Schloßberg- und Schweigenberg-Riesling, teils als Verschnitte – sogenannte Standardmarken wie Freyburger Winzerkeller oder Neuenburger Kastellan – auf den Markt gebracht. Gegenwärtig erzeugt die Winzergenossenschaft jährlich etwa 430000 Flaschen Wein aus der Ernte ihrer Mitglieder, die ausschließlich im Inland Absatz finden. Die Abfüll-Leistung von Importweinen beträgt jedoch etwa 4,6 Mill. Flaschen im Jahr.

Das Landschaftsbild der unstrutseitigen Schweigenbergehänge wird durch Weinbergterrassen und -mauern bestimmt. Zahlreiche Aufzüge für Dünger und andere Hilfsstoffe erleichtern die mühevolle Arbeit der Winzer nur zum Teil. An den Hängen stehen Weinberghäuser (Titelvignette) aller Art und jeden Alters. Die ältesten verraten spätbarocke Herkunft, die schlichten weisen einen bedachten Vierecksraum auf kellerartigem Unterbau auf. Vielfältig sind die Formen der Weinberghäuser: die toskanische Villa auf luftiger Höhe, am höchsten Punkt ein zinnenbewehrtes Türmchen, hier und da auch ein gut ins Landschaftsbild sich einfügendes modernes und ständig bewohntes Landhaus.

Nicht alle Parzellen der Schweigenberge (von ahd. *sweiga* = Viehplatz) dienen noch der Rebkultur. Manche sind vergrast, bebuscht oder mit Obstbäumen bepflanzt. Ein interessantes Zeugnis für die Beeinflussung und Veränderung der Vegetation durch den Menschen vermitteln die Unkrautbestände der Weinberge zwischen Freyburg und Dorndorf. Auf den kleinen Weinbergen der Steilhänge sind noch Reste der typischen Unkrautflora erhalten. Ihnen kommt ein kulturhistorischer Dokumentationswert zu, da sie historische Nutzungsformen widerspiegeln. Im Gegensatz zu den historischen Weinbergen an den steilen Muschelkalkhängen wurden die neuen Kulturen in schwächer geneigten Hangbereichen angelegt, wo die intensive Bearbeitung der Rebanlagen die Ausbildung typischer Weinberg-Unkrautgesellschaften nicht zuläßt.

Ständiges Hacken des Rebbodens vom Frühjahr bis zum Eintritt des Winters läßt im allgemeinen nur an die Hackkultur angepaßte Arten aufkommen, nämlich schnellwüchsige Therophyten (einjährige Pflanzen) mit großer Samenproduktion und Geophyten (Hilbig 1967). Neben der intensiven Bearbeitung wirkt sich auch das regelmäßige Düngen der Rebflächen in starkem Maße auf den Unkrautbesatz aus. Die Borstenhirse-Bingelkraut-Gesellschaft als charakteristische Unkrautgesellschaft der Weinberge an der Unstrut ist in ihrer Verbreitung an das Trockengebiet gebunden und durch Arten ausgezeichnet, die im herzynischen Raum nur im mitteldeutschen Trockengebiet vorkommen. Zu ihnen zählen Klettenborstenhirse (*Setaria verticillata*), Glanzmelde (*Atriplex nitens*), Feldklettenkerbel (*Torilis arvensis*), Stacheldistel (*Carduus acanthoides*), Sophienrauke (*Descurainia sophia*) und Schwarzes Bilsenkraut (*Hyoscyamus niger*). Weitere typische Arten sind in dieser Gesellschaft Taube Trespe (*Bromus sterilis*), Dachtrespe (*Bromus tectorum*) und Schwarze Malve (*Malva neglecta*).

Arten mit hohen Anforderungen an die Stickstoffversorgung, den Wärmehaushalt und die Bodengare bestimmen das Pflanzenbild. Charakteristisch sind Einjähriges Bingelkraut (*Mercurialis annua*), Gartenwolfsmilch (*Euphorbia peplus*), Schwarzer Nachtschatten (*Solanum nigrum*), Grüne Borstenhirse (*Setaria viridis*), Glanzehrenpreis (*Veronica polita*) und Quendelsandkraut (*Arenaria serpyllifolia*). Kleine Brennessel (*Urtica urens*), Unechter Gänsefuß (*Chenopodium *hybridum*) und Zurückgebogener Fuchsschwanz (*Amaranthus retroflexus*) kommen zwar seltener vor, sind aber kennzeichnend für die Pflanzengesellschaft. C 19

Freyburg, Kreis Nebra, **C 20**

liegt am Ausgang eines aus der Zeuchfelder Talung zur Unstrut sich weitenden Trockentales und ist zwischen die flachen Ostabhänge der Schweigenberge (Bild 25) und die steil und hoch zur Neuenburg am Westrand des Freyburger Muschelkalkplateaus aufsteigenden Hänge eingebettet (Bild 26). Stadt und Gemarkung Freyburg können bislang 50 festgelegte urgeschichtliche Fundplätze aufweisen, wobei sich die Siedlungen der Jungsteinzeit und Bronzezeit meist auf Terrassen oder sogar auf den Höhen und die dazugehörigen Bestattungsplätze überwiegend in noch höherem Gelände befinden. Seit der römischen Kaiserzeit liegen die germanischen Siedlungen auf einer hochwasserfreien Terrasse im Tal, die Gräberfelder unmittelbar daneben oder darüber.
Uncharakteristische, weißpatinierte Feuersteingeräte von der Weidenau, 1,25 km nordöstlich von Freyburg, und vom Haineberg, 800 m südöstlich der Stadt, gehören wahrscheinlich in das Spätpaläolithikum oder in das Mesolithikum. Die neolithische Besiedlung begann erst mit der Stichbandkeramik, worauf Einzelfunde im Südteil der Stadt hindeuten. In der ehemaligen Lehmgrube Gerlach (s. C 22) am Nordrand von Freyburg kamen Hockergräber der Baalberger Gruppe und Felsgesteingeräte zum Vorschein. Neben 13 Bestattungsplätzen der schnurkeramischen Kultur auf den Höhen nördlich und östlich Freyburgs wurden nur eine fragliche Siedlung dieser Kultur an der Lindenallee und viele Einzelfunde entdeckt. Außerordentlich zahlreich sind über die Flur einzelne Geräte- und Grabfunde des Neolithikums und der Bronzezeit verteilt. Aufmerksamkeit verdient ein eingemauerter frühneolithischer Schuhleistenkeil über der Haustür in der Johannisstraße 19: Steingeräte galten vom Mittelalter bis zur Neuzeit als Blitzschutz.
Mehrere Fundplätze sind der Unstrutgruppe der jüngeren Bronzezeit zuzuweisen. Siedlungen liegen im Bereich der Sektkellerei, rechts der Querfurter Straße und auf der Haineburg, einer Höhensiedlung mit Scherben, Lehmbewurf und Hortfund, von dem noch 2 Bronzesicheln bekannt sind. Ein spätbronzezeitliches Brandgräberfeld mit 13 Urnengräbern wurde beim Bau des Bahnhofs angeschnitten.
Ein Bestattungsplatz der frühen Eisen- bis Frühlatènezeit mit kleinen Hügeln, in denen Steinkisten mit Urnen standen, untersuchten Fachleute auf der Pützke, 1,3 km nordnordwestlich von Freyburg; eine gleichalte Siedlung liegt auf einer Terrasse über der Unstrut südlich des Haineberges. 3 germanische Fundplätze der spätrömischen Kaiserzeit auf Terrassen rechts und links der Unstrut sind bemerkenswert. Ein Urnengräberfeld des 2./3. Jh., befindet sich auf dem rechten Ufer, 600 m südwestlich der Stadt, und hart östlich davon die dazugehörige Siedlung. Ein Körpergräberfeld des 4. bis frühen 5. Jh. 1,1 km südöstlich von Freyburg, barg Gräber mit Beigaben.

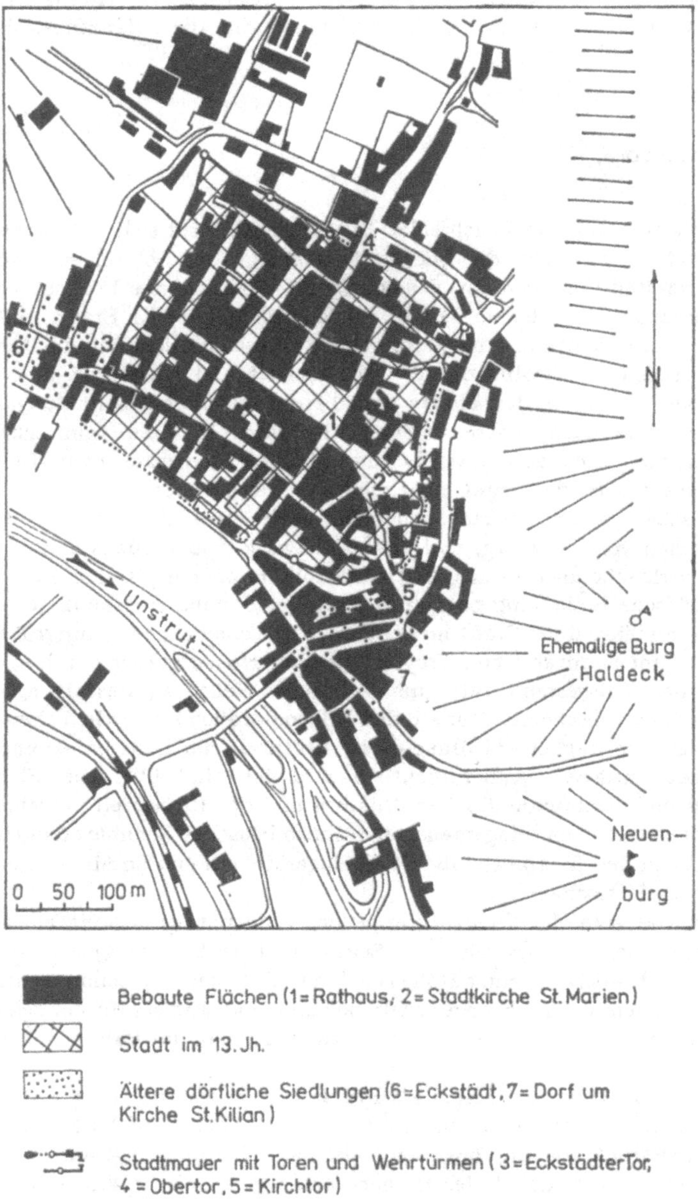

Abb. 38. Karte von Freyburg um 1896 (nach AUGUST 1961)

Freyburg wird 1203 als *Vriburc*, 1261 als *Vriburg* und 1292 als civitas *Friburg* genannt, d. h. als mit Freiheiten ausgestattete Stadt. Abweichend von älteren Auffassungen von einem einmaligen Gründungsakt auf wilder Wurzel um 1090 durch LUDWIG DEN SPRINGER unterhalb seiner Neuenburg, erklärt AUGUST (1961) die Stadtentstehung in Anlehnung an vorstädtische Siedlungen. Als einer dieser Kerne kann die alte Kirchtorvorstadt zwischen der Unstrutbrücke und der Marienkirche angesehen werden, von der nicht bekannt ist, ob sie einst dörflichen oder gewerblichen Charakter getragen hat. In diesem Siedlungsteil stand am Fuß der Erauberge die Kirche St. Kilian, deren Namen auf einen Schutzpatron der Franken weist, die an der Besiedlung des Gebietes offenbar beteiligt waren. Die Kirche wurde 1572 entweiht, ihre Ruine nach 1794 abgetragen. Die Kirchtorvorstadt kann als suburbium, d. h. als kleine Handwerker- und Ackerbauernsiedlung unterhalb der Burg Haldeck (Abb. 38) und in deren Schutz verstanden werden. Nordwestlich befand sich das Dorf Eckstädt. Zwischen beiden Orten dürfte die landgräfliche Stadt im 12. Jh. auf rechteckigem Grundriß planmäßig angelegt worden sein. In den Eraubergen fand man eine frühgeschichtliche Steinfigur eines einarmigen Mannes, des im Gewände der Neuenburg eingemauerten Haingottes. Möglicherweise stellt sie den Germanengott Ziu dar. C 20

Eine Münzstätte ist in Freyburg um 1275 durch einen Brakteaten Herzog ALBRECHTS II. mit der Umschrift VRIBVRC zu belegen. Ebenfalls in der zweiten Hälfte des 13. Jahrhunderts ließen die Burggrafen von Neuenburg in der 1229 erstmals oppidum genannten Siedlung Münzen prägen.

Seit dem 16. Jh. lassen sich die Kirchtorvorstadt, die Eckstädter Vorstadt und die Neustadt vor dem Obertor schriftlich nachweisen. Sie lagen außerhalb der mittelalterlichen Stadtbefestigung, von der noch Teile der Mauer mit Schalentürmen und der Eckstädter Turm (Bild 27) von 1385 erhalten blieben. Außer den 3 Toren öffnete noch je eine Pforte zur Unstrut und an der Kirche den Mauerring.

Das unregelmäßig rechtwinklige Straßennetz (Abb. 38) des mittelalterlichen Stadtkerns von Freyburg ist auf den wichtigen Unstrutübergang orientiert. Ähnlich wie bei Balgstädt (s. C 17) treffen sich hier mittelalterliche Verkehrswege: vorrangig ein früher Streckenabschnitt der via regia von Kösen über Freyburg nach Merseburg und die von Eisleben über Gleina kommende Straße (s. C 9). Als Brückenkopfsiedlung war Freyburg nebst der Neuenburg der nordöstliche Eckpfeiler der Landgrafschaft Thüringen, die hier mit den Bistümern Merseburg und Naumburg grenzte, zugleich landgräfliche Gegengründung zum bischöflichen Naumburg. Im Schutz der im 13. Jh. ausgebauten Neuenburg und begünstigt durch den frühen Weinbau in der Umgebung, entwickelte sich das Gemeinwesen trotz der Wirren des thüringischen Erbfolgekrieges 1247–64, in die der Übergang der Landgrafschaft an das Haus Wettin (1249) das Gebiet an der unteren Unstrut stürzte. Im Jahre 1410 ist der erste Rat, 1441 die erste städtische Satzung nachzuweisen.

In Freyburg lebte von 1825 bis zu seinem Tod 1852 der Turnvater und ehemalige Burschenschafter FRIEDRICH LUDWIG JAHN in der Verbannung. An seinen Aufenthalt erinnern eine Tafel am Gebäude Friedrich-Rocke-Straße 1 sowie sein Wohnhaus Schloßstraße 11, neben dem sich seit 1936 seine letzte Ruhestätte befindet. Im gleichen Grundstück steht das Turn- und Sportmuseum Friedrich

C 20 Ludwig Jahn. Je eine Turn- und Gedenkhalle an der Friedrich-Rocke-Straße ehren mit ihrem Namen das Andenken des Schöpfers des ersten Turnplatzes 1811. Vor der Turnhalle erhebt sich die von JOHANNES SCHILLING 1859 geschaffene Jahn-Porträtbüste.

Das 1425 errichtete Rathaus am Markt wurde nach einem Brand 1682 als dreigeschossiger Bau mit Satteldach, Treppengiebel und achteckigem Dachreiter mit Haube wiederaufgebaut. Die zahlreichen Stadtbrände hinterließen nur wenige alte Wohnbauten. So befindet sich am Markt 14 das Bürgerhaus (Bild 28) mit dem bedeutendsten Renaissanceportal des unteren Unstrutgebietes. Es ist ein zweigeschossiges Eckhaus von 1554 mit einem aufwendig architektonisch gestalteten Sitznischenportal, das Balustersäulen und Gebälk einrahmen. Eine teilweise erhaltene Inschrift zwischen den Fenstern des Erdgeschosses bezieht sich auf den Bildhauer ARNTZ SEMELER, der so hervorragende Werke wie das Prachtportal von 1552 und vermutlich den Kamin im Fürstensaal auf der Neuenburg, das Epitaph von CHRISTOPH VON TAUBENHEIM (nach 1536) in der Freyburger Stadtkirche und den Emporenschmuck der Wendelsteiner Kapelle um 1540 (s. A 7) schuf. SEMELERS künstlerischen Einfluß spürt man auch am Portal des ehemaligen Dominikanernonnenklosters in Freyburg von 1552, Marienstraße 4. Weitere interessante Bauten sind die Superintendentur von 1626, das große Haus Markt 11 mit reizvoll geschmückter rundbogiger Toreinfahrt vom Anfang des 17. Jh. und das spitzbogige Portal mit einem aufwendigen Wappenschmuck von 1623 an der Ruine der Unstrutmühle in der Mühlstraße.

Freyburg muß rasch aufgeblüht sein; darauf weist auch die Kirche St. Marien hin, das bedeutendste Baudenkmal der Stadt (MÖBIUS 1957). Der Landgraf von Thüringen LUDWIG IV. — später der Heilige genannt — ließ sie errichten; er residierte auf der Neuenburg und war gleichzeitig Stadtherr. Als Vorbild diente der im Bau befindliche Naumburger Dom. Die das Stadtbild beherrschenden 2 Westtürme und der Vierungsturm blieben aus dieser Zeit unverändert erhalten. Bemerkenswert ist auch die romanische Westvorhalle mit dem Tympanonrelief. An die Stelle des romanischen Chores trat um 1400 der längere gotische Chor, der von Jenaer Steinmetzen gearbeitet wurde. Er ist sehr schmuckreich in den typischen Formen des weichen Stils der Zeit zwischen 1400 und 1430 gestaltet. Die Jahreszahl 1493 über der nördlichen Vorhalle weist auf den spätgotischen Umbau des romanischen Langhauses mit großen spitzbogigen Maßwerkfenstern und Strebepfeilern hin. 1499 erhielt ein Weißenfelser Meister den Auftrag, die Pfeiler zu errichten und Netzgewölbe einzuziehen. Dieser heute einheitlich anmutende Bau ist die Arbeit von Steinmetzen mehrerer Jahrhunderte und von der rheinländischen, thüringischen und sächsischen Architektur geprägt. Zur Ausstattung zählen der hervorragende spätgotische Schnitzaltar von etwa 1510, der Taufstein vom Meister H. K. von etwa 1600 und zahlreiche qualitätsvolle Grabsteine, unter anderen der der ANNA VON WOLSTROP (1557). Das Zeichen H. K. finden wir an wichtigen Gebäuden und Kunstwerken an der unteren Unstrut (s. A 7).

Die Neuenburg (Abb. 39, Bild 24) auf einem Bergsporn über der Stadt, deren Bau 1062 begonnen wurde, sollte den Besitz der Landgrafen von Thüringen im O schützen. Sie entsprach der im W ihres Herrschaftsbereiches um dieselbe Zeit

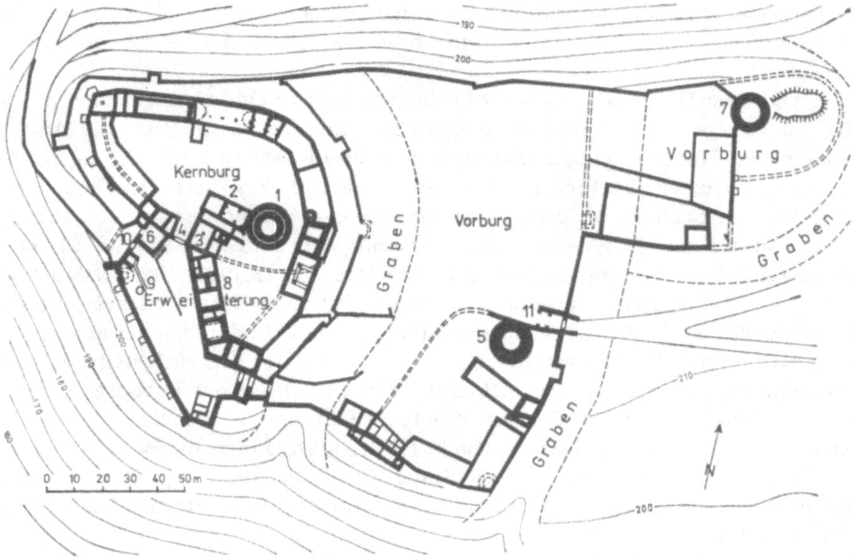

Abb. 39. Grundriß der Burganlage Neuenburg (aus Wäscher 1963)

1 Ehemaliger Bergfried
2 (Doppel-)Kapelle
3 Ältester Wohnturm
4 Innentor
5 Zweiter Bergfried
6 Zweiter Wohnturm
7 Dritter Bergfried („Dicker Wilhelm")
8 Fürstenbau
9 Brunnen
10 Neuer Haupteingang (seit 1557)
11 Oberes Tor mit altem Zugang

gegründeten, erstmals 1080 erwähnten, bedeutend kleineren Wartburg. Die Burg entstand in 4 Bauperioden (Wäscher 1955). Aus der ersten Etappe stammt die ovale Kernburg mit rundem Bergfried, Kapelle und Wohnturm, durch ein doppeltes Wall-Graben-System geschützt. Im 12. Jh. erhielt die Burg eine neue Vorburg, einen zweiten Bergfried – der Wohnturm wurde zum Palas umgestaltet – und weitere Wohn- und Wirtschaftsgebäude sowie neue Gräben und Ringmauern. In dieser Zeit zwischen 1184 und 1188 vollendete der führende Vertreter der frühhöfischen deutschen Epik Heinrich von Veldeke hier sein Epos „Eneit" (Mrusek 1967).

In der Bauperiode von 1190 bis 1227, als hier häufig die später heiliggesprochene Landgräfin Elisabeth residierte, entstanden die wichtigsten Gebäude und eine weitere Vorburg. Es wurden ein stattlicher Wohnturm an der Südseite angefügt, der dritte Bergfried errichtet und die schmuckreiche spätromanische Doppelkapelle ausgebaut, deren selten vorkommenden Typ man vor allem in den Burgen des Hochadels findet. Die Teilung in Ober- und Untergeschoß ermöglichte die Trennung von Herrschaft und Dienerschaft. Von besonderer Pracht ist die Einwölbung des Obergeschosses. 4 Kreuzgewölbejoche ruhen auf einer vierfach gebündelten Mittelstütze. Die Gurte sind als Zackenbögen ausgebildet, die an maurische Bauformen erinnern und die, wie die vorzügliche Ornamentik der

C 20 Kelchblockkapitelle, den Einfluß rheinischer Romanik belegen. Der romanische Raumeindruck wird nur durch die eingebrochenen gotischen Fenster etwas verfälscht.

In der vierten Bauperiode 1552—57 erfolgten weitere Um- und Ausbauten, wie der Fürstenbau, der Einbau prächtiger Säle und Treppenhäuser, die Anlage eines neuen Haupteinganges und andere modernisierende Veränderungen, die die Burg zu einem kurfürstlichen Schloß umgestalteten. Seit 1766 ließen die Herzöge von Sachsen-Weißenfels weitere barocke Veränderungen vornehmen, beispielsweise die Erneuerung des Fürstensaales. Außer kleineren Restaurierungsarbeiten des preußischen Konservators Alexander Ferdinand von Quast 1865 wird erst in unserer Zeit diese bedeutende Burg wiederhergestellt. Im restaurierten Bergfried der dritten Bauperiode befindet sich ein Museum.

1945 wurde der Grundbesitz der Neuenburg enteignet und aufgeteilt. In den Wirtschaftsgebäuden richteten sich Umsiedler ein, und in der Vorburg mit dem zweiten Bergfried und außerhalb davon erbauten sich mehrere Neubauern Eindachgehöfte. Die genossenschaftliche Entwicklung führte die Bauern schließlich in die LPG (P) Gleina, die hier Ställe für die Schafhaltung nutzt. Unweit davon bildet der Berggasthof Edelacker ein Ausflugsziel; seinem Namen liegt eine Sage zugrunde, die sich um einen Landgrafen rankt.

Freyburg ist die größte der vier Kleinstädte des Kreises Nebra (Anhang F). Ihre Wirtschaftsstruktur liegt zu einem Teil in der vergangenen Entwicklungszeit begründet. Um 1823 gab es in der Stadt außer den Weinbau betreibenden Bewohnern 80 Tuchmacher und 46 Leinweber. Diese Erwerbszweige sowie Ackerbau und Handwerk spielten bis in die neuere Zeit eine große Rolle. Dazu kamen die Kalkbrecherei und -brennerei (s. C 17). Heute arbeiten viele Berufstätige in den Industriegebieten des Raumes Merseburg/Geiseltal wie auch der Stadt Naumburg, so daß die Funktion als Arbeiterwohnsiedlung inzwischen gleichberechtigt neben die traditionellen Funktionen Weinanbau und -verarbeitung, Naherholung, der das mit Sonnenenergie geheizte Schwimmbad (Bild 26) dient, und Tourismus, Kleinindustrie und Handwerk gerückt ist. Dieser Sachverhalt wird auch dadurch unterstrichen, daß der Betriebsteil Freyburg des Kombinats Kraftverkehr Halle mit seinen rund 250 Beschäftigten inzwischen zum zweitgrößten Betrieb der Stadt heranwuchs und Freyburg als Standort des komplexen Wohnungsbaus vorgesehen ist. Im Zeitraum von 1975 bis 1990 entstehen etwa 600 Wohnungen. Fertiggestellt sind seit einigen Jahren die genossenschaftlichen bzw. staatlichen Wohnblocks zwischen der F 176 und dem Marienberg sowie an der Nordstraße, wo auch die neue Karl-Marx-Oberschule steht. Die Nordstraße führt am Freyburger Friedhof vorbei, auf dem sich eine Gedenkstätte mit den Gräbern des 1944 im KZ Sachsenhausen ermordeten Friedrich Rocke und des 1944 im Straflager Zöschen gestorbenen Oskar Hagemann befindet.

Unter den volkseigenen Industriebetrieben der Stadt ist das Formkastenwerk hervorzuheben, einziger Hersteller von Formkästen für die Gießereiindustrie in der DDR. Bedeutung erlangt auch die Baumaterialindustrie mit der Bausandgewinnung (s. C 22), dem Werksteinbetrieb und dem VEB Betonerzeugnisse. Ferner gibt es Betriebe der Holzverarbeitung und Kartonagenherstellung.

Der bekannteste Industriebetrieb der Stadt ist zweifellos der 1856 als Champagnerfabrik gegründete heutige VEB Rotkäppchen-Sektkellerei. Er besitzt einen

5 Stockwerke tief in den Kalkfelsen hinunterreichenden Keller mit dem 120000 Liter fassenden Mischfaß (Bild 29) aus dem Jahre 1895. Die Fabrik wurde 1947 in Volkseigentum übergeführt und 1948 unter ihrem jetzigen Namen in das Handelsregister eingetragen. Der Sektkellerei sind 1981 noch 2 ehemalige Freyburger Süßmostereien sowie als Werk II der VEB Lauchstädter Brunnen angeschlossen worden. Mit einer Jahresproduktion von fast 100 000 hl Traubensekt erzeugt die Sektkellerei etwa die Hälfte der gesamten DDR-Produktion. Mit ungefähr 370 Arbeitskräften in den Freyburger Betriebsteilen ist sie zugleich der größte Betrieb der Stadt. C 20

Die Kellerei, die früher vorwiegend die heimischen Unstrut- (s. C 19) und Saaleweine verarbeitete, produziert heute vor allem auf der Grundlage von importierten Sektgrundweinen, die in Kesselwagen über den Bahnhof Freyburg bezogen werden. Infolge der in den sechziger und siebziger Jahren stark angestiegenen Nachfrage wurde im Zeitraum von 1967 bis 1975 eine umfassende Rekonstruktion und Erweiterung des Betriebes vorgenommen, wobei neben das klassische Flaschengärverfahren auch das moderne Tankgärverfahren (Bild 30) trat. Betrug die Produktionsleistung vor der Rekonstruktion noch 15000 hl Flaschengärsekt, war sie nach Abschluß der Arbeiten auf insgesamt 56000 hl, davon 40800 hl Tankgärsekt, angestiegen. Das Sortiment umfaßt über 10 unterschiedliche, vorwiegend halbtrockene Sorten. Neben dem Sekt stellt der Betrieb in bescheidenem Umfang auch Obst- und Fruchtweine (1980: 2100 hl) und Inlandtraubenweine (1980: 100 hl) her.

Nißmitz, seit 1957 Stadtteil von Freyburg, C 21

liegt rechts der Unstrut auf den flachen Lößunterhängen der Muschelkalkschichtstufe des Kösener Plateaus am Ausgang des Freyburger Unstrutengtales. Auf einer Terrasse dicht westlich der Nißmitzer Kirche (Bild 25) befindet sich eine sich 200 m in nord-südlicher Richtung erstreckende Siedlung der linienbandkeramischen Kultur, aus der viele Scherben, zahlreiche Steinhacken, -keile und -beile, eine Feuersteinschlagkugel sowie ein Bohrkern und Feuersteinkratzer bekannt sind. 100 m südlich des Ortes wurde ein Becher der schnurkeramischen Kultur entdeckt. Dicht dabei kam ein prachtvoll verzierter Becher der Glockenbecherkultur zum Vorschein, der zu einem Grab gehören dürfte. Nahe bei der Kirche konnte ein Hockergrab der frühen Bronzezeit — Aunjetitzer Kultur — geborgen werden; in die späte Bronzezeit bis in die frühe Eisenzeit gehört eine Siedlung mit vielen Scherben, Spinnwirteln und walzenförmigen Tonstützen zur Salzherstellung. Scherben der spätrömischen Kaiserzeit deuten auf eine germanische Siedlung des 3./4. Jh. bei Nißmitz hin.

Im Jahre 1248 wird das Dorf als *Nizwatsil* erstmalig erwähnt. Sein slawischer Name mag auf einen altsorbischen Personennamen Nesvad oder Nisvad zurückgehen und steht mit den slawischen Siedlern im östlichen Unstrutbereich in Zusammenhang. Die Stadt Querfurt erwarb im Ort 1617 eine bedeutende Schäferei, für deren Tiere die ausgedehnten Lehden des unteren Unstruttales als Weideplätze dienten.

C 21 Der Grundriß von Nißmitz weist mehrere Gassen auf, die sich zur Form eines Gitters zusammenfügen. Das Dorf besitzt im SW einen Zugang von der F 180 und im NO einen Fußweganschluß von Freyburg her. Am südlichen Ortsrand erhebt sich die weithin sichtbare Kirche, ein neuromanischer Bau von 1845 mit einem älteren Westturm. An der Außenseite der östlichen Apsis befindet sich ein Schriftstein von einem spätgotischen Vorgängerbau. Unweit der Kirche steht der große Vierseithof Nr. 33 vermutlich an der Stelle des Schäfereivorwerks. An seinem Wohnstallhaus wie an dem vom Gehöft Nr. 15 blieben Obergalerien an den Hofseiten erhalten. An der F 180 nutzt die LPG (T) Balgstädt einen Stall aus den siebziger Jahren.

C 22 **Freyburger Plateau, Zeuchfelder Talung** und **Pödelister Talung**

Das Freyburger Muschelkalkplateau mit dem Waldgebiet der Alten Göhle dehnt sich östlich Freyburgs aus, ist durch die Zeuchfelder Talung von dem Querfurt-Gleinaer Plateau abgetrennt und fällt im SO mit einer steilen Schichtstufe zur Pödelister Talung ab. Entsprechend dem Einfallen der Schicht nach NO nimmt die Südrandstufe des Plateaus nach NO zu an Höhe ab. Am Weg von Freyburg zur Neuenburg zeigen sichtbare schlottenartige Erweiterungen der Trockenrisse und Klüfte des Kalksteins die schwache Verkarstung des Muschelkalkes an (s. C 6). Lößgriserden (s. B 18) dokumentieren die geringen Niederschlagsmengen im Übergang zum zentralen Trockengebiet an der Saale.
Die quartärgeschichtlich aufschlußreiche, rund 1 km breite Zeuchfelder Talung ist heute ein Trockental. Dieses wird von Muschelkalkhängen flankiert und erreicht bei Höhe 181 m nahe der heutigen Kiesgrube seinen höchsten Punkt. Hier liegt die Talwasserscheide zwischen den Einzugsgebieten der Unstrut und der Geisel. Die Talung wurde von der Unstrut im Altpleistozän sowie zwischen der Elsterkaltzeit und dem Hochglazial der Saalekaltzeit durchflossen und ausgeformt (Abb. 8; s. C 16). Besonders der als weiter Prallhang ausgebildete Abhang des Sohlberges läßt die einstige Flußaktivität erkennen. Die am Ausgang des Borntales östlich von Zeuchfeld über warmzeitlichen limnischen Sedimenten (Fritzsch 1898) lagernden altpleistozänen Unstrutkiese und -sande werden der Menapkaltzeit (Schneyer 1961; Abb. 9) oder der noch älteren Eburonkaltzeit (Ruske 1973; Mania, Ruske u. Steinmüller 1972) zugeordnet. In der frühen Elsterkaltzeit floß die Unstrut durch Anzapfung von der Saale her über Nißmitz zur Saale in die Pödelister Talung. In der frühen Saalekaltzeit hingegen nahm die Unstrut vermutlich durch Anzapfung vom Geiseltalbecken her wieder ihren Lauf durch das Zeuchfelder Tal, wie es Unstrutkiese im Geiseltal bezeugen. Dieser Abfluß kam mit dem Hauptvorstoß des Inlandeises im Drenthestadium der Saalekaltzeit zum endgültigen Erliegen. Das Eis schob eine Gletscherzunge mit vorgeschüttetem Talsander in dieses Tal bis südlich von Schleberoda vor. Bis nach Freyburg reichen diese für die Bauindustrie seit langem wichtigen, 30–40 m mächtigen Schmelzwasserkiese und -sande; sie bestehen zu 70% aus Kalksteingeröllen. Die kiesreichen Partien des Sanders werden als Betonkiessand, die sandigen als Bausand in großem Umfang gewonnen. Die Produktion beträgt mehr als 0,5 Mill. m³ im Jahr.

Der Talboden und die flachen Unterhänge seiner Ränder sind mit mächtigen pleistozänen Hangsedimenten und Lössen ausgekleidet. Über den Schmelzwasserkiesen des Zeuchfelder Sanders lagert spätsaalekaltzeitlicher und darüber weichselkaltzeitlicher Löß. Ein fossiler eemzeitlicher Boden des Fahlerdetyps (s. A 16) auf dem älteren Löß trennt beide äolischen Sedimente. C 22

Am Ausgang der Zeuchfelder Talung wurde am Ostfuß der Schweigenberge ein Pleistozänprofil in der ehemaligen Lehmgrube Gerlach aufgeschlossen (Abb. 40), welches eine von der Helmekaltzeit (Abb. 9) bis zur Weichselkaltzeit reichende Schicht- und Bodenhorizontfolge erfaßt. Sie belegt mit ihren mächtigen Bändertonen und -schluffen den bis in den Lauchaer Raum nachweisbaren Schmelz- und Flußwasserstausee im Tal vor dem saalekaltzeitlichen Inlandeis ebenso wie die wiederholte kaltzeitliche Lößablagerung und die Bodenbildungen in den Interglazialzeiten (Ruske u. Wünsche 1961 u. 1964). Die beiden Bodenkomplexe der Holstein- und der Eemwarmzeit fanden in Fachkreisen internationale Beachtung.

Die F 176 folgt der überwiegend ackerbaulich genutzten Zeuchfelder Talung; nur die Muschelkalksteilhänge bei Freyburg tragen Wald. Einen gleichen Verlauf wie die Fernverkehrsstraße nahm bis zu Beginn des 11. Jh. die von Eckartsberga über die Finne kommende via regia (Abb. 12), bevor sie mit dem Aufblühen von Naumburg als Messestadt über Bad Kösen—Naumburg führte und die alte Trasse zweitrangige Bedeutung erhielt.

Die weite Pödelister Talung östlich im Anschluß an das Freyburger Unstruttal wurde vom Altpleistozän bis in die frühe Elsterkaltzeit durch die Saale ausgeformt. Frühelsterkaltzeitliche Kiese dieses Flusses, überdeckt von elsterkaltzeitlicher Grundmoräne, lagern südwestlich von Pödelist, und am Südwesthang des Prömmerberges treten am Nordrand der Talung Unstrutkiese gleichen Alters auf. Die heutige Trockentalung wird durch Löß und -umlagerungsprodukte ausgekleidet, auf denen sich vor allem Lößschwarzerden und -griserden entwickelt haben (s. C 6).

Zeuchfeld, Kreis Nebra, C 23

erstreckt sich in der Zeuchfelder Talung dort, wo die frühere Verbindung nach Pettstädt von der heutigen F 176 abzweigte. Der Ort wird 991 als *Zuchibuli* im Stiftungsbrief für das Kloster Goseck genannt und trägt einen Namen aus slawischer Wortwurzel. Seine Erklärung ist als Verbindung der Worte *suchy* (trocken) und *byl* (Pflanze) möglich und kann sich auf die Wasserarmut der Umgebung des Ortes beziehen.

Etwa 1,2 km südsüdöstlich des Dorfes liegt ein Gräberfeld der schnurkeramischen Kultur, von dem eine Steinkiste (rechtsseitiger Hocker, W—O ausgerichtet, mit Amphore, Feuersteinmesser) und eine Steinpackung in Form eines Totenhauses (linksseitiger Hocker, O—W ausgerichtet, mit Amphore, Becher, weiterem Gefäß und Feuersteinmesser) untersucht wurden.

Den Grundriß von Zeuchfeld bestimmen kurze Gassen, von denen sich die gebogene Hauptgasse an zwei Stellen platzartig erweitert. Die Kirche mit ihrem Kern aus der ersten Hälfte des 13. Jh. setzt sich aus einem rechteckigen Schiff

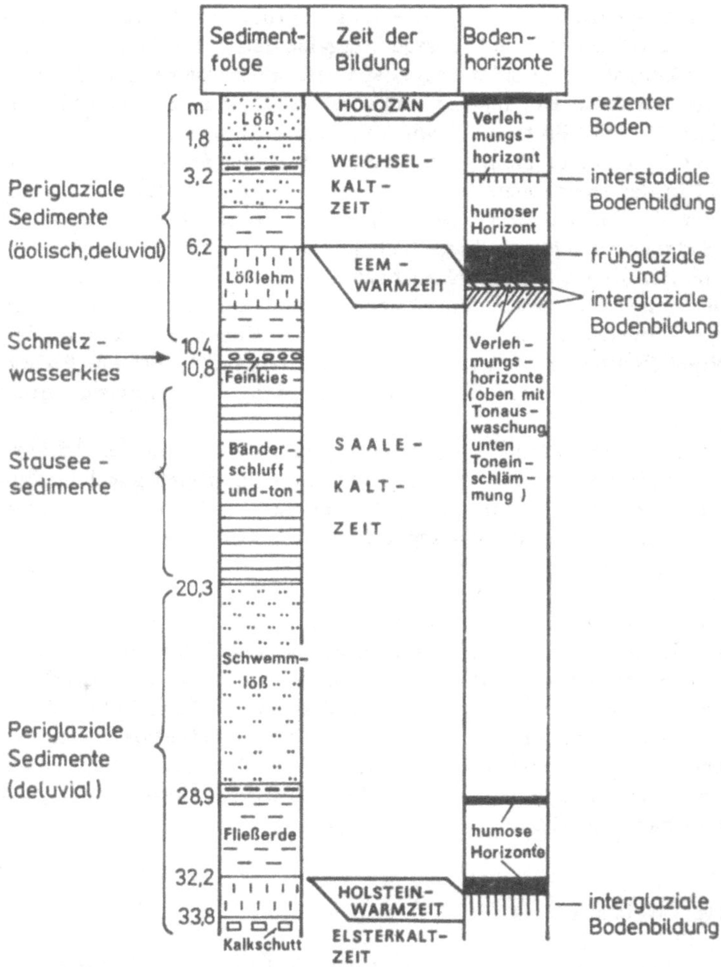

Abb. 40. Pleistozänprofil der ehemaligen Ziegeleigrube Gerlach bei Freyburg (nach Ruske u. Wünsche 1964)

und einem eingezogenen Chorturm zusammen, an dessen Südwand ein ursprüngliches Rundbogenfenster erhalten blieb. Die übrigen Fenster zeigen Formen einer gotischen bzw. spätgotischen Erneuerung. Ein Stabwerkportal an der Südseite des Schiffes ist mit 1530 datiert. Der Schnitzaltar, über dem sich ein spätgotisches Kruzifix befindet, stammt aus dem zweiten Viertel des 15. Jh.

Die Drei- und Vierseitgehöfte des Dorfes weisen an ihren in die Flur gerichteten Rückseiten Scheunen fast ausschließlich aus Stampflehm auf. Da diese Wirtschaftsgebäude eine geschlossene Front bilden, verleihen sie dem Ort ein wehrhaftes Aussehen. Am Eingang zum Vierseithof Nr. 26 blieben 2 Torsäulen mit je 4 Steinkugeln als Zierde und eine Rundbogenpforte erhalten. Schräg gegenüber steht traufseitig zur Straße das verputzte Torhaus von 1924 des Dreiseithofes Nr. 31. Das kleine Wohnhaus Nr. 1 ist völlig aus Stampflehm errichtet. Erweiterungen erfuhr der alte Dorfkern nach 1945 an mehreren Seiten: im N und NO durch 6 Neubauernhöfe sowie durch Lagerhallen und Ställe, die heute die LPG (T) Baumersroda nutzt, im NW durch eine Doppelzeile Einfamilienhäuser. Wo sich am Ortsrand von Zeuchfeld die frühere Straße nach Schleberoda mit der F 176 kreuzt, steht eine alte steinerne Wegsäule mit Nachbildungen menschlicher Hände als Richtungsweiser. Unmittelbar dahinter hat ein Pflegeheim des Kreises Nebra seinen Platz. C 23

Naturschutzgebiet Neue Göhle C 24

Das NSG liegt am südexponierten Steilhang der Zeuchfelder Talung im Bereich des Sohlberges. In das Reservat einbezogen ist die lößbedeckte Hochfläche des Südrandes des Querfurt-Gleinaer Plateaus. Klimatisch gehört das NSG dem trockenwarmen, wintermilden Klima mit etwa 500 mm Jahresniederschlag, einer mittleren Januartemperatur um 0 °C und einer mittleren Julitemperatur von rund 18 °C an.

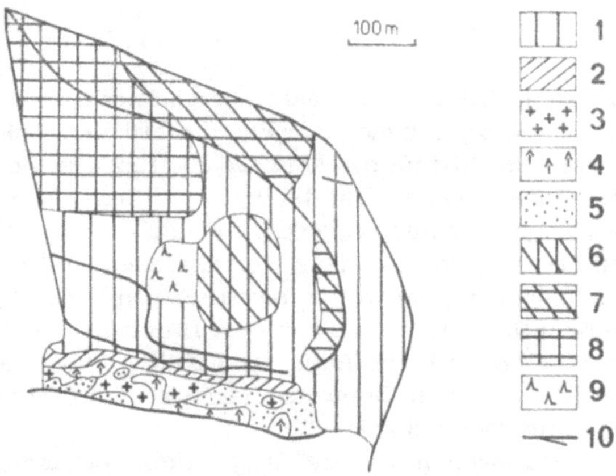

Abb. 41. Vegetation des NSG Neue Göhle (nach SUCHODOLETZ 1973)

1 Winterlinden-Eichen-Hainbuchen-Wald
2 Steinsamen-Eichen-Wald
3 Schneeball-Hartriegel-Gebüsch
4 Vorwald
5 Xerothermrasen
6 Eichenforst
7 Schonung
8 eingezäunte Pflanzung
9 Fichtenforst
10 Weg

Im NSG treten submediterrane und südlich-kontinentale Pflanzenarten gehäuft auf (MEUSEL 1954/55). Auf großen Arealen der Hochfläche stockt ein Linden-Eichen-Hainbuchen-Wald (Abb. 41). An der oberen Hangkante erstreckt sich zwischen ihm und dem trockenwarmen Gebüschkomplex ein Steinsamen-Eichen-Trockenwald. Der Gebüschkomplex setzt sich aus verschiedenen Sukzessionsstadien zusammen, die wohl insgesamt zum Schneeball-Hartriegel-Gebüsch gestellt werden können. An den Wald- und Gebüschrändern breiten

C 24 sich im Übergang zu den Trockenrasen trockenwarme Staudenfluren aus, die als diptamreiche Storchschnabel-Haarstrang-Säume einzustufen sind. Die Xerothermrasen setzen sich aus Hasenohr-Zwenken-Halbtrockenrasen und Federgras-Trockenrasen zusammen. Die Federgras-Trockenrasen (Bild 13) kommen in den Gesellschaften mit Gamander und mit Storchschnabel und anderen Stauden vor (SUCHODOLETZ 1973).
Die durch den Menschen bedingten Vegetationskomplexe der ehemaligen Weinberge an den Hängen zeichnen sich durch zahlreiche floristische Besonderheiten aus. Beachtung verdient das reiche Vorkommen von Diptam (*Dictamnus albus*) und Kugelblume (*Globularia elongata*). Mykofloristisch interessant ist das NSG durch das zahlreiche Auftreten von Morchelarten (*Morchella elata, M. esculenta, M. conica*), durch die Vorkommen des mediterran-submediterran verbreiteten Korkporlings (*Phellinus torulosus*) im Steinsamen-Eichen-Trockenwald und der *Stromatinia rapulum* auf Salomonssiegel-(*Polygonatum odoratum*-)Rhizomen. Auf Eichenstümpfen wurde mehrfach die Pilzgesellschaft des Buntstieligen Helmlings und der Umberbraunen Borstenscheibe nachgewiesen (SCHUBERT 1974; DÖRFELT u. KNAPP 1974).

C 25 **Pödelist**, Kreis Naumburg,

liegt nahe der Wasserscheide zwischen Unstrut und Saale im frühelsterkaltzeitlichen, heute trockenen Flußtal der Saale, und zwar am Fuß der hier nur noch 30 m hohen, nach N absinkenden Schichtstufe der Muschelkalktafel. Die Besiedlung des Raumes um den Ort kann sicher erst für die Bronzezeit nachgewiesen werden, aus dem Neolithikum stammen nur wenige Geräte- und Grabfunde. Unklar ist die Zeitstellung eines etwa 70 kleinere Hügel umfassenden Gräberfeldes in der Nähe der Teufelsschlucht, 1,3 km westnordwestlich von Pödelist; vielleicht gehört es in das späte Neolithikum oder in die jüngere Bronzezeit/frühe Eisenzeit. Ein frühbronzezeitliches Gräberfeld der Aunjetitzer Kultur wurde im Dorf angeschnitten. Siedlungen der jüngeren Bronzezeit lagen am nordwestlichen Ortsausgang und 1,4 km nordwestlich davon.
Die um 1135 geschriebene Gosecker Klosterchronik enthält die älteste bekannte Schreibweise *Pothelizce* (1052) für Pödelist. Sein altsorbischer Name *Podełovici* = Siedler am Berghang bezieht sich auf die topographische Lage am Rand zwischen dem Freyburger Plateau und der Pödelister Talung.
Die romanische Dorfkirche wurde in spätgotischer Zeit anstelle der Apsis durch einen 3/8 geschlossenen Chor mit 3 großen spitzbogigen Fenstern mit Vierpaß- und Fischblasenmaßwerk und durch eine Sakristei an der Südseite des Turmes erweitert. Diese Gebäudeteile besitzen gekehlte Gewölberippen mit dünner, steiler Hintermauerung, beziehungsweise Kreuzgratgewölbe. Im Inneren gibt es auch romanische Bauteile, ansonsten hat der Raum einheitliches barockes Gepräge. Der signierte Flügelaltar geht auf den Meister HF mit der Pflugschar zurück, einen guten Bildschnitzer. Von der Restaurierung durch den preußischen Baurat J. G. WERNER 1889 stammt die Erhöhung des Turmes um ein Stockwerk unter Wiederverwendung des romanischen Giebels mit Steinkreuzen und spitzem Dachreiter.

Der Grundriß von Pödelist ähnelt dem von Zeuchfeld (s. C 23). Das Siedlungsbild wird vor allem von Ziegelhäusern und Fachwerkbauten mit Ziegelfeldern bestimmt, so bei den Gehöften Nr. 23 und 34. Fachwerk zeigen ebenfalls das Obergeschoß und der Giebel des kleinen Zweiseithofes Nr. 18. Das frühere Schulhaus neben der Kirche dient heute als Kindergarten. An der Straße Freyburg—Markröhlitz, die südlich an Pödelist vorbeiführt, krönt der Stumpf einer Holländerwindmühle die Höhe. Etwa 800 m östlich davon arbeitete eine Ziegelei, von der eine Scheune zu einem Wohnhaus umgebaut wurde. Westlich vom Ort schmiegt sich das Grundstück einer ehemaligen Rebschule in die Pödelister Talung. C 25

Die LPG (P) Pödelist baut auf der 1870 ha großen landwirtschaftlichen Nutzfläche vor allem Getreide an. Daneben gedeihen auf etwa 2% des Areals Gurken, Zwiebeln und andere Gemüsearten. Die LPG (T) Pödelist hat von ihrer Vorgängerin, der LPG Friedenstal, einen Milchviehstall sowie einen Bullenmaststall übernommen, dem der benachbarte Vierseithof eines früheren Großbauern angeschlossen wurde.

Hasselbachtal und Kösener Plateau C 26

Der bei Balgstädt in die Unstrut mündende Hasselbach entwässert den östlichen Bereich der Finne. Sein Name geht auf das althochdeutsche/altsächsische Wort *hasel* = Haselstrauch zurück. Das Hasselbachtal wurde bis in die frühe Elsterkaltzeit von der Ilm durchflossen und geformt (Naumann u. Picard 1908; Steinmüller 1967; s. C 16). Nach der elsterkaltzeitlichen Vergletscherung verließ die Ilm ihren bisherigen Unterlauf, um durch subrosiv abgesenkte Bereiche südlich der Finne über Bad Sulza der Saale zuzufließen. Frühelsterkaltzeitliche Ilmkiese bei Balgstädt (Schulz 1962) und im Hasselbachtal bezeugen den alten Lauf.

Der Rödel südöstlich von Balgstädt mit seinen aufgelassenen Steinbrüchen im Muschelkalk (s. C 17) ist der nördliche Ausläufer des Kösener Plateaus. Auf dem Langen Berg südlich des Rödels lagern tertiäre Kiese, die auf die Nähe der miozänen bis pliozänen Landoberfläche und eine nur geringe Abtragung des Plateaus seit jener Zeit hinweisen.

Große Bedeutung für den Schutz von Pilzen erlangt das Flächennaturdenkmal Rödel in den Forstunterabteilungen und -teilflächen 228b, 228c[1] und 228c[2]. Seine Waldbestände repräsentieren sommertrockene Winterlinden-Eichen-Hainbuchen-Wälder auf flachgründigen Kalkstandorten in exponierter Lage und sind zum Teil aus ehemaligen Nieder- und Mittelwäldern aufgewachsen (s. C 12). Bisher konnten hier 139 Pilzarten nachgewiesen werden (Huth 1977). Neben zahlreichen verbreitet auftretenden Arten fand man auch seltene bis sehr seltene. Als Beispiele seien genannt: Blasser Violettmilchling (*Lactarius flavidus*), Morcheltrüffel (*Gautieria morchellaeformis*), Violettmilchender Becherling (*Peziza saniosa*), Lorchel (*Helvella villosa*) und verschiedene Schleierlings- und Schleimkopfarten (*Cortinarius, Phlegmacium*).

A. Übersicht der im Unstrutgebiet vorkommenden prätertiären Gesteine

(nach HOPPE u. SEIDEL 1974; JUBITZ, KAMMERER, POMPER, VOIGT 1959; POMPER u. JUBITZ 1960; RADZINSKI 1967, 1971)

Stratigraphische Gliederung			Sym-bol	Mäch-tigk. in m	Schichtenfolge	Lithologische Charakterisierung	Geomorphologische Bedeutung	Rohstoff-nutzung
TRIAS	Unter-keuper		ku	bis 70	Lettenkohlenkeuper	Ton u. Schluffsteinfolge mit Einlagerungen von Sandstein u. Dolomit		
	Muschelkalk	Oberer	mo_2	50	Ceratitenschichten	Kalk u. Tonsteine im Wechsel, fossilreich		
			mo_1	8 bis 9	Trochitenkalk	kristalliner, bankiger Kalkstein, fossilreich	Schichtstufenbildner (Kleinstufe)	Werksteine (Abbau in zahlreichen kleinen Brüchen)
		Mittlerer	mm	65	oberer Dolomit obere Rauchwacken mittlerer Dolomit mittlere Rauchwacken unterer Dolomit	im Untergrund Wechsel von Dolomit mit Anhydrit u. Steinsalz; an der Oberfläche Rauchwacken als Rückstandsbildungen		
		Unterer	mu_3	8	Schaumkalkzone	kristalliner, oolithischer Kalkstein (2 Bänke) mit Mergelkalkzwischenmittel (Plattenkalk), fossilreich	Schichtstufenbildner (Großstufe mit Feingliederung nach Widerstandsfähigkeitsunterschieden der Schichten)	
				20	Oberer Wellenkalk	welliger, knauriger, feinschichtiger Mergelkalk		
			mu_2	5	Terebratelzone	kristalliner, oolithischer Kalkstein (2 Bänke)		
				30	Mittlerer Wellenkalk	welliger, knauriger, feinschichtiger Mergelkalk		
			mu_1	12	Oolithzone	kristalliner, oolithischer Kalkstein (2 Bänke)		
				35	Unterer Wellenkalk	welliger, knauriger, feinschichtiger Mergelkalk	schwache Verkarstung	

TRIAS	Buntsandstein	Oberer	so_4	20	Myophorienschichten		plattige Mergelkalke u. graue Tonsteine	Senkungen u. Erdfälle durch Subrosion der Salz- u. Gipsgesteine	Tonkomponente (Karsdorf)
			so_3	50	Obere Bunte Folge (Rote Folge, Werkfolge Karsdorf)		Rote Tonsteine mit Sandstein u. Dolomitlagen, Anhydrit/Gipseinschaltungen		
			so_2	35	Untere Bunte Folge		Ton- u. Mergelsteine mit Anhydrit/Gips u. Lagen von Dolomit u. Sandstein		
			so_1	60	Rötsalinar		Anhydrit mit Steinsalzeinlagerungen		
			so_{ch}	20 bis 30	Chirotheriensandstein (Sollingfolge)		dickbankige, helle Sandsteine, an Oberfläche mürbe	Schichtstufenbildner	Bausandstein Werksteinbänke (Nebra)
		Mittlerer	sm_4	65 bis 70	Hardegsenfolge		fein- bis grobkörnige, braune u. violettgraue, glimmerführende Sand- u. Schluffsteine		Bausandstein Werksteinbänke (Nebra, Wangen)
				25 bis 50	Detfurthfolge		weißer, fester Sandstein (Bausandstein), schluffiger Feinsand		
				140 bis 160	Volpriehausenfolge		Wechsel von rotweißen Sandsteinen u. Tonsteinen, grobkörnige Sandsteine		
		Unterer	su_3	70 bis 100	Bernburgfolge	Obere Folge	dolomitische Sandsteine, Wechsel von Sandsteinen u. Tonsteinen Rogensteine (oolithische Kalksteine)	stufenartige Hangversteilung	Bausandsteine (Wangen) Pflastersteine (Allstedt)
			su_2	140 bis 160	Nordhausenfolge	Untere Folge	violettbraune, sandige Tonsteine mit Rogensteinbänken (0,5 m) Wechsel von Sandsteinen u. Schiefertonen mit Rogensteinen	stufenartige Hangversteilung	
			su_1	35 bis 50			violette, graubraune Schluffsteine, bröcklig zerfallend		

Übersicht der im Unstrutgebiet vorkommenden prätertiären Gesteine (Fortsetzung)

	Stratigraphische Gliederung				Lithologische Charakterisierung	Geomorphologische Bedeutung	Rohstoffnutzung
		Symbol	Mächtigk. in m	Schichtenfolge			
PERM	Zechstein	z_4	6 0,10 14 1,5 bis 2 4	Allertonstein Grenzanhydrit Allersteinsalz Pegmatitanhydrit Roter Salzton	Zechsteinletten (Rote Tonsteine)		
		z_3	60 bis 130 60 2	Leinesteinsalz Hauptanhydrit Grauer Salzton	jüngerer Gips, grau, mit dolomitisch tonigen Bändern	Senkung durch Subrosion der Salz- (u. Gips-)gesteine	Gips (Kyffhäuser-Südrand)
		z_2	bis 5 bis 20 bis 500 10 5 bis 7	Deckanhydrit Kaliflöz Staßfurt Staßfurtsteinsalz Basalanhydrit Stinkschiefer	grauer Mergelkalkstein, bituminös		Stein- u. Kalisalz (Roßleben)
		z_1	40 2,5 bis 3,5 0,3 bis 0,4 1,5 bis 3	oberer Werraanhydrit Werrasteinsalz unterer Werraanhydrit Zechsteinkalk Kupferschiefer Zechsteinkonglomerat	älterer Gips, grau mit dolomitisch tonigen Bändern grauer dolomitischer Kalkstein grauschwarzer Mergeltonstein graues, stark sandiges Konglomerat	starke Verkarstung der anstehenden Gipsgesteine	Gips (Wendelstein) Kupferschiefer (Bottendorfer Höhe)
	Rotliegendes	ro	15 bis 20	Eislebener Schichten	rote Konglomerate u. Sandsteine		

B. Regionaltypische Leitbodenformen im Unstrutgebiet

Ausgangssubstrate	Leitprozesse der Bodenbildung	Ausbildung von Leitbodenformen[1]) bei Niederschlagshöhen in mm/Jahr bis 500	501—550	551—600	über 600
Kalkhaltige Lößsubstrate	Tiefgründige Humusbildung	Lößschwarzerde			
	Vertikale Humusverlagerung	Lößgriserde			
	Vertikale Tonverlagerung — schwächere		Lößparabraunerde		
	Vertikale Tonverlagerung — stärkere			Lößfahlerde	
mit Staunässeeinfluß	Reduktion und Oxydation			Lößstaugley	
mit Bodenerosion		Lößpararendzina und Kolluviallößschwarzerde			
Teilweise lößhaltige Verwitterungsprodukte der Buntsandsteinbildungen	Verwitterung	Bergsalmbraunerde			
	Verlagerung von Verwitterungsprodukten und Humus				Braunpodsol
Teilweise lößhaltige Verwitterungsprodukte der Kalksteine und Anhydrite	Flachgründige Humusbildung	Kalk- u. Gipsfels-, Kalk- u. Gipsschutt-, Kalk- u. Gipsschluff-Rendzina			
Auensedimente	Ablagerung von Auensedimenten	Auenschluff- u. Auenlehmvega			
mit Grundwassereinfluß	Reduktion	Auenschluff- u. Auenlehmgley			
	Vermoorung	Anmoorgley			

[1]) Unter Bodenform ist eine bodenkundliche Kartierungseinheit zu verstehen, deren Bezeichnung sich aus einer bodensystematischen Stammform (meist Bodentyp) und einer typisierten Kurzbezeichnung für das Substrat zusammensetzt.

C. Klimastatistische Werte ausgewählter Stationen

Station	Höhe in m ü. NN	Niederschlagssumme Jahr in mm	Temperaturmittel °C			Jahres amplitude Temperatur	Frosttage Jahr	Sommertage Jahr (>25°C)	Klimatyp
			Januar	Juli	Jahr				
Balgstädt	108	480							V
Reinsdorf	114	494							V
Zeuchfeld	141	513							Po
Bad Bibra	170	559							Pf
Lossa	310	604							Pf/M[8])
Bad Dürrenberg[1])	100	504	−0,2	18,3	8,9	18,5	89,4	34,3	Lf
Mücheln[2])	120	498							Po/L[8])
Schönewerda[3])	130	492							V
Bad Kösen[4])	136	535	0,0	18,0	8,9	18,0	94,9	36,6	Pf
Kölleda[5])	145	488	−0,2	17,8	8,7	18,0			L
Bad Rastenberg[6])	200	570	−0,9	17,7	8,2	18,6	99,6	33,6	Pf/L[8])
Ziegelroda[7])	297	572							Pf

[1]) 34 km östlich von Nebra
[2]) 16 km nordöstlich von Nebra
[3]) 15 km südwestlich von Nebra
[4]) 20 km südöstlich von Nebra
[5]) 24 km südwestlich von Nebra
[6]) 16 km südwestlich von Nebra
[7]) 10 km nordwestlich von Nebra
[8]) Übergangs- und Grenzlage

D. Charakteristische Durchflußdaten von Unstrut und Biberbach

(Jahresreihe 1961–80, nach Gewässerkundlichem Jahrbuch der DDR)

Wasserlauf Pegel Einzugsgebietsgröße (km²)	Unstrut Laucha 6217,2			Biberbach Thalwinkel 54,5		
Durchflußmengen (m³/s) und Abflußspenden (l/s km²):	Winter	Sommer	Jahr	Winter	Sommer	Jahr
Mittlerer Durchfluß	38,60 6,21	24,50 3,94	31,50 5,07	0,25 4,59	0,21 3,85	0,23 4,22
Niedrigstes Tagesmittel	8,30 1,33	4,60 0,74	4,60 0,74	0,02 0,37	0,02 0,37	0,02 0,37
Mittel des drittdurchflußärmsten Monats	11,40 1,83	8,02 1,29	8,02 1,29	0,09 1,65	0,07 1,29	0,07 1,29
Größter Hochwasserscheiteldurchfluß	118,0 19,0	124,0 19,9	124,0 19,9	9,90 182	14,7 270	14,7 270
Höchster beobachteter Hochwasserscheiteldurchfluß	363,0 58,4	135,0 21,7	363,0 58,4			
Abflußquotient[1])			3,27			3,00
Abflußfaktor[2])			0,25			0,27

[1]) Quotient Durchflüsse des abflußreichsten Jahres/des abflußärmsten Jahres
[2]) Quotient Abfluß/Niederschlag

E. Blattminen und ihre Wirtspflanzen im NSG Forst Bibra (von H. ZOERNER)

Acer pseudo-platanus (Bergahorn): *Nepticula aceris* und *Lithocolletis acernella*
Actaea spicata (Christophskraut): *Phytomyza actaeae*
Aegopodium podagraria (Giersch): *Phytomyza aegopodii* und *obscurella*
Agrimonia eupatoria (Kleiner Odermennig): *Tischeria heinemanni* und *Ectoedemia agrimoniae*
Ajuga reptans (Kriechgünsel): *Amauromyza (Trilobomyza) labiatarum*
Anthemis tinctoria (Färberhundskamille): *Chromatomyia horticola*
Astragalus glycyphyllos (Bärenschote): *Coleophora crocinella* und *Phytoliriomyza variegata*
Betula pendula (Hängebirke): *Rhynchaenus rusci* (Rüsselkäfer), *Lithocolletis ulmifoliella, Ectoedemia argentipedella* (Zwergmotte) und *Agromyza alnibetulae*
Bupleurum falcatum (Sichelhasenohr): *Phytomyza elsae* und *facialis*
Clematis vitalba (Gemeine Waldrebe): *Phytomyza fulgens*
Clinopodium vulgare (Wirbeldost): *Coleophora albitarsella, Stephensia brunnichiella* (Gras-Miniermotte) und *Phytomyza obscura*
Cornus sanguinea (Blutroter Hartriegel): *Antispila pfeifferella* (Erzglanzmotte)
Corylus avellana (Haselnuß): *Coleophora serratella, Parornix avellanella* und *Lithocolletis nicellii*
Daphne mezereum (Seidelbast): *Liriomyza approximata*
Epipactis atrorubens (Braunrote Sitter): *Chylizosoma vittatum* (Kotfliege)
Fagus sylvatica (Rotbuche): *Parornix fagivora, Lithocolletis maestingella*
Fragaria vesca (Walderdbeere): *Coleophora albicostella*
Galium glaucum (Blaugrünes Labkraut): *Liriomyza galiivora*
Geum urbanum (Echte Nelkwurz): *Metallus gei* (Blattwespe)
Helianthemum nummularium (Gemeines Sonnenröschen): *Coleophora ochrea* und *Parafomoria helianthemella* (Zwergmotte)
Hepatica nobilis (Leberblümchen): *Pseudodineura mentiens* (Blattwespe) und *Phytomyza abdominalis*
Hypericum montanum (Berghartheu): *Leucoptera lustratella* (Glattkopf-Miniermotte) und *Fomoria septembrella* (Zwergmotte)
Inula conyza (Dürrwurz): *Acrolepia perlepidella* (Halbmotte) und *Phytomyza conyzae*
Lamium galeobdolon (Goldnessel): *Amauromyza (Trilobomyza) labiatarum*
Ligustrum vulgare (Gemeiner Liguster): *Gracilaria syringella* (Fliedermotte)
Listera ovata (Großes Zweiblatt): *Chylizosoma vittatum* (Kotfliege)
Lithospermum purpurocaeruleum (Purpurblauer Steinsame): *Phytomyza lithospermi*
Lonicera xylosteum (Rote Heckenkirsche): *Lithocolletis emberizaepennella, Chromatomyia periclymeni, Paraphytomyza luteoscutellata*
Melica nutans (Nickendes Perlgras): *Cerodontha denticornis* (Gras-Minierfliege)
Ophrys insectifera (Fliegenragwurz): *Chylizosoma vittatum* (Kotfliege)

Polygonatum odoratum (Salomonssiegel): *Chylizosoma medium* (Blattwespe)
Populus tremula (Zitterpappel): *Agromyza albitarsis, Messa glaucopis* und *Paraphytomyza tremulae*
Primula veris (Wiesenschlüsselblume): *Chromatomyia primulae*
Quercus robur (Stieleiche): *Heliozela sericiella* (Erzglanzmotte), *Profenusa pygmaea* (Blattwespe), *Tischeria dodonaea, Bucculatrix ulmella* (Zwergwickler), *Lithocolletis lautella* und *Nepticula basiguttella*
Rhamnus cathartica (Purgier-Kreuzdorn): *Bucculatrix frangulella* (Zwergwickler)
Sanicula europaea (Sanikel): *Phytomyza brunnipes*
Scrophularia nodosa (Knotenbraunwurz): *Amauromyza (Trilobomyza) verbasci*
Senecio erucifolius (Raukenblättriges Greiskraut): *Liriomyza erucifolii*
Solidago virgaurea (Gemeine Goldrute): *Nemorimyza posticata, Ophiomyia maura, Phytomyza solidaginis* und *Pegomyia nigrisquama*
Stellaria holostea (Echte Sternmiere): *Scaptomyza graminum* (Taufliege)
Tanacetum corymbosum (Ebensträußige Margerite): *Chromatomyia horticola* und *Phytomyza* spec. (neue Minierfliegenart, miniert in dem langen Blattstiel, steht der *Ph. tanaceti* nahe und wird als *Ph. corymbosi* beschrieben)
Teucrium chamaedrys (Edelgamander): *Aspilapteryx limosella* (Blattütenmotte)
Ulmus minor (Feldulme): *Coleophora siccifolia* (Neufund für *Ulmus*)
Viburnum lantana (Wolliger Schneeball): *Lithocolletis lantanella* und *Coleophora ahenella*

F. Einwohnerzahlen vom 19. und 20. Jahrhundert

	1. Drittel 19. Jh.		1880	1910	1925	1933	1946	1964	1971	1980
	Einwohner	Häuser								
Albersroda	210	46	333	357	380	348	634	462	414	611
Allerstedt	384	87	487	500	528	483	725	zu Wohlmirstedt		
Altenroda	456	94	567	581	554	531	855	848	851	766
Balgstädt	350	66	527	568	614	617	933	813	813	814
Baumersroda	260	50	369	388	418	408	764	551	532	436
Bernsdorf	170	34	166	149	196	zu Kahlwinkel				
Bibra	900	180	1 568	1 472	1 536	1 713	2 541	2 489	2 569	2 413
Billroda	172	42	205	317	391	337	482	720	730	632
Birkigt	19		19	zu Wippach						
Branderoda	178	37	312	345	325	273	443	330	313	279
Bucha	325	67	468	391	442	411	643	469	444	338
Burgscheidungen	261	50	315	295	415	381	599	755	794	711
Donndorf	704	136	951	821	911	922	1 422	1 273	1 191	1 035
Dorndorf	207	45	257	237	246	260	412	zu Laucha		
Ebersroda	246	55	324	322	304	297	524	271	250	208
Freyburg	1 569	299	3 029	3 245	3 511	4 174	5 856	5 210	5 289	4 824
Garnbach	137	32	208	159	179	156	224	zu Wiehe		
Gleina	463	113	824	843	844	838	1 248	1 159	1 118	1 221
Golzen	100	23	140	150	178	148	287	187	193	243
Großwangen	115	20	273	227	359	329	510	zu Wangen		
Hechendorf	29	5	24	46	zu Wiehe					
Hirschroda	194	43	311	313	312	295	440	270	254	221
Kahlwinkel	206	47	247	220	274	437	697	442	490	454
Karsdorf	501	113	400	633	629	645	1 081	3 111	3 291	3 225
Kirchscheidungen	356	75	466	439	515	483	773	590	541	478
Kleinroda	112	21	132	131	137	126	180	zu Donndorf		
Kleinwangen	175	37	260	266	348	334	497	zu Wangen		
Kloster Donndorf	112	20	107	144	zu Donndorf					
Krawinkel	118	27	129	141	146	136	198	116	106	zu Golzen
Langenroda	366	74	487	460	463	418	570	402	358	311
Laucha	1 105	272	2 360	2 352	2 339	2 404	3 655	3 306	3 318	3 347
Lossa	534	118	722	968	878	882	1 581	1 188	1 167	1 063
Memleben	499	96	663	626	669	625	925	1 102	1 071	1 001
Müncheroda			136	122	121	106	205	zu Gleina		
Nebra	1 097	227	2 728	2 431	2 312	2 285	3 192	2 807	2 973	3 404
Nißmitz	159	35	173	175	166	187	306	zu Freyburg		
Plößnitz	60	12	80	68	68	64	141	zu Laucha		
Pödelist	210	47	351	357	357	331	399	472	453	394
Reinsdorf	324	78	1 046	560	692	1 148	1 547	956	905	790
Roßleben	1 396	234	2 458	2 823	3 020	3 273	4 622	5 185	6 255	5 964

	1. Drittel 19. Jh.		1880	1910	1925	1933	1946	1964	1971	1980
	Einwohner	Häuser								
Rothenberga	226	54	273	295	366	313	426	347	343	313
Sankt Micheln	244	55	387	499	1044[1]	1044[1]	zu Mücheln			
Saubach	809	174	693	770[3]	834[2]	792[4]	1198	1026	1036	974
Schleberoda	184	41	186	172	197	194	343	256	233	199
Schnellroda	170	41	326	332	380	330	635	409	356	zu Albersroda
Thalwinkel	276	45	253	231	271	270	415	276	264	217
Tröbsdorf	145	29	225	198	217	194	327	194	zu Burgscheidungen	
Wangen									878	745
Weischütz	146	28	168	211	243	223	315	223	212	164
Wendelstein	166	33	328	362	389	239	483	zu Memleben		
Wennungen	263	55	321	304	300	289	487	zu Karsdorf		
Wetzendorf	254	56	373	327	291	286	472	zu Karsdorf		
Wiehe	2729	575	2168	1834	1997	2051	3148	2607	2643	2387
Wippach	137	25	206	166	343	322	489	zu Altenroda		
Wohlmirstedt	435	78	534	511	500	441	725	1219	1154	1101
Zeisdorf	179	35	165	[5]	166	166	235	zu Wohlmirstedt		
Zeuchfeld	182	39	256	255	255	263	346	252	293	266
Zingst	74	14	78	zu Vitzenburg						
Zscheiplitz	123	15	174	200	201	181	192	217	176	zu Gleina

[1]) Sankt Micheln-Sankt Ulrich

[2]) davon 316 im Amtsanteil u. 518 im Gerichtsanteil

[3]) davon 333 im Amtsanteil u. 437 im Gerichtsanteil

[4]) davon 332 im Amtsanteil u. 460 im Gerichtsanteil

[5]) Einwohner bei Wohlmirstedt enthalten

G. Literaturverzeichnis

I. Karten

Atlas Deutsche Demokratische Republik. Gotha 1976–81

Geologische Spezialkarte von Preußen und den Thüringischen Staaten 1:25000. Blatt 4734 Wiehe, 1875; Blatt 4735 Bibra, 1874; Blatt 4736 Freyburg, 1874

GRÖSSLER, H.: Karte der Umgebung von Burgscheidungen. 1:33333. In: GRÖSSLER, H.: Der Sturz des thüringischen Königreichs im Jahre 531 n. Chr. G. Zschr. d. Vereins für thür. Geschichte u. Altertumskunde. N. F. 11 (1898) 1, zwischen S. 54 u. 55

Klimaatlas für das Gebiet der DDR. Berlin 1953

SCHLÜTER, O.; AUGUST, O. (Hrsg.): Atlas des Saale- und mittleren Elbegebietes. 3 Teile. 2. Aufl. Leipzig 1958–61 (mit 3 Textbänden)

STRAUBE, C.: Handkarte des Kreises Querfurt. 1:100000. In: STRAUBE, C.: Der Kreis Querfurt. Ein Begleitblatt zur Karte des Kreises. Querfurt 1892

Topographische Karte (Meßtischblatt) 1:25000, Blatt 4734 Wiehe, Ausgabe 1905; Blatt 4735 Nebra, Ausgabe 1903; Blatt 4736 Freyburg, Ausgabe 1903

Ziegelroda, Bad Bibra und Umgebung. 1:40000. Leipzig o. J. (1956). Die gute Wanderkarte 110

II. Archivalien

Denkmalliste (Kartei) des Instituts für Denkmalpflege, Arbeitsstelle Halle

Kirchenbuch der Bartholomäuskirche zu Wiehe von 1882, Bd. 3

Kirchenbuch der Dorfkirche zu Balgstädt, 1677–1781

Unterlagen
- zur Bevölkerungsstruktur des Kreises Nebra von der Staatlichen Verwaltung für Statistik, Kreisstelle Nebra
- zur Industrie-, Landwirtschafts- und Siedlungsstruktur des Kreises Nebra von der Kreisplankommission des Rates des Kreises Nebra
- der Wasserwirtschaftsdirektion Saale-Werra, Halle/S.
- der VdgB Winzergenossenschaft e. G. Freyburg/Unstrut

III. Allgemeine Darstellungen

BECHSTEIN, L.: Thüringens Sagenschatz. Bd. 4. Quedlinburg 1922

Bilanz zwischen zwei Parteitagen — Kreis Nebra. Hrsg. von der SED-Kreisleitung. Nebra 1976

Bilanz des Kreises Nebra im 30. Jahr der DDR. Hrsg. von der SED-Kreisleitung. Nebra 1979

Bilanz zwischen zwei Parteitagen. Hrsg. von der SED-Kreisleitung. Nebra 1981

Der Kreis Nebra in Wort und Bild. Nebra 1957

Der Kyffhäuser und seine Umgebung. Berlin 1976 (Werte unserer Heimat 29)

GRÖSSLER, H.: Führer durch das Unstruttal von Artern bis Naumburg für Vergangenheit und Gegenwart. Freyburg a. U. 1. Teil 1892, 2. Teil 1893; 2. Aufl. 1904

JÖDL, R. (Bearb.): Sachsen-Anhalt. Landeskundliche Regionalbibliographie für die Bezirke Halle und Magdeburg. Berichtsjahre 1965—70. 3 Bde. Halle (Saale) 1969—72

KAISER, E.: Das Thüringer Becken zwischen Harz und Thüringer Wald. Gotha 1954

KÜHNLENZ, F.: Städte und Burgen an der Unstrut. Heimatgeschichtliche Wanderungen am Thüringer Fluß. Leipzig 1965

KUGLER, H.: Unstruttal. Von Naumburg bis zur Sachsenburger Pforte. Leipzig 1960 (Städte u. Landschaften 9)

KUGLER, H.; MARX, W.; MOES, H.; RADIG, L.-J.: Bad Sulza, Eckartsberga, Rastenberg. 3. Aufl. Berlin/Leipzig 1978 (Tourist-Wanderheft; betr. Finne)

NEUSS, E.; ZÜHLKE, D. (Bearb.): Mansfelder Land. Berlin 1982 (Werte unserer Heimat 38)

RICHTER, O.: Das Gebiet der Unstrut. Eine heimatkundliche Skizze. Eisleben 1883 (Schulprogramm 247)

SCHLÜTER, O.: Siedlungskunde des Thales der Unstrut von der Sachsenburger Pforte bis zur Mündung. Diss. Halle 1896

SCHLÜTER, O.: Die Siedelungen im nordöstlichen Thüringen. Berlin 1903

SCHLÜTER, O.: Mitteldeutschlands geographischer Raum. Merseburg 1937 (Denkschrift des Provinzialausschusses)

SCHUMANN, A.; SCHIFFNER, A.: Vollständiges Staats-, Post- und Zeitungslexikon von Sachsen. 18 Bde. Zwickau 1814—1833 (zitiert: SCHUMANN)

IV. Natur

1. Geologie/Physische Geographie

ALTERMANN, M.; HAASE, G.; LIEBEROTH, I.; RUSKE, R.: Lithologie, Genese und Verbreitung der Löß- und Schuttsedimente im Vorland der skandinavischen Vereisungen. Schriftenreihe geol. Wiss. 9 (1978), S. 231—255

BAUER, L.: Entstehung und Verhütung von Hochwasser am Beispiel des Flußgebietes von Unstrut und Gera. Berlin 1953 (Schriftenreihe des Verlages Technik 97)

BAUER, L.: Beiträge zur Hydrogeographie Thüringens. Habil.-Schrift Univ. Jena 1959 (a)

BAUER, L.: Helme-Unstrutniederung, Unteres Unstrut-Berg- und Hügelland, Querfurter Platte und Untere Unstrutplatten. In: Handbuch der naturräumlichen Gliederung Deutschlands. 6. Lieferung. Remagen 1959. S. 750—756 (b)

BUHL, A.; SCHWAB, M.: Geologische Verhältnisse und Pflanzenverbreitung im Hercynischen Raum. Hercynia N. F. 13 (1976) 3, S. 380—390

CEPEK, A. G.: Quartär. In: Grundriß der Geologie der Deutschen Demokratischen Republik. Bd. 1. Berlin 1968. S. 385—420

CLAUS, H.: 12 Tafeln der verbreitetsten Fossilien aus dem Buntsandstein und Muschelkalk aus der Umgebung von Jena. 2. Aufl. Jena 1927

Der Elbstrom, sein Stromgebiet und seine wichtigsten Nebenflüsse. Eine hydrographische, wasserwirtschaftliche und wasserrechtliche Darstellung. Berlin 1898 (zitiert: Elbstromwerk 1898)

EISSMANN, L.: Zur Frage quartärer Krustenbewegungen in Nordsachsen und Nordost-Thüringen. Geologie 15 (1966) 1, S. 102—104

EISSMANN, L.: Das Quartär der Leipziger Tieflandsbucht und angrenzender Gebiete um Saale und Elbe. Berlin 1975 (Schriftenreihe für geol. Wiss. 2)

Erläuterungen zur geologischen Specialkarte von Preußen und den Thüringischen Staaten. Blatt Wiehe, bearbeitet von W. DAMES; Blatt Bad Bibra, bearbeitet von O. SPEYER; Blatt Freyburg, bearbeitet von O. SPEYER, alle Berlin 1882
FREYBERG, B. v.: Die tertiären Landoberflächen in Thüringen. Berlin 1923 (Fortschritte der Geol. u. Paläontol. 6)
FREYBERG, B. v.: Thüringen. Geologische Geschichte und Landschaftsbild. Oehringen 1937
FRITZSCH, K. v.: Ein alter Wasserlauf der Unstrut von der Freyburger nach der Merseburger Gegend. Zschr. für Naturwiss. 11 (1898), S. 17—36
Grundriß der Geologie der Deutschen Demokratischen Republik. Bd. 1. Berlin 1968
HEINZELMANN, W.: Zur Geologie des Unteren und Mittleren Buntsandsteins auf Blatt Nebra. Diplomarbeit Univ. Halle 1963
HEISE, W.: Die tektonische Sonderstellung der Merseburger Buntsandsteinplatte. Jahrbuch Hall. Verbandes für mitteldeutsche Braunkohlenforsch. 8 (1929) 1, S. 32—74
HOHL, R.: Zur Methodik der Hydrogeologischen Übersichtskartierung des Blattes Halle (Saale). Zschr. angewandte Geol. 14 (1968) 10, S. 527—534
HOPPE, W.; SEIDEL, G. (Hrsg.): Geologie von Thüringen. Gotha, Leipzig 1974
JANKOWSKI, G.: Quartäre Ablagerungen im Ried des mittleren Helme- und Unstrutlaufes. Geologie 10 (1961) 1, S. 50—66
JANKOWSKI, G.: Die Tertiärbecken des südöstlichen Harzvorlandes und ihre Beziehungen zur Subrosion. Berlin 1964 (Geologie, Beiheft 43)
JUBITZ, K. B.; KAMMERER, F.; POMPER, J.; VOIGT, H.: Die Trias Ostthüringens als Rohstoffbasis (Baustein, Kalk, Zement). In: Exkursionsführer Thüringer Becken. Geol. Ges. der DDR. Berlin 1959. S. 88—138
JUNG, W.: Zum subsalinaren Schollenbau im südöstlichen Harzvorland. Mit einigen Gedanken zur Äquidistanz von Schwächezonen. Geologie 14 (1965) 3, S. 254—271
JUNG, W.; GEORGI, F.: Der Kyffhäuser und sein südöstliches Vorland. In: Exkursionsführer Thüringer Becken. Geol. Ges. der DDR. Berlin 1959. S. 45—56
KALÄHNE, H.: Über die Hydrogeologie der Querfurt-Freyburg-Naumburger Muschelkalkmulde. Berlin 1957 (Besondere Mitt. zum Deutschen Gewässerkundl. Jahrbuch 18)
Klimatologische Normalwerte für das Gebiet der DDR (1901—1950). Berlin 1959
KOCH, H.-G.: Wetterklimakunde von Thüringen. Jena 1953
KRUMBIEGEL, G.; SCHMIDT, W.: Das Geiseltal. 2. Aufl. Berlin 1968
KUGLER, B.: Probleme der landeskulturellen Entwicklung der Helme-Unstrut-Niederung. Staatsexamensarbeit Geogr. Institut Univ. Leipzig 1969
KUGLER, H.: Studien zur pleistozänen Formung der Hainleite, der Windleite und des Wippertales. Diplomarbeit Geogr. Institut Univ. Leipzig 1958
KUGLER, H.: Bemerkungen zur Gliederung und Altersstellung der pleistozänen Flußterrassen der Unstrut. Geogr. Berichte 6 (1961) 3/4, S. 183—196
KUGLER, H.: Nordthüringen. In: Exkursionsführer zur 7. Wiss. Hauptversammlung der Geogr. Ges. der DDR. Leipzig 1964. S. 149—169
KUGLER, H.: Unteres Unstruttal. In: Exkursionsführer III. Geographenkongreß der DDR. Leipzig 1978. S. 39—46
KUGLER, H.; MÜCKE, E.: Geomorphologische Skizze des Halleschen Raumes. In: Relief und Naturraumkomplex (Wiss. Beiträge Martin-Luther-Univ.

Halle—Wittenberg 1979/45 [Q5]). Halle 1979, S. 77—98 (betr. elster- und saalekaltzeitliche Unstrutläufe)

Landschaftspflegeplan für das Landschaftsschutzgebiet Unstrut-Trias-Land im Kreis Nebra. Nebra 1980 (Manuskript im Institut für Landschaftsforsch. u. Naturschutz Halle)

LEHMANN, R.: Das Diluvium des unteren Unstruttales von Sömmerda bis zur Mündung. Jahrbuch des Hall. Verbandes für mitteldeutsche Braunkohlenforschung 3 (1922), S. 89—124

LÖFFLER, J.: Die Kali- und Steinsalzlagerstätten des Zechsteins in der DDR. Teil III: Sachsen-Anhalt. 1962 (Freiberger Forschungsheft C 97/III)

LOTSCH, D.: Tertiär (Paläogen und Neogen). Tertiäre Tektonik. In: Grundriß der Geologie der Deutschen Demokratischen Republik. Bd. 1. Berlin 1968. S. 356—384

LOTZE, F.: Über Bewegungen des Wasserstandes in Wasserbohrungen bei Roßleben a. d. Unstrut. Abh. des Reichsamtes für Bodenforsch. N. F. (1944) 209, S. 177—180

MANIA, D.: Zur stratigraphischen Neugliederung des Mittelpleistozäns im Saalegebiet. Petermanns Geogr. Mitt. 114 (1970) 3, S. 186—198

MANIA, D.; RUSKE, R.; STEINMÜLLER, A.: Altpleistozäne Schotter und warmzeitliche Ablagerungen im unteren Unstruttal. In: Aktuelle Probleme der Quartärgeologie in der DDR. Exkursionsführer u. Kurzreferate. Ges. für geol. Wiss. Berlin 1972. S. 4—28

MARR, U.: Zur Faziesdifferenzierung im Unstrut-Kali-Revier. Ber. Geol. Ges. DDR 6 (1962) 2/3, S. 246—255

MEISSGEIER, J.: Geomorphologische Betrachtung und Kartierung des unteren Hasselbachtales südlich Freyburg/U. Staatsexamensarbeit Geogr. Institut Univ. Leipzig 1966

MIRSCH, E.: Die natürliche und industrielle Versalzung von Wipper, Unstrut, Saale und Elbe. Berlin 1967 (Mitt. Institut f. Wasserwirtschaft S 1966)

MÜCKE, E.: Beiträge zur Morphologie Nordost-Thüringens. Diss. Univ. Halle 1956

MÜCKE, E.: Entwicklungsgang und Formenbildung der Salzauslaugung in Nordost-Thüringen. Wiss. Zschr. Univ. Halle, math.-nat. Reihe 8 (1959), S. 642—647

MÜCKE, E.: Die Formung der nordthüringischen Muschelkalkstufe. Wiss. Zschr. Univ. Halle, math.-nat. Reihe 11 (1962), S. 1213—1222

MÜLLER-DELITZSCH, G.: Die geologischen hydrologischen Verhältnisse der Geisel- und Zwölf-Apostelquellen bei St. Micheln-St. Ulrich. Beiträge zur Geol. von Thür. 3 (1933), S. 257—282

NAUMANN, E.; PICARD, E.: Weitere Mitteilungen über das diluviale Flußnetz in Thüringen. Jahrbuch der königl. Preuß. Geol. Landesanstalt zu Berlin 29 (1908) I, S. 566—588 (betr. Unstrut)

POMPER, J.; JUBITZ, K. B.: Der Schaumkalk von Freyburg/Unstrut — ein hochwertiger Werk- und Ornamentstein. Silikattechnik 11 (1960) 4, S. 167 bis 174

POPP, M.: Analysen des Quellwassers der Heilquellen in Bad Bibra. Stuttgart 1907 (Manuskript im Archiv des Rates der Stadt Bad Bibra)

RADZINSKI, K. H.: Gliederung und Paläogeographie des Unteren und Mittleren Buntsandsteins im südöstlichen Harzvorland. Geologie 16 (1967) 6, S. 637 bis 659

RADZINSKI, K. H.: Der Mittlere und Obere Muschelkalk der Querfurter Mulde. Geologie 20 (1971) 2, S. 133—147

RUSKE, R.: Stand der Erforschung des Quartärs in den Bezirken Halle und Magdeburg. Zschr. geol. Wiss. 1 (1973) 9, S. 1065—1086

RUSKE, R.; WÜNSCHE, M.: Löße und fossile Böden im mittleren Saale- und unteren Unstruttal. Geologie 10 (1961) 1, S. 9—29

RUSKE, R.; WÜNSCHE, M.: Lößexkursion Unteres Unstruttal. In: Exkursionsführer 3. Arbeitstagung der Subkommission zur Lößstratigraphie der INQUA. Berlin 1964. S. 17—26

SCHMIDT, M.: Die Lebewelt unserer Trias. Oehringen 1928, Nachtrag 1938

SCHMITTHENNER, H.: Muschelkalkstufe und Talgeschichte im Gebiet der unteren Unstrut. Berichte der Sächs. Akademie der Wiss. Leipzig, math.-phys. Klasse 91 (1939), S. 313—332

SCHNEYER, B.: Das Pleistozän an der unteren Unstrut. Diplomarbeit Geol.-Paläontol. Institut Univ. Halle 1961

SCHULZ, W.: Gliederung des Pleistozäns in der Umgebung von Halle/Saale. Berlin 1962 (Geologie Beiheft 36; betr. Unstrutgebiet zwischen Laucha und Freyburg)

SCHWAHN, H. J.: Die Verkarstung im Unteren Muschelkalk und deren Einfluß auf die Gewinnung von Zementrohstoffen. Bauindustrie A 6 (1976), S. 9—10

SEIDEL, G.: Das Thüringer Becken. Geologische Exkursionen. Gotha, Leipzig 1972

SPANGENBERG, R.: Stratigraphie und Paläontologie des Unteren Muschelkalkes von Freyburg/Unstrut. Diplomarbeit Univ. Halle 1965

STEINMÜLLER, A.: Die präglazialen Schotterkörper der Ilm im Gebiet zwischen Ilmtalstörung und Finne. Geologie 16 (1967) 1, S. 41—63

STEINMÜLLER, A.: Die jungpleistozäne Schichtenfolge von Kösen-Lengfeld und zur Gliederung der Saale-Kaltzeit. Geologie 21 (1972) 10, S. 1173—1195

STEINMÜLLER, A.: Genese und Sedimentologie der kaltzeitlichen fluviatilen Ablagerungen im südlichen Gebiet der skandinavischen Inlandeisbedeckung. Schriftenreihe geol. Wiss. 9 (1978), S. 219—230 (betr. Wangener Unstruttal)

STEINMÜLLER, A.: Die stratigraphische Einstufung der pleistozänen Schichtenfolge und des Clactoniens von Wangen im unteren Unstruttal. Zschr. geol. Wiss. 10 (1982) 6, S. 745—758

UNGER, K. P.; ZIEGENHARDT, W.: Periglaziale Schotterzüge und glazigene Bildungen der Mindel-(Elster-)Eiszeit im zentralen Thüringer Becken. Geologie 10 (1961) 4/5, S. 469—479

WÜST, E.: Untersuchungen über das Pliozän und das älteste Pleistozän Thüringens. Abh. naturforsch. Ges. Halle 23 (1901) S. 1—352

2. *Botanik/Zoologie*

ALTEHAGE, C.: Das Caricetum humilis der Neuen Göhle bei Freyburg a. d. Unstrut und seine Übergänge in den subkontinentalen Eichenmischwald. Abh. u. Ber. für Naturkunde u. Vorgeschichte Magdeburg 8 (1951) 3, S. 123 bis 135

BERGMANN, A.: Die Großschmetterlinge Mitteldeutschlands. Bd. 1: Die Natur Mitteldeutschlands und ihre Schmetterlingsgesellschaften. Jena 1951

Beschluß der Unterschutzstellung von Flächennaturdenkmalen und Naturdenkmalen. Nebra 1980

BUHL, A.: Verbreitungskarten mitteldeutscher Leitpflanzen für den Bereich des Meßtischblattes 4835 und des unteren Unstrutgebietes — ein Beitrag zur Kenntnis der Pflanzenverteilung. Diss. Halle 1971

Dörfelt, H.; Knapp, H. D.: Mykofloristische Charakteristika subkontinenta beeinflußter Eichen-Elsbeeren-Wälder einiger Naturschutzgebiete der südlichen DDR. Archiv Naturschutz u. Landschaftsforsch. 14 (1974) 4, S. 273 bis 284 (betr. Neue Göhle, Steinklöbe)

Fukarek, F.: Die Waldgesellschaften des Muschelkalkdurchbruchgebietes der unteren Unstrut. Diss. Halle 1951

Handbuch der Naturschutzgebiete der Deutschen Demokratischen Republik. Bd 3: Die Naturschutzgebiete der Bezirke Magdeburg und Halle. Leipzig, Jena, Berlin 1983

Hentschel, P.: Bestockungsaufbau und Vegetation des NSG „Müchelholz". Merseburger Land (1969) Sonderh. 10, S. 27—35

Hilbig, W.: Die Unkrautbestände der mitteldeutschen Weinberge. Hercynia N. F. 4 (1967) 3, S. 325—338

Huth, M.: Antrag auf Schutz von Waldflächen zur Erhaltung der Pflanzen- und Pilzgesellschaften. Freyburg 1977 (Manuskript, Institut für Landschaftsforsch. u. Naturschutz Halle)

Knapp, H. D.: Geobotanische Studien an Waldgrenzstandorten des hercynischen Florengebietes. Teil 2, Flora 168 (1979), S. 468—510 (betr. Südhang der Neuen Göhle)

Knapp, R.: Vegetationsaufnahmen von Trockenrasen und Felsfluren Mitteldeutschlands. Halle 1944 (Manuskript, Bibliothek der Leopoldina Halle)

Krause, W.: Untersuchungen über die Ausbreitungsfähigkeit der Niedrigen Segge (Carex humilis Leyss.) in Mitteldeutschland. Planta 31 (1940/41), S. 91—168

Kühnel, H.; Neumann, V.: Die Lebensweise des Hirschkäfers (Lucanus cervus L.) . Naturschutzarbeit in den Bezirken Halle u. Magdeburg 18 (1981) 2, S. 7—14

Mahn, E.-G.: Vegetationsaufbau und Standortverhältnisse der kontinental beeinflußten Xerothermrasengesellschaften Mitteldeutschlands. Berlin 1965 (Abh. Sächs. Akademie der Wiss. zu Leipzig. Math.-nat. Klasse, Bd. 49, H. 1)

Meusel, H.: Die Steinklöbe und der Ziegelrodaer Forst. Hercynia 1 (1937/39), S. 8—98

Meusel, H.: Entwurf zu einer Gliederung Mitteldeutschlands in pflanzengeographische Bezirke. Wiss. Zschr. Univ. Halle, math.-nat. Reihe 4 (1954/55), S. 637—642

Reichhoff, L.; Böhnert, W.; Knapp, H. D.: Die Vegetation des Naturschutzgebietes „Tote Täler" — Vegetationsdifferenzierung im Übergangsbereich zwischen Wald und Rasen. Archiv Naturschutz u. Landschaftsforsch. 18 (1978) 1, S. 141—150

Reinhold, F.: Die Bestockung der kursächsischen Wälder im 16. Jahrhundert. Dresden 1942

Schiemenz, H.: Die Zikadenfauna mitteleuropäischer Trockenrasen (Hom. Auchenorrhyncha). Entomologische Abh. Mus. Tierkunde Dresden 36 (1969), S. 201—280 (a)

Schiemenz, H.: Die Heuschreckenfauna mitteleuropäischer Trockenrasen (Saltatoria). Faunistische Abh. Mus. Tierkunde Dresden 2 (1969), S. 241 bis 258 (b)

Schubert, R.: Übersicht über die Pflanzengesellschaften des südlichen Teiles der DDR. VIII. Basiphile Trocken- und Halbtrockenrasen. Hercynia N. F. 11 (1974) 1, S. 22—46

Suchodoletz, H. v.: Vegetationskundliche Untersuchungen in den Naturschutzgebieten „Steinklöbe" und „Neue Göhle". Diplomarbeit Univ. Halle 1973

V. Gesellschaft

1. Ur- und Frühgeschichte

BAHN, B.: Alte Wege im Unstrutmündungsgebiet. Jahresschrift für mitteldeutsche Vorgeschichte 56 (1972), S. 211—235

BEHRENS, H.: Die Jungsteinzeit im Mittelelbe-Saale-Gebiet. Berlin 1973

BRACHMANN, H.: Slawische Stämme an Elbe und Saale. Zu ihrer Geschichte und Kultur im 6. bis 10. Jahrhundert. Berlin 1978

BRUNN, W. A. v.: Mitteldeutsche Hortfunde der jüngeren Bronzezeit. Berlin 1968

DUŠEK, S.: Geschichte und Kultur der Slawen in Thüringen. Weimar 1983

GRIMM, P.: Die vor- und frühgeschichtliche Besiedlung des Unterharzes und seines Vorlandes auf Grund der Bodenfunde. Halle 1930 (Jahresschrift für die Vorgeschichte der sächs.-thür. Länder 18)

GRIMM, P.: Die vor- und frühgeschichtlichen Burgwälle der Bezirke Halle und Magdeburg. Berlin 1958 (Handbuch vor- und frühgeschichtlicher Wall- und Wehranlagen 1. Schriften der Sektion für Vor- u. Frühgeschichte der Deutschen Akademie der Wiss. zu Berlin 6)

GRÖSSLER, H.: Vorgeschichtliche Gräber und Funde im Amtsbezirk Burgscheidungen a. d. Unstrut, Kr. Querfurt. Teil 1: Mitt. Prov.-Mus. Halle 2 (1900), S. 70—104. Teil 2: Jahresschrift für die Vorgeschichte der sächs.-thür. Länder 1 (1901), S. 88—116. Teil 3: Jahresschrift für die Vorgeschichte der sächs.-thür. Länder 3 (1904), S. 107—129

HANITZSCH, H.; TOEPFER, V.: Ausgrabungen auf der „Altenburg" bei Nebra (Unstrut). Ausgrabungen u. Funde 8 (1963), S. 6—9

KAUFMANN, D.: Wirtschaft und Kultur der Stichbandkeramiker im Saalegebiet. Berlin 1976

KEFERSTEIN, CH.: Ansichten über keltische Alterthümer, die Kelten überhaupt und besonders in Teutschland, sowie den keltischen Ursprung der Stadt Halle. 3 Bde. Halle 1846—51

LASER, R.: Die römischen und frühbyzantinischen Fundmünzen auf dem Gebiet der DDR. Berlin 1980 (Schriften zur Ur- u. Frühgeschichte 28)

MANIA, D.: Eine jungbronzezeitliche und eine jüngere Befestigungsanlage auf der „Altenburg" bei Nebra (Unstrut). Jahresschrift für mitteldeutsche Vorgeschichte 55 (1971), S. 169—188

MATTHIAS, W.: Kataloge zur mitteldeutschen Schnurkeramik. Teil IV: Südharz-Unstrut-Gebiet. Berlin 1974 (Veröffentlichungen des Landesmuseums für Vorgeschichte in Halle 28)

MILDENBERGER, G.: Die thüringischen Brandgräber der spätrömischen Zeit. Köln, Wien 1970 (Mitteldeutsche Forsch. 60)

MÜLLER, H.-H.: Die Haustiere der mitteldeutschen Bandkeramiker. Berlin 1964

SCHLÜTER, O.: Die Siedlungsräume Mitteleuropas in frühgeschichtlicher Zeit. Teil 1. Remagen 1952 (Forsch. zur deutschen Landeskunde 63); Teil 2, 2. Remagen 1958 (Forsch. zur deutschen Landeskunde 110)

SCHMIDT, B.: Die späte Völkerwanderungszeit in Mitteldeutschland. Halle 1961. Katalog (Nord- und Ostteil). Berlin 1976

SCHMIDT, B.: Zur Sachsenfrage im Unstrut-Saale-Gebiet und im Nordharzvorland. Studien zur Sachsenforschung 2 (1980), S. 423—446

SCHULTZE-MOTEL, J.: Jungbronzezeitliche Kulturpflanzenreste aus Nebra (Unstrut). Jahresschrift für mitteldeutsche Vorgeschichte 57 (1973), S. 127 bis 135

SECKENDORFF, A. v.: Nachricht von einigen bei Zingst in Thüringen auf einer ausgerodeten Waldfläche aufgefundenen Altertümern als Beweis einer daselbst vorgefallenen Schlacht. Leipzig 1822 (betr. 6. bzw. 7. Jh.)

TOEPFER, V.: Das Clactonien im Saale-Mittelelbegebiet. Jahresschrift für mitteldeutsche Vorgeschichte 52 (1968), S. 1—26

TOEPFER, V.: Alt-, Mittel- und Jungpaläolithikum. Ausgrabungen u. Funde 21 (1976), S. 17—24 (betr. Nebra)

VOIGT, TH.: Die Germanen des 1. und 2. Jahrhunderts im Mittelelbegebiet. Halle 1940 (Jahresschrift für die Vorgeschichte d. sächs.-thür. Länder 32)

WEBER, T.: Clactonienfunde von Memleben, Kr. Nebra. Ausgrabungen u. Funde 22 (1977), S. 195—199

2. Geschichte

BENSING, M.; HOYER, S.: Der deutsche Bauernkrieg 1524—1526. Berlin 1965 (betr. Nebra)

BÖHME, M.: Die Orts- und Flurnamen des Kreises Querfurt nebst einem Wüstungsverzeichnisse. Querfurt 1910

Die Märzkämpfe 1921. Hrsg. Marx-Engels-Lenin-Stalin-Institut beim Zentralkomitee der SED. Berlin 1956 (Schriftenreihe Beiträge zur Geschichte u. Theorie der Arbeiterbewegung 5)

Die Novemberrevolution 1918 und ihre Auswirkungen im Kreis Nebra. H. 1: 1914—1919. Nebra 1958 (Schriftenreihe zur Geschichte der deutschen Arbeiterbewegung im Kreis Nebra)

FÖRSTEMANN, K. E.: Verzeichnis der im Regierungsbezirk Merseburg gelegenen wüsten Marken, untergegangenen Dörfer etc. Neue Mitt. aus dem Gebiete historisch-antiquarischer Forsch. I (1834) 1, S. 1—78

FREDEGAR: Chronikon. Hrsg. B. KRUSCH. Hannover 1888 (Monumenta Germaniae historica. Scriptores rerum Merovingicarum 2)

FUCHS, W. P. (Hrsg.): Akten zur Geschichte des Bauernkrieges in Mitteldeutschland. Bd. II. Jena 1942 (betr. Altenroda, Freyburg, Memleben, Nebra, Reinsdorf, Roßleben, Wendelstein, Wennungen, Wiehe)

GESS, F.: Akten und Briefe zur Kirchenpolitik Herzog Georgs von Sachsen. 2. Bd.: 1525—1527. Berlin 1917 (betr. Bibra, Donndorf, Karsdorf, Laucha, Memleben, Nebra, Reinsdorf, Roßleben, Wiehe)

GREGOR VON TOURS: Zehn Bücher Geschichten. Bd. 1: Buch 1—5; Bd. 2: Buch 6—10. Berlin o. J. (nach 1945) (Ausgewählte Quellen zur deutschen Geschichte des Mittelalters 2 und 3)

GRÖSSLER, H.: Die Wüstungen des Friesenfeldes und Hassegaues. Zschr. des Harzvereins für Geschichte u. Altertumskunde 11 (1878), S. 119—231 (mit Abdruck des Hersfelder Zentverzeichnisses)

GRÖSSLER, H.: Die Entstehung und Zusammensetzung des Kreises Querfurt. Mansfelder Blätter 21 (1907), S. 79—96

HANNAPPEL, M.: Das Gebiet des Archidiakonates Beatae Mariae Virginis Erfurt am Ausgang des Mittelalters. Jena 1941 (Arbeiten für Landes- und Volksforschung 10)

HERRMANN, R.: Thüringische Kirchengeschichte. Jena 1937

HESSLER, W.: Mitteldeutsche Gaue des frühen und hohen Mittelalters. Berlin 1957 (Abh. der sächs. Akademie der Wiss. zu Leipzig. Philologisch-historische Klasse, Bd. 49, H. 2)

KREYSIG, G. C.: Beyträge zur Historie derer Chur- und Fürstlich Sächsischen Lande. I. Altenburg 1754 (betr. Stift Bibra)

LANDAU, G.: Breviarium sancti Lulli archiepiscopi. Zschr. des Vereins für hessische Geschichte u. Landeskunde 10 (1865), S. 184—192 (betr. Jahr 786, Abschrift aus dem 12. Jh.)

LINDNER, J.: Excerpta Saxonica, Misnica et Thuringiaca ex monachi Pirnensis ... onomastico. In: MENCKE, J. B.: Scriptores rerum Germanicarum ... 2. 1728. S. 1447—1632 (betr. Pirnaer Mönch)

NAUMANN, L.: Skizzen und Bilder zu einer Heimatkunde des Kreises Eckartsberga. Eckartsberga I.—III. H., 1898—1902 (in einem Band); IV. u. V. H., 1903—1904 (in einem Band)

NAUMANN, L.: Geschichte des Kreises Eckartsberga. Eckartsberga i. Th. 1927

NEBE, A.: Die Drangsale des mittleren Unstrutthales während des Dreißigjährigen Krieges. Zschr. des Harz-Vereins für Geschichte u. Altertumskunde 18 (1885), S. 110—160

POSERN-KLETT, C. F. v.: Münzstätten und Münzen der Städte und geistlichen Stifter Sachsens im Mittelalter. Leipzig 1846 (betr. Memleben, Wiehe)

RICHTER, P. E.; KROLLMANN, CH. (Hrsg.): Wilhelm Dilichs Federzeichnungen kursächsischer und meißnischer Ortschaften aus den Jahren 1626—1629. III. Teil. Dresden 1907 (betr. Freyburg, Laucha)

SCHLESINGER, W. (Hrsg.): Handbuch der historischen Stätten Deutschlands. 11. Bd.: Sachsen-Anhalt. Stuttgart 1975 (betr. Burgscheidungen, Freyburg, Laucha, Memleben, Nebra, Roßleben, Wendelstein)

SEIDEMANN, J. K.: Das Ende des Bauernkrieges in Thüringen. Neue Mitt. aus dem Gebiet historisch-antiquarischer Forsch. 14 (1878), S. 392—543 (darin: Register der Composicion vnnd Straff vonn wegen der auffrur vnnd emporung eingenommen Anno XXV. Montag nach Cantate Anngefangen)

THIETMAR VON MERSEBURG: Chronik. Neu übertragen und erläutert von W. TRILLMICH. Berlin 1966

WALTHER, H.: Namenkundliche Beiträge zur Siedlungsgeschichte des Saale- und Mittelelbegebietes bis zum Ende des 9. Jahrhunderts. Berlin 1971 (Deutsch-Slawische Forsch. zur Namenkunde u. Siedlungsgeschichte 26)

WIDUKIND: Sächsische Geschichte. Neu übertragen und bearbeitet von P. HIRSCH. 5. Aufl. Leipzig 1931

WOLF, S. A.: Beiträge zur Auswertung des Hersfelder Zentverzeichnisses. In: Leipziger Studien. Theodor Frings zum 70. Geburtstag. (Deutsch-slawische Forsch. zur Namenkunde u. Siedlungsgeschichte 5). Halle (Saale) 1957. S. 192—235

3. Darstellung einzelner Orte

AUGUST, O.: Nebra/Unstrut und Freyburg/Unstrut. In: SCHLÜTER, O.; AUGUST, O. (Hrsg.): Atlas des Saale- und mittleren Elbegebietes. Erläuterungen 2. Teil. 2. Aufl. Leipzig 1961. S. 196, 201 und 203

Bericht über die Verwaltung und den Stand der Gemeindeangelegenheiten der Stadt Bibra für 1. 4. 1901 bis 31. 1. 1902. Naumburg 1902

BÖHME, E.; GEISLING, E.: Beiträge zur Geschichte von Kloster und Klosterschule Donndorf. Zur 350jährigen Jubelfeier der Klosterschule. Wiehe 1911

BORKOWSKY, E.: Naumburg a. d. S. Eine Geschichte deutschen Bürgertums 1028 bis 1928. Jena 1928 (betr. Neuenburg, Freyburg)

BURKHARDT, F.: Lehnstreit in Branderode. Querfurter Jahrbuch 8 (1930), S. 53—55

Das tausendjährige Memleben. Halle (Saale) 1936 (Forschungen zur thüringisch-sächs. Geschichte 11)

Führer durch das Stahlbad Bad Bibra und Umgebung. Sangerhausen 1928
GABLER, G. T.: Freyburg, Stadt und Schloß, nebst ihren Umgebungen. Querfurt 1836
GABLER, G. T.: Freyburg, Kirche, Schule und fromme Stiftungen. Querfurt 1840
GRÖSSLER, H.: Der Gesundbrunnen bei Dorndorf a. d. Unstrut. Mansfelder Blätter 13 (1899), S. 150—153
GRÖSSLER, H.: Vortrag über die Geschichte des Wendelsteins. Mansfelder Blätter 24 (1910), S. 125—132
HARANG, W.: St. Micheln bei Mücheln und St. Michael bei Bamberg. Heimatkalender Kreis Querfurt 1936, S. 70—72
HESSE, L. F.: Zur Geschichte thüringischer und sächsischer Klöster. Neue Mitt. aus dem Gebiet historisch-antiquarischer Forsch. 9 (1857) 1, S. 1—37 (betr. Reinsdorf)
HOFFMANN, N.: Einige Bilder aus der Vergangenheit der Stadt Wiehe. Wiehe 1902
KABISCH, O.: Geschichte der Parochie Wohlmirstedt. Wohlmirstedt 1903—1912
KORN, O.: Bad Bibra, Freyburg (Unstrut), Laucha, Nebra, Wiehe. In: KEYSER, E. (Hrsg.): Deutsches Städtebuch Bd. II. Stuttgart 1941. S. 432—434, 487—488, 577—578, 621—622, 735—736
KRIEG, R.: Gestalten und Charaktere unserer Heimat. I. Leopold von Ranke. Ein Sohn unserer Heimat. Querfurter Jahrbuch 2 (1924), S. 84—85
KÜSTERMANN, O.: Zur Geschichte der Stadt, des Schlosses und des ehemaligen Gerichtsbezirks Nebra und seiner unmittelbaren Umgebung sowie seiner Beziehungen zum ehemals sächsischen Amte Freiburg. Jahresber. des Thür.-Sächs. Geschichtsvereins 1896/97, S. 40—92
KUNTZE, H.: Auszüge aus den Denkwürdigkeiten des Kirchenbuchs von Burgscheidungen a. d. U. betreffend die Jahre 1790—1801. Mansfelder Blätter 13 (1899), S. 111—121 (betr. Angaben zur Witterung, zu den Ernteerträgen und zum Unstrutausbau)
LIEBSCHER, B.: Nebra. Eine siedlungsgeographische Monographie. Diplomarbeit Sektion Geogr. Univ. Halle 1976
LUCKE, CH.: Der Wendelstein. Ein Beitrag zu seiner Geschichte. Roßleben o. J. (1908)
NAUMANN, L.: Schnellrode—Albersrode. Aus der Ortsgeschichte. Naumburg 1922
NEBE, A.: Wendelstein. Wiesbaden 1878
NEBE, A.: Geschichte des Klosters Roßleben. Zschr. des Harz-Vereins für Geschichte u. Altertumskunde 18 (1885), S. 40—109
NEBE, A.: Geschichte der Stadt Freiburg und des Schlosses Neuenburg. Zschr. des Harz-Vereins für Geschichte u. Altertumskunde 19 (1886), S. 93—172
OHK, V.: Das Glockenmuseum in Laucha a. U. 2. Aufl. Nebra 1957
PFEIL, E.: Zur Geschichte Balgstedts. Naumburg a. S. 1911
PFEIL, E.: Freyburg im Jahre 1813. 2. Aufl. Naumburg 1914
PFEIL, E.: Zur Geschichte der Stadt und des Schlosses Nebra an der Unstrut. Sangerhausen 1929/33
RAUCH, G.: Geschichte der Klosterkirche und der Klostergemeinde zu Roßleben. Roßleben 1913
ROSSBERG, W.: Carsdorf im Mittelalter. Querfurter Jahrbuch 11 (1933), S. 42 bis 45
ROSSBERG, W.: Geschichte des Dorfes Gleina im Kreise Querfurt. Querfurt 1937
RÜHLMANN, M.: Bucha während des 30jähr. Krieges. Kalender Kreis Eckartsberga. 1901, S. 78—84

SCHAMELIUS, J. M.: Historische Beschreibung des vormals berühmten Benediktiner-Klosters zu Memleben in Thüringen. Naumburg 1729
SCHAMELIUS, J. M.: Historische Beschreibung des vormals berühmten Klosters zu Roßleben. Naumburg 1729
SCHMIDT, G.: Burgscheidungen. Burgscheidungen 1894
SCHULZE, F. W. H.: Bibra nebst den Filialen Steinbach und Wallroda in Vergangenheit und Gegenwart. H. 1–3. Eckartsberga 1896–1905
VOLLMANN, A.: Die Finanzen der Stadt Laucha a. d. Unstrut von 1561–1920. Diss. Jena 1921
WILHELM, A. B.: Geschichte des Klosters Memleben in Thüringen. Naumburg 1827 (Mitt. aus dem Gebiet historisch-antiquarischer Forsch. 5)

4. Kunstgeschichte

BELLMANN, F.; LEOPOLD, G.: Die ottonische Abteikirche Memleben. In: Varia Archaeologica. WILHELM UNVERZAGT zum 70. Geburtstag. Berlin 1964. S. 354–363
BERGER, H. (Hrsg.): Schloß und Park Burgscheidungen. Berlin o. J. (1975)
BERGNER, H.: Kreis Querfurt. Halle a. d. S. 1909 (Beschreibende Darstellung der älteren Bau- und Kunstdenkmäler der Provinz Sachsen 27; darin geschichtliche Karte des Kreises Querfurt von 1908)
DEHIO, G.: Handbuch der deutschen Kunstdenkmäler. Der Bezirk Halle. Berlin 1976
HARKSEN, S.: Bibliographie zur Kunstgeschichte von Sachsen-Anhalt. Berlin 1966
HILDEBRAND, A.: Sächsische Renaissanceportale und die Bedeutung der hallischen Renaissance für Sachsen. Halle 1914 (Studien zur thür.-sächs. Kunstgeschichte 2; betr. Freyburg, Nebra)
HÜNICKEN, R.: Halle in der mitteldeutschen Plastik und Architektur der Spätgotik und Frührenaissance 1450–1550. Halle (Saale) 1936 (Studien zur thür.-sächs. Kunstgeschichte 4; betr. Laucha)
LEOPOLD, G.: Das Kloster Memleben. Berlin 1976 (Das christliche Denkmal 96)
MÖBIUS, H.: Stadtkirche St. Marien zu Freyburg/Unstrut. Berlin 1957 (Das christliche Denkmal 33)
MÜLLER, H.: Freyburg/Unstrut. Die Neuenburg. Leipzig o. J. (1965). (Baudenkmale 12)
MÜNZBERG, J.; RICHTER, G.; FINDEISEN, P.: Architekturführer der DDR. Bezirk Halle. Berlin 1977
MRUSEK, H.-J.: Thüringische und sächsische Burgen. Leipzig 1965 (betr. Burgscheidungen, Neuenburg, Wendelstein)
MRUSEK, H.-J.: Von der ottonischen Stiftskirche zum Bauhaus. Kunst- und Kulturdenkmäler im Bezirk Halle. Halle/Saale 1967 (betr. Freyburg, Memleben, Plößnitz, St. Micheln, Wendelstein)
MRUSEK, H.-J.: Gestalt und Entwicklung der feudalen Eigenbefestigung im Mittelalter. Berlin 1973 (Abh. der Sächs. Akademie der Wiss. zu Leipzig Philologisch-historische Klasse Bd. 60, H. 3; betr. Neuenburg, Nebra)
MRUSEK, H.-J.: Zum Schutz der historisch gestalteten Umwelt. Hercynia N. F. 13 (1976) 2, S. 256–259
MRUSEK, H.-J.: Einsatz der studentischen Jugend bei der Erforschung, Nutzung und Erhaltung historischer Bauten. Denkmalpflege in der DDR 9 (1979), S. 64–72 (betr. Wendelstein)

PFEIL, O.: Die Kirchenruine zu Memleben nebst einem Bericht über den Wendelstein. 4. Aufl. (bearbeitet von J. HAPPICH) Wiehe 1921
PUTTRICH, L.: Die Kirchen zu Kloster Memleben, Schraplau und Treben. Denkmale der Baukunst des Mittelalters. Lieferungen 3 u. 4. Leipzig 1837
SCHREIBER, H.: Burgscheidungen. Kleiner kunstgeschichtlicher Führer. Berlin 1966. 2. Aufl. 1975
SOMMER, G., unter Mitwirkung von OTTE, H.: Der Kreis Eckartsberga. Halle a. d. S. 1883 (Beschreibende Darstellung der älteren Bau- und Kunstdenkmäler der Provinz Sachsen 9)
SPELER, R.-T.: Architektur und baugebundene Kunst der Renaissance im unteren Unstruttal. Diplomarbeit Univ. Halle 1975
SPELER, R.-T.: Baukunst und Bildwerke der Renaissance im Gebiet der Unstrut. Architektur in Thüringen 8 (1982), S. 131—141
VOLKMANN, G.: Die Klosterruine Memleben und der Wendelstein. Halle 1980
VOSS, G.: Bauaufnahme und Nutzungsstudie der Burgruine in Nebra. Institut für Denkmalpflege, Arbeitsstelle Halle 1969 (Manuskript)
WÄSCHER, H.: Die Baugeschichte der Neuenburg bei Freyburg an der Unstrut. Halle a. d. S. 1955 (Schriftenreihe der Staatl. Galerie Moritzburg in Halle 4)
WÄSCHER, H.: Feudalburgen in den Bezirken Halle und Magdeburg. 2 Bde. Berlin 1962 (betr. Burgscheidungen, Nebra, Neuenburg, Wendelstein, Zscheiplitz)
WÄSCHER, H.: Burgen am unteren Lauf der Unstrut. Neuenburg, Burgscheidungen, Vitzenburg, Wendelstein und andere. Halle 1963 (Schriftenreihe der Staatl. Galerie Moritzburg in Halle 19)

5. *Wirtschaft/Verkehr*

Agrarinformator Halle. Memleben. Hrsg. vom Rat des Bezirkes Halle. Halle 1981
Autorenkollektiv. Ökonomische Geographie der DDR. Gotha/Leipzig 1969
BACH, E.: Das Verkehrsnetz Thüringens geographisch betrachtet. Halle 1939 (Mitt. Sächs.-Thür. Vereins für Erdkunde zu Halle a. d. S., Beiheft 11)
DIETZ, H.: Die Pendelwanderung zum VEB Zementwerk Karsdorf. Staatsexamensarbeit Geogr. Institut Univ. Leipzig 1969
DRESCHER, H.: Die Lage der Weinbauern im Saale-Unstruttal vom Feudalismus bis zur Gegenwart. Abschlußarbeit an der Fachschule für Heimatmuseen Weißenfels. Weißenfels o. J. (1958)
FIEDLER, M.: Der landesherrliche Weinbau in Sachsen seit der Mitte des 16. Jahrhunderts bis zum 19. Jahrhundert. Leipzig 1919 (betr. Amt Freyburg)
Führer auf den deutschen Schiffahrtsstraßen. III. Teil: Das Elbgebiet. 3. Aufl. Berlin 1912
GALERA, K. S. v.: Etwas über die sagenumwobene, uralte Franken-, Wein- oder Kupferstraße auf dem Orlas. Heimatkalender Kreis Querfurt 1930, S. 114—118
GEYER, S.; HEYM, H.-G.: Probleme des Hochwasserschutzes im Unstrut-Helmegebiet. Wasserwirtschaft—Wassertechnik 8 (1958), S. 99—105
GOLLMICK, D.: Weine von Saale und Unstrut. Dresden 1975
KOHL, H. (Hrsg.): Die Bezirke der DDR. Gotha, Leipzig 1974
KOHLHAASE, W.: Die Landarbeiter im Unteren Unstruttal. Diss. Halle 1922
LENTZ, H.: Die Melioration des Unstrutthales von Heldrungen bis Nebra. Halle 1867

LÜBBEN: Freyburg/Unstrut: Geschichtliche Entwicklung. Stadt des Weinbaus im Saale- und Unstrutgebiet. Halle/Saale o. J. (1926)

NEUSS, E.: Der Weinbau an Saale und Unstrut und sein Einfluß auf das Landschaftsbild. In: Von Domen, Mühlen und Goldenen Reitern. Dresden 1955. S. 177–186

NOLZE, E.: 50 Jahre Kaliwerk Roßleben. Festschrift zur 50-Jahrfeier des VEB Kaliwerk Roßleben. Roßleben 1953

PFLUG, C.: Untersuchung der Standortverteilung einiger Einrichtungen der sozialen Infrastruktur im Kreis Querfurt. Diplomarbeit Sektion Geogr. Univ. Halle 1980

REMME, J.: Die Güterschiffahrt auf der Saale und Unstrut. Diss. Halle 1918. Bonn 1918 (Moderne Wirtschaftsgestaltungen 5)

SCHMIDT, E.: Die Regulierung der Unstrut von Bretleben bis Nebra. Querfurter Jahrbuch 10 (1932), S. 61–68

SCHMIDT, E.: Die Unstrut als Verkehrsweg. Halle/S. 1939 (Schriften des Seminars für Verkehrswesen an der Martin-Luther-Univ. Halle–Wittenberg)

WEIMANN, G.: Die geographischen Grundlagen der Entwicklung der Saale zum Großschiffahrtsweg. Halle/S. 1937

WEINHOLD, R.: Winzerarbeit an Elbe, Saale und Unstrut. Berlin 1973 (Veröffentlichungen zur Volkskunde u. Kulturgeschichte 55)

WILSER, O.: Wasserwirtschaftlicher Längsschnitt der Unstrut. Berlin 1956

VI. Periodica

Aratora. Zeitschrift des Heimatvereins für die Stadt Artern samt Nordthüringen. Artern 1911–1938

Die Scheuer. Blätter für Heimatforschung und heimatliches Leben im Kreis Querfurt. Querfurt. Jg. 1 (1923/24) – 4 (1927/28)

Heimatkalender für den Kreis Querfurt. Jg. 1 (1922) – 18 (1939)

Kalender für Ortsgeschichte und Heimatkunde im Kreise Eckartsberga. Wiehe/Eckartsberga. Jg. 1 (1896) – 46 (1941). Ab Jg. 32 (1927) u. d. T. Heimatkalender für den Kreis Eckartsberga

Nebraer Rundschau. Nebra. Jg. 1 (1960) – 6 (1965)

Querfurter Heimatblätter. Beilage zum Querfurter Tageblatt. Querfurt. Jg. 1 (1925) – 2 (1926/27); von 1928 bis 1937 als eingedruckte Beilage

Querfurter Jahrbuch. Querfurt H. 1 (1923) – 11 (1933)

Querfurter Wochenspiegel. Querfurt. Jg. 1 (1960) – 6 (1965)

Unstrut-Echo. Artern. Jg. 1 (1960) – 8 (1967)

H. Abbildungsverzeichnis

Gestaltung der Abbildungsunterlagen: Dr. Jochen Helbig, Dresden (Titelvignette); Helga Hubrich, Halle-Neustadt, und Anneliese Langebeckmann, Halle (geologische Karten und Profile); Jutta Kellermann, Halle (Abb. 11, 12, 30); Gerhard Leopold, Halle (Abb. 21, 22); Günter Reckzügel, Calbe/S., Brigitte Tautenhahn, Halle, und Elisabeth Weber, Halle (ur- und frühgeschichtliche Funde); Edda Schröter, Halle (alle anderen Textabbildungen); Werner Zschocke und Günter Oehmigen, Dresden (Übersichtskarte)

Bildnachweis: Dr. Wolfgang Böhnert, Dresden 9, 13; Deutsche Fotothek Dresden 15; Prof. Dr. Hans Kugler, Halle 1, 2, 4, 5, 8, 10, 11, 12, 14, 20, 23; Christian Kupfer, Naumburg 17, 21, 22, 26, 27, 29, 30, 31; Dr. Ralf-Torsten Speler 19, 28; Wolfgang Steffen, Sangerhausen 3, 16, 18, 24, 25; VEB Kalibetrieb Südharz, Werk Heinrich Rau Roßleben 6, 7

J. Namenverzeichnis

K. Sachverzeichnis

1/2 Ruine der Klosterkirche Memleben

3 Wiehe, Schloßstraße
4 Goethe-Oberschule Roßleben

5 Schöpfwerk in der Unstrutniederung

6/7 VEB Kalibetrieb Südharz, Werk Heinrich Rau Roßleben: Gesamtansicht und Bohrwagen

8 Leintal in der Hohen Schrecke

9 Steinklöbe mit Abbauwand und Halden des ehemaligen Steinbruchbetriebes

10 Nebra, Markt 2, spätgotisches Portal
11 Nebra, Portal der Kirche St. Georg
12 Kirchturm von St. Micheln

13 Waldsaum mit Diptam und vorgelagertem Federgras-Trockenrasen im NSG Neue Göhle

14 Karsdorfer Stufenhang; vorn Grube in den Schmoner Sanden

15 VEB Zementwerk Karsdorf
16 Wetzendorf, neue Wohnhäuser und Klubhaus der Zementwerker

17 Schloß Burgscheidungen

18 Blick über Laucha zum Karsdorf-Dorndorfer Stufenhang
19 Laucha, Dr.-Külz-Straße 37, rundbogiges Sitznischenportal

20/21 Frühere Glockengießerei in Laucha

22 Ehemaliges Obertor in Laucha

23 12-Apostel-Quelle bei St. Micheln

24 Blick über Freyburg zur Neuenburg

25 Blick unstruttalaufwärts, rechts die Schweigenberge bei Freyburg

26 Blick vom Freyburger Bad zur Neuenburg
27 Eckstädter Torturm und Stadtmauerreste in Freyburg
28 Freyburg, Markt 14, Renaissanceportal

29/30 Weinfaß von 1895 und Gärhalle in dem VEB Rotkäppchen-Sektkellerei in Freyburg

31 Weinlese bei Freyburg

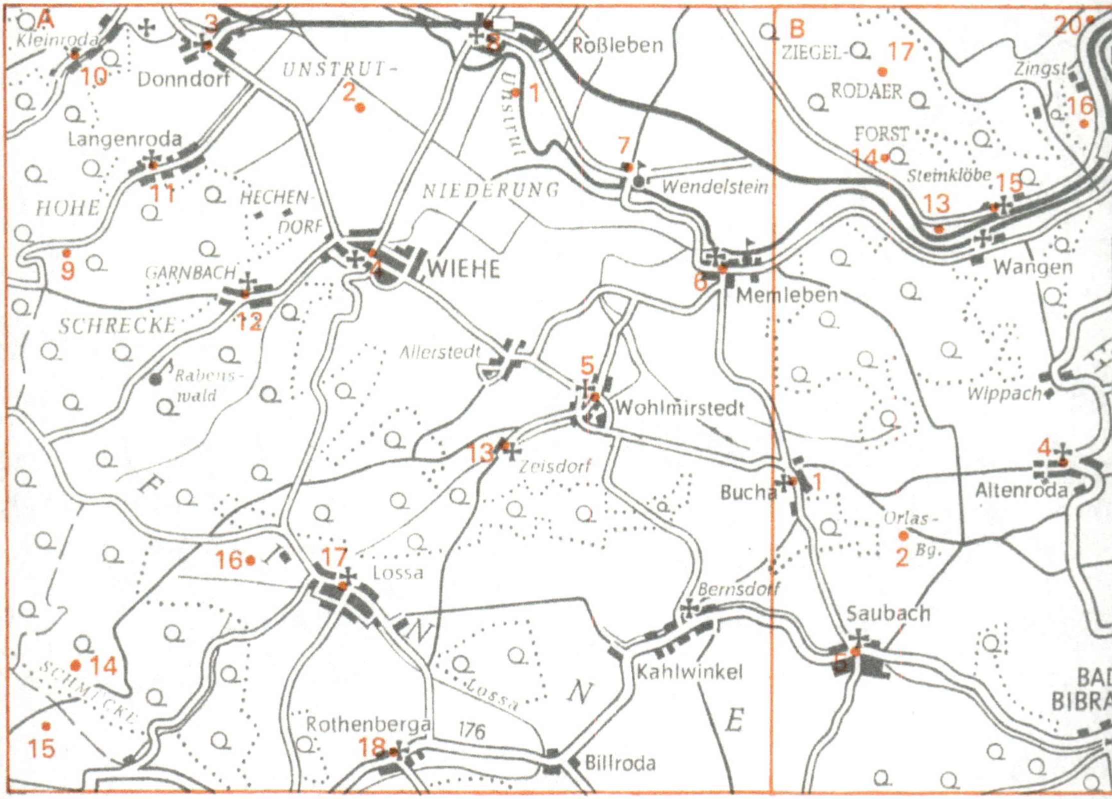

WIEHE Stadt HECHENDORF Stadtteil Memleben Gemeinde *Wendelstein* Gemeinde

Karte nach Übersichtskarte der DDR 1 : 200 000
zu „Das Gebiet an der unteren Unstrut"
WERTE UNSERER HEIMAT, Band 46

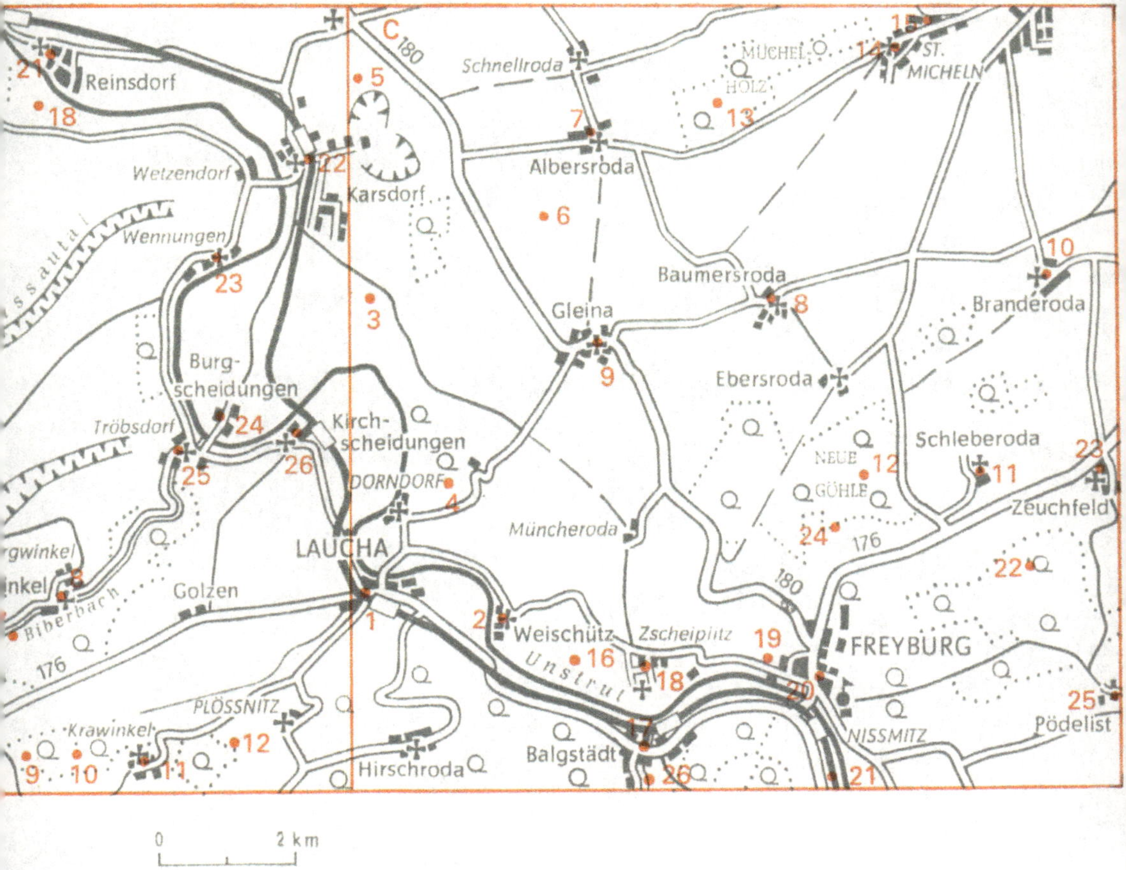

Erschienen im Akademie-Verlag Berlin
Lizenz-Nr. 202 · 100/17/2/87
Druck: VEB Druckhaus „Maxim Gorki", Altenburg